생명을 묻다

이 책은 친환경 고급용지(무형광)인 에코이지를 사용했습니다.

생명을 묻다

과학이 놓치고 있는
생명에 대한 15가지 질문

정우현 지음

이른비

추천의 말

이정모 국립과천과학관장, 『저도 과학은 어렵습니다만』 저자

―

생명은 익숙하면서도 어려운 주제이다. 그런데 이 책은 호기심 가득한 여행처럼 생명이라는 신비의 세계에 새로이 눈뜨게 한다. 저자 정우현 교수는 그 길의 해박하고 사려 깊고 유쾌한 안내자이다. 그는 생명의 본질을 파고드는 열다섯 개의 핵심 질문을 던지고, 인류가 고민하며 탐색한 답들을 펼쳐 보인다. 그 여정은 고속도로가 아니라 징검다리다. 역사, 철학, 신화, 문학, 생물학 등의 디딤돌을 하나씩 건너며 우리는 의심하고 또 의심하는 과학적 태도를 익히게 된다. 그리고 어느새 과학과 다양한 학문들이 생명을 주제로 대화하면서 서로의 간극을 메워가는 모습을 보게 된다. 재미있으면서도 깊고 아름다운 책이다.

노정혜 서울대 생명과학부 교수, 전 한국연구재단 이사장

―

생명을 어떻게 이해해야 할까? 저자는 정통 분자생물학자로서 생명에 대해 과대한 환원주의적 관점을 경계해야 하는 이유들을 말한다. 유전자와 뇌의 작용처럼, 물리와 화학의 법칙으로 단순화하여 설명할 수 없는 생명의 영역을 이해하기 위해 그동안 인류의 지성들이 제안했던 다양한 개념과 시각들을 설득력 있게 정리해놓았다. 그 과정에서 현대과학의 신봉자들이 빠지기 쉬운 기계론적 해석의 한계도 자연스레 드러난다. 물질로 이루어졌으나 물질을 넘어선 생명을 이해하려는 인류 지성사의 논쟁과 흐름을 확인하는 재미가 쏠쏠하다.

홍성욱 서울대 과학학과 교수, 「서울리뷰오브북스」 발행인

과학이 다루는 사실의 세계와 우리가 궁금해하는 가치의 세계는 여간해서 만나지 않는다. 건조하기만 한 것 같은 생물학이 생명의, 살아 있음의, 죽음의 의미와 가치에 대해 무릎을 탁 하고 칠 만한 이야기를 해줄 수 있을까? 정우현 교수의 『생명을 묻다』는 유전학을 연구하는 생물학자가 생명의 기원, 생명의 본질, 생명의 아름다움, 그리고 생명의 과거·현재·미래를 묻고, 이런 물음과 관련된 흥미롭고 아름다우며 통찰력 있는 이야기를 풀어낸다. 그의 서사는 생물학이라는 씨줄과 철학·문학·예술이라는 날줄을 엮어 '인간의 얼굴을 한 생물학'이라는 빛나는 무늬를 보여준다. "우리는 어디서 왔고, 우리는 누구이며, 우리는 어디로 가는가"라는 질문을 던져본 적이 있는 사람에게 이 책을 적극적으로 권한다. 책도 반갑고 놀랍지만, 나는 정우현이라는 뛰어난 과학 저술가의 등장이 더 기쁘다.

문애리 덕성여대 약학과 교수, 전 대한약학회 회장

평생 생명과학과 약학을 배우고 연구하고 가르쳐온 나는 생명에 관한 책이 더는 새로울 게 없으리라 생각했다. 그런데 『생명을 묻다』를 한 장, 한 장 읽어가면서 여느 책과는 다른 접근 방식과 깊이에 감탄하게 되었다. 이 책은 과학과 역사, 신화, 문학을 아우르는 풍부한 자료를 바탕으로 생명의 본질과 의미에 대해 심오한 질문들을 던지고 있다. 날카로운 통찰력이 돋보일 뿐만 아니라 생명에 대한 따뜻한 시선이 감동적이다. 평소에 위트 넘치는 말을 즐겨 하던 저자답게 무거운 주제들을 재치 있는 비유로 유쾌하게 풀어나간다. 일반 독자는 물론 생명의 신비와 고귀함을 진지하게 배워야 하는 생명과학, 약학, 의학 전공 학생들에게 이 책을 적극 권하고 싶다. "자신의 생명이 존귀하다는 것을 자각할 때 삶은 더 큰 환희를 안겨준다"라던 괴테의 마음을 제대로 담아낸 저자에게 큰 박수를 보낸다.

들어가는 글

과학은 생명을 온전히 설명할 수 있을까?

> 아직은 생물학을 과학으로 간주해도 되는지 의심스러울 수 있다. 생물학의 첫 번째 소임은 생체와 사체의 차이를 규명하는 것인데, 생리학자들과 생화학자들은 그러한 차이 규명에 완전히 실패했기 때문이다. 심지어 어떤 학자들은 둘 사이에 과학적으로 아무런 차이가 없다고 결론 내리기도 했다. 사실 그 어떤 해부나 분석도 살아 있는 사람에게만 있고 죽은 사람에게는 없는 무언가를 발견하지는 못했다. 그렇지만 살아 있는 사람과 죽은 사람은 극명하게 다르기 때문에 그 둘의 차이를 부정하는 사람들은 미치광이 취급을 당한다.
>
> 조지 버나드 쇼, 『쇼에게 세상을 묻다 Everybody's Political What's What?』

지금으로부터 거의 한 세기 전에 노벨문학상을 수상한 극작가이자 사상가인 버나드 쇼 George Bernard Shaw(1856~1950). 그는 당대의 존경받는 지식인으로서 사회 이곳저곳을 향해 신랄한 비평을 쏟아낸 것으로도 유명하다. 그는 과학자는 아니었지만 날카로운 시선으로 생물학의 가장 큰 난제에 대해 위와 같이 언급했다. 가장 훌륭한 생물학자라 하더라도 생명이 있는 상태와 죽은 상태의 차이가 무엇인지 전혀 알지 못한다는 것이다. 생명으로 하여금 살아 있게 만드는 비결이 무엇인지 아무도 모른다는 말이다. 그런 이유로 그는 생물학이 과학이라 불리려면 멀었다고 지적한다. 그때로부터 100년이 지난 지금, 과연 그 사정이 얼마나 달라졌을까?

우리가 살아가고 있는 21세기는 가히 생물학의 시대라 불릴 만하다. 지난 세기에 밝혀진 DNA의 구조와 기능에 대한 지식을 바탕으로, 세포 대사의 원리와 작용 메커니즘이 낱낱이 알려지게 되었다. 줄기세포를 이용하고 유전자를 편집해서 난공불락이었던 질환들을 치료하거나 노화를 늦추는 일이 더 이상 기적처럼 여겨지지 않는 놀라운 시대가 되었다. 신종 바이러스가 매개하는 전염병이 종종 발생하고 있지만 덕분에 어떤 원리로 감염 여부를 확인할 수 있는지, 어떤 종류의 백신을 언제 어떻게 맞아야 하는지 일반인들도 관련 지식을 꿰고 서로 대화를 나눌 정도에 이르렀다. 생물학은 이제 엄연히 '과학'이 되었고, 생명공학은 새로운 시대를 이끌어 나갈 첨단 학문이자 유망한 산업으로 자리매김하고 있다.

하지만 이상하다. 100년 전 쇼가 궁금해했던 그 의문은 여전히 풀리지 않은 채 남아 있다. 생명이란 도대체 무엇인지 누구도 명쾌한 답을 내놓지 못하고 있다. 아니, 사실 거기에 대해 묻는 이조차 거의 찾아볼 수 없다. 나날이 진보하는 첨단 과학의 시대에 좀체 받아들이기 어려운 일이다.

생명이란 무엇일까? 생명은 어떻게 살아 있을 수 있을까? 생명은 최초에 어떻게 생겨났을까? 생명은 왜…?

하나의 질문에 또 다른 질문이 줄줄이 이어진다. 이렇게나 궁금한 것들이 많은데 어째서 사람들은 생명에 대해 더 이상 묻지 않는 것일까? 우리는 태어난 지 며칠 되지 않은 어린 조카의 가녀린 손가락을 하나하나 만져보며 느꼈던 경이로움을 깜빡 잊은 게 분명하다. 추운 겨울날 먹이를 챙겨주다 문득 마주친 길고양이의 신비한 눈동자를 우리가 얼마나 넋을 잃고 보았는지 기억나지 않는 게 틀림없다. 그 작은 손가락은 천금을 준다 해도 바꿀 수 없다. 그 깊은 눈동자에는 온 우주의 비밀이 담겨 있는 것만 같다. 우리는 생명이 얼마나 믿을 수 없을 정도로 놀라운지 경험하여 알고 있다. 로맹 롤랑Romain Rolland(1866~1944)은 생명을 사랑하는 마음이 인간의 첫째가는 미덕이라고 노래하며 생명의 신성함을 일깨우기도 했다.

오늘날 우리가 생명을 바라볼 때 과거에 경험했던 경이감이 더 이상 오래 지속되지 못하는 데는 그럴 만한 이유가 있다. 우리 시대를 대표하는 과학적 가치관과 연구 방법론이 다분히 물질적이고 환원주의적인 관점으로 형성되어 있기 때문이다. 20세기 중반 이래로 DNA가 모든 생명현상의 비밀이 담긴 암호 분자로서 인식되기 시작했고, 20세기 후반부터는 유전자에 담겨 전해지는 생명의 본성이 인간의 모든 심리와 행동, 심지어 사회와 문화의 형태에 이르기까지 거의 모든 것을 말해주는 만능 설명서인 양 받아들여졌기 때문이다.

DNA와 유전자로 인간의 이기적 행동뿐 아니라 이타적인 행동도 설명할 수 있다고 한다. 심지어 성 선택과 관련된 다양한 행동과 정치·사회적 의사 결정의 과정까지 생물학적 원인으로 대부분 설명할 수 있다고 말한다. 정말 그럴까? 『생명의 사회사』를 쓴 과학사회학자 김동광 교수는 이런 분위기가 DNA를 중심으로 한 생명의 '분자적 패러다임'을 받아들였기 때문에 생긴 것일 뿐 그 이상도 이하도 아니라고 지적한다. 토머스 쿤Thomas Kuhn(1922~96)이 『과학 혁명의 구조The Structure of Scientific Revolutions』에서 말했듯이, 과학 활동의 형식을 결정하는 패러다임이란 특정 시기에 과학자들이 연구를 하기 위해 공유하는 하나의 신념이지, 절대적인 관점이라 볼 수는 없다.

■

DNA와 유전자를 이해하면 언젠가 생명 전체를 완전히 이해할 수 있을 거라는 믿음이 우리에게 알게 모르게 주입되고 있다. 생명을 하나의 기계로 인식하게끔 암암리에 교육받고 있다. 사람들은 생명을 마치 수많은 미세 부품들로 정교하게 만들어진 롤렉스 시계를 보듯 한다. 명령만 내리면 복잡한 계산을 수행하고 파일도 무한 복제할 수 있는, 살아 있는 슈퍼컴퓨터처럼 여기기도 한다. 에너지만 제때 공급하면 부지런히 일을 하며 실수 없이 움직이기 때문이다. 기계가 오래되면 고장이 나듯이, 생명도 시간이 지나면 노화가 일어나고 죽기 마련이지 않은가.

생명을 하나의 기계로 보는 관점은 현대 생물학의 발전에 엄청나게 기여한 것이 사실이다. 19세기 중반 멘델Gregor Johann Mendel(1822~84)은 처음으로 생명체의 유전 현상을 관념이 아닌 물질적인 실체로 구현해냈다. 같은 시기 다윈Charles Darwin(1809~82)은 변이와 자연선택이라는 메커니즘이 생명 영역 전반에 걸쳐 일어나고 있음을 밝혀 진화의 가능성과 종種의 다양성을 설명할 수 있게 되었다. 이후 생물학은 복잡한 세상을 명료하게 이해할 수 있게 해줄 충분한 잠재력이 있음을 조금씩 드러내기 시작했다.

DNA의 화학적 구조가 밝혀지고 유전자와 효소의 상호작용을 이해하게 되면서 분자생물학과 유전공학이라는 생물학의 새로운 응용 분야가 탄생했다. 이후 인류는 놀라운 속도로 첨단 생물학 지식을 축적하게 되었고, 21세기에 들어서자마자 거대한 규모의 인간 게놈 프로젝트 Human Genome Project(1990~2003)를 완료시키는 집중력을 발휘한다. 이제 인류는 암과 뇌질환을 비롯한 각종 퇴행성 불치병을 완벽히 몰아낼 수 있다는 핑크빛 미래를 꿈꾸게 되었다.

그러나 놀라울 것도 없이, 현대는 희망의 시대이면서 동시에 신종 바이러스의 창궐로 인한 팬데믹의 문제라든지, 환경오염으로 인해 이상기후가 발생하거나 생태계가 파괴되는 심각한 문제들로 가득한 절망의 시대임을 새삼 깨닫는다. 생명이 무엇인지, 어떻게 다루어야 하는지 잘 알지 못하던 과거보다 오늘날 세상은 더 좋아졌다고 말할 수 있을까? 생명의 본질이 무엇인지 이해하지 못한 채 그것의 소중함을 역설할 자격이 있을까?

■

과학계에서 공공연한 비밀로 통하는 사실이 하나 있다. 과학으로 얻어낸 발견이나 결론이 결코 '절대적' 진리가 아니라는 것이다. 오해해선 안

된다. 과학으로는 절대적 진리를 밝혀낼 수 없다. 과학이 밝혀낸 모든 사실은 언제까지나 잠정적이며 임시적일 뿐이다. 그러면 과학을 어떻게 믿을 수 있을까? 과학을 수행하는 방법론에 근본적인 문제가 있는 것은 아닐까? 그런 뜻은 아니다. 과학만큼 합리적이며 객관적으로 신뢰할 만한 학문은 드물 것이다. 그럼에도 불구하고 완벽할 거라 여겨졌던 과학적 결론이 늘 옳았던 것은 아니다.

그것은 과학 자체가 지닌 한계 때문만이 아니다. "자연은 숨는 것을 좋아한다Phusis kruptesthai philei." 고대 그리스의 철학자 헤라클레이토스 Heraclitus(BC 535~475)의 혜안은 오늘날에도 유효하다. 자연은 우리의 예상을 늘 벗어난다. 마치 지성을 가지고 있어 우리의 망원경과 현미경 속 시야를 이리저리 피하고 있다는 느낌이 들 정도이다. 우리가 보는 자연은 진정한 전체의 모습이 아니라, 우리가 수행하는 과학적 방법에 의해 노출된 아주 작은 일부분에 불과하다.

2,000년 가까이 믿어왔던 천동설이 과학혁명으로 뒤집어졌다. (천동설은 애초에 종교의 권위로 만들어진 가설이 아니다. 당대 최고의 천문학자가 만들고, 과학자들을 포함한 거의 모든 사람들이 의심 없이 받아들였던 '과학적' 진리였다.) 17세기 이래 절대적 진리로 군림했던 뉴턴의 역학 이론 또한 250년 만에 아인슈타인의 상대성이론에 의해 깨지고 말았다. 현재 모든 생물학의 만능 이론으로 불리고 있는 다윈의 진화론은 어떨까?

유전학자 도브잔스키Theodosius Dobzhansky(1900~75)가 일찍이 선언했듯이, "진화가 아니고서는 생물학에서 그 어떤 것도 의미를 갖지 못한다." 진화는 엄연한 사실이다. 진화는 모든 생명을 설명하는 데 없어서는 안 될 도구가 되었다. 진화는 어디에나 있고, 지금도 일어나고 있다.

하지만 위에 든 예에서 보듯, 앞으로도 영원히 진리로 남을지는 아무도 장담할 수 없다.

그러나 현대 생물학은 그런 가능성을 크게 염두에 두지 않는 듯하다. 기이한 일이다. 진화 이론으로 생명현상의 많은 것을 설명할 수는 있다. 그러나 모든 것을 설명하기에는 역부족이다. 최초의 생명이 어떻게 생겨났는지 우리는 아직 모른다. 인간이 가진 의식이 과연 어디에서 연유하는지 우리는 아직 모른다. 생명의 신비한 활력과 모든 정신적 현상을 물질계에서 쓰는 용어로 충분히 설명하거나 완벽히 묘사할 수 있다고 생각하는 것은 어불성설이지 않을까?

진화생물학자 스티븐 제이 굴드 Stephen Jay Gould(1941~2002)가 『인간에 대한 오해 The Mismeasure of Man』에서 지적한 대로, 생명의 모든 비밀을 DNA와 유전자의 진화로 설명할 수 있다는 주장, 즉 '생물학적 결정론'을 당연시하는 이들의 주장에 침묵만 한다면 그 주장이 어느 순간 그 자체로 절대적 생명력을 가지게 된다고 믿는다. 이런 일방적인 주장으로 인해 생명의 참모습이 위축되고, 그 진정한 의미와 가치가 퇴색되는 것을 그저 보고 있을 수만은 없다. 과학이 말하는 자연은 어떤 식으로든 우리가 누구인지, 어떻게 살아야 하는지, 우리 삶의 의미가 무엇인지 가르쳐주지 않는다. 과학은 생명을 온전히 설명하지 못한다.

■

이 책은 생명이란 무엇인지에 관한 열다섯 개의 커다란 화두를 던진다. 그리고 각 장에는 그 질문을 깊이 생각하며 역사적으로 중요한 통찰을 남긴 여러 인물의 다양한 답변을 소개했다. 대표적인 목소리를 낸 두 사람을 각 장의 제목에 함께 묶어 배치했다. 그들은 때때로 서로 부딪히는 의견을 던지기도 하고, 때로는 입을 모아 한목소리를 내기도 했다. 그들은 우리에게 잘 알려진 과학자이기도 하고, 유명한 작가이거나 사상가, 또는 걸출한 철학자이기도 하다. 그러나 유명인사들의 목소리라고 해서 그것이 우리가 마땅히 취해야 할 결론이라고 볼 수는 없다.

　이 책은 과학책의 겉모양을 하고는 있지만, 철학, 역사, 문학, 예술 등 다양한 인문학적 관심사를 가진 이들의 호기심과 지적 욕구를 충족시킬 수 있기를 바라며 썼다. 과학에 특별히 관심을 두지 않았거나 과학을 어렵게만 생각해 멀리해왔던 독자들의 눈높이에 억지로 맞추려고 쉽게 쓰지는 않았다. 다만 현대를 살아가는 사회인이자 교양인으로서, 나를 둘러싼 자연과 사회를 조금이나마 제대로 이해해보려는 사람이라면 누구나 흥미를 가질 수 있도록 의도하며 썼다. 생명을 올바로 설명하는 일이 과연 생물학 한 분야의 전유물이 될 수 있는가를 끊임없이 묻고 의심하며 쓰려 했다. 그리고 생명의 소중함과 존엄함을 잊지 않으려 부단히 노력했다. "자신의 생명이 존귀하다는 것을 자각할 때 삶은 더 큰 환희를 안겨준다"라고 노래했던 괴테 Johann Wolfgang von Goethe(1749~1832)의 마음을 담고 싶었다.

■

'눌리우스 인 베르바 Nullius in Verba'

　개인적으로 너무나 좋아하는 라틴어 문구를 소개해본다. 이것은 1660년 설립된 최초의 과학 공동체인 런던왕립학회 The Royal Society of London의 모토이다. '누구의 말도 그대로 믿지 말라 Take nobody's word for it'는 뜻이다. 뉴턴과 다윈은 물론이고, 맥스웰, 패러데이, 그리고 스티븐 호킹도 회원으로 활동했던 유서 깊은 학회의 빛나는 정신이다. 이 말은 처음 생긴 이래로 한 번도 바뀌지 않았다. 이곳 회원들은 서로가 이루어낸 중요한 발견과 연구결과를 최대한 존중하되, 끊임없이 의심하고 회의하는 자세를 잃지 않았다. 이 모토는 과학의 것이자 동시에 인문학의 것이며, 또한 모든 학문의 것이어야 한다고 믿는다.

당연한 말이지만, 이 책 이곳저곳에 펼쳐놓은 나의 주장도 함부로 믿지 않기를 바란다. 다만 이 책을 읽고 난 뒤, 다음에는 어떤 책을 새로 골라야 할지, 어디에 중점을 두고 더 생각해봐야 할지 고민하게 만드는 지적 자극이 된다면 그것으로 충분하다. 생명을 바라보는 관점은 단 한 가지일 수 없다. 그러나 여러 관점 중에는 분명히 더 나은 관점도 있을 것이다. 좋은 질문을 던지는 사람만이 더 나은 답을 찾을 수 있으리라 믿는다.

그럼, 이 책과 함께 생명의 의미와 본질을 더욱 깊이 탐구해나갈 독자들에게 행운이 있기를!

2022년 7월
정우현

차례

- 추천의 말 **4**   • 들어가는 글 _ 과학은 생명을 온전히 설명할 수 있을까? **7**

제1부
우리는 어디서 왔는가

 1장 **생명은 우연인가?**
르네 데카르트와 자크 모노가 말하는 생명 **25**

생명과 생명이 아닌 것의 차이 **31**   생명은 저절로 움직이는 기계일까 **33**
현대과학의 기초, 환원주의 **36**   생명은 창발적인 속성을 가진다 **39**
생명이 가진 활력은 어디서 올까 **42**   생명은 우연일까 필연일까 **45**
생명은 합목적성을 가진다 **49**

 2장 **생명은 입자인가?**
에르빈 슈뢰딩거와 루돌프 쇤하이머가 말하는 생명 **53**

생명이라 불릴 수 있으려면 **58**   생명을 정의하는 새로운 기준 **60**
엔트로피의 법칙을 거역하는 생명 **63**   유전정보가 담긴 입자를 상상하다 **67**
생명은 끊임없이 변한다 **68**   생명은 입자일까 입자의 흐름일까 **72**
모든 것은 정말 원자로 되어 있을까 **75**

3장 생명은 물질인가?
리처드 도킨스와 마르쿠스 가브리엘이 말하는 생명 **79**

영혼과 본능은 어디서 오는 걸까 **83**   유전자는 정말 이기적일까 **84**
케플러의 난제가 낳은 은유로서의 과학 **88**   물질에서 의식이 나올까 **91**
우리는 물질이 아니다 **94**   생명에는 의도가 깃들어 있다 **98**
우리는 물질을 벗어나 살 수 없다 **99**

 4장 생명은 어디에서 왔는가?
아리스토텔레스와 루이 파스퇴르가 말하는 생명 **103**

세상은 네 가지 원소면 충분해 **107**   생명이 저절로 생겨났을까 **110**
생명은 생명에서만 나온다 **113**   생명을 만든 원시수프 레서피의 비밀 **116**
이기적 유전자는 너무 외롭다 **121**   생명이 되려면 유전자가 얼마나 필요할까 **124**
생명의 기원 찾아 해저 삼만리 **126**   그 많던 원시 세포는 다 어디로 갔을까 **128**

 5장 생명은 어떻게 진화하는가?
찰스 다윈과 리 밴 밸런이 말하는 생명 **131**

유전자는 우연히 그러나 끊임없이 변한다 **135**
진화는 다윈이 발명하지 않았다 **138**
진화라는 개념의 오랜 역사 **142**   진화의 의미도 진화한다 **147**
진화는 또 다른 진화를 부른다 **150**
진화를 대하는 우리의 자세: 쿨하거나 신중하거나 **154**
진화는 종교적 신념과 양립할 수 있을까 **156**

제2부
우리는 누구인가

 6장 생명에 우열이 있는가?
프랜시스 골턴과 올더스 헉슬리가 말하는 생명 **163**

우생학은 어떻게 생겨났을까 **169**   우생학이 만든 흑역사 **171**
사회진화론에서 민족개조론까지 **175**   우생학은 정말 나쁜가? **177**
우월한 유전자라는 허상 **180**   진화에는 정말 방향이 없을까 **183**
무엇이 인간다운 선택인가 **187**

 7장 생명에 법칙이 있는가?
그레고어 멘델과 바버라 매클린톡이 말하는 생명 **191**

무엇이 성을 결정할까 **195**   유전의 법칙은 과연 존재할까 **200**
생명은 언제부터 생명으로 인정받을까 **204**
비정상은 어떻게 만들어질까 **207**
생명에는 법칙이 없다: '느낌' 아니까 **210**
생명에게 이 세상은 무엇일까: 누군가에겐 맞고 누군가에겐 틀리다 **214**

8장 생명을 결정하는 것은 본성인가?
스티븐 핑커와 매트 리들리가 말하는 생명 219

본성이냐 양육이냐 **223**　사회개조론 VS. 생물학적 결정론 **225**
양육이 본성을 바꿀 수 있을까 **229**　본성을 강조하기 어려운 이유 **232**
유전자로만 보면 인간은 제3의 침팬지 **236**
유전자는 우리를 어디까지 결정할까 **239**
본성과 양육, 결국 더 중요한 것은 **241**

9장 생명은 이기적인가?
윌리엄 해밀턴과 표트르 크로포트킨이 말하는 생명 247

이타주의는 어디에서 왔을까 **251**　죄수의 딜레마가 불러온 딜레마 **255**
이기적 유전자라는 참을 수 없는 모호함 **258**
동물의 행동에서 인간의 심리를 안다는 것 **261**
사회를 진화로 설명하기: 소설일까 다큐일까 **264**
만인의, 만인에 의한, 만인을 위한 협력 **267**
모든 생명은 개체이면서 사회 그 자체 **271**

10장 생명은 아름다운가?
조던 스몰러와 필립 K. 딕이 말하는 생명 275

생명의 아름다움에 기준이 있을까 **279**　아름다움은 이미 자연에 존재한다 **282**
아름다움은 누가 결정하는 걸까 **285**
뇌는 만물의 척도? 잘 속아 넘어가는 호구일 뿐 **288**
사람이 정말 꽃보다 아름다울까 **292**　아름다움은 인간의 전유물이 아니다 **297**
생명이 있는 것은 다 아름답다 **300**

제3부
우리는 어디로 가는가

 11장 생물학은 무엇을 탐구하는가?
앙리 베르그송과 폴 너스가 말하는 생명 **307**

과학은 어디에서 왔을까 **312**   풀잎의 뉴턴: 생물학은 어쩌다 기계론이 되었나 **315**
모든 것을 녹여버리는 다윈의 진화론 **318**
살아 있는 것의 진화에 대해 연구한다는 것 **321**
목적 없는 정보는 없다 **326**   인간의 얼굴을 한 생물학 **330**

 12장 생명은 만들 수 있는가?
메리 셸리와 크레이그 벤터가 말하는 생명 **337**

생명 창조의 꿈이 피어오르다 **342**   살아 있는 것에는 전기가 흐른다 **345**
제발 내 이야기를 들어 달라 **348**   호문쿨루스와 인공생명의 조건 **352**
크레이그 벤터의 인공생명 창조 **357**   생명을 만들어도 괜찮은 걸까 **361**
왜 인간을 복제하고 싶어 할까 **364**   만들어진 생명을 맞이하는 우리의 자세 **368**

 13장 생명은 결국 죽는가?
엘리자베스 블랙번과 필립 로스가 말하는 생명 **373**

죽으니까 생명이다 **377**   죽음은 언제부터 생겨났을까 **380**

죽음은 누구에게나 예정되어 있다 **384**　불로초는 바로 우리 몸 안에 있다 **388**
야누스의 얼굴을 한 텔로머레이스 **391**
노화를 치료 가능한 질병으로 본다는 것 **394**
생명은 죽음을 통해서만 존재한다 **397**　죽을 운명이라면 단지 품위 있기를 **400**

생명은 무엇이 되려 하는가?
레이 커즈와일과 마이클 샌델이 말하는 생명 **405**

행복은 우리 뇌 속에 있다 **410**　정신질환 없는 정신질환자가 느끼는 이유 **414**
휴머니즘의 과욕이 낳은 트랜스휴머니즘 **416**
완벽한 인간이라는 완벽한 허상 **420**
생명은 존재가 아니라 과정이다 **423**　진화적 휴머니즘이 지켜야 할 가치들 **428**
바보야, 문제는 윤리야 **431**

생명을 위해 무엇을 할 것인가?
호프 자런과 한스 요나스가 말하는 생명 **437**

블랙리스트보다 더 무서운 레드리스트 **440**
세상은 더 이상 예전과 같지 않다 **443**
없어도 되는 생명은 없다: 더불어 사는 세상의 중요성 **447**
동물을 어떻게 대우해야 할까 **452**　국경을 뛰어 넘는 바이오필리아의 정신 **455**
살아 있는 모든 생명의 근원적 가치 **459**　생명을 있는 그대로 바라보기 **463**

- 나가는 글 **469**　• 참고문헌 **473**

제1부
우리는 어디서 왔는가

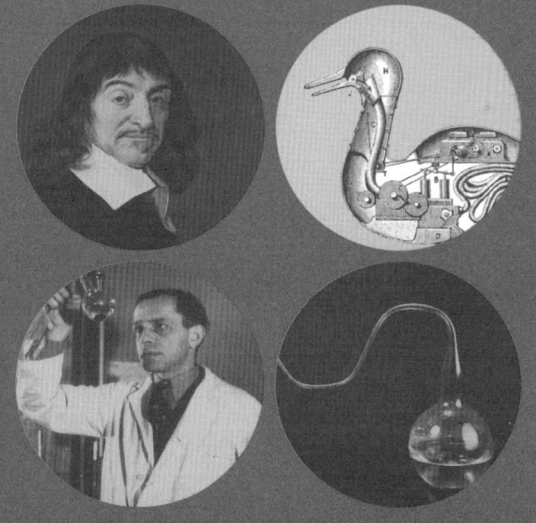

1장

생명은 우연인가?

르네 데카르트와
자크 모노가 말하는 생명

예컨대 '생명'이 물리적이고 기계적인 힘들의 작용으로부터 발생하는 것이라는 논리는 요즘 학계에서 가장 흔하게 들을 수 있는 논리이다. 거의 대다수 학자라는 사람들이 바로 이런, 뭐라고 말해야 좋을지 난감하지만, 견해라고 볼 수도 없고, 일종의 역설이라고도 할 수 없는, 차라리 농담이나 수수께끼 같은 그런 논리를 고수하고 있는 것이 현실이다. 생명이 물리적이고 기계적인 힘들의 작용에서 오는 것이라고 확신하지만, 사실 물리적이라거나 기계적이라는 말은 생명 개념에 정확히 반대되는 경우에만 사용하는 말들이다.

레프 톨스토이 Lev Nikolayevich Tolstoy, 「인생에 대하여 On Life」

우리는 어디서 왔는가?   D' où Venons Nous?

우리는 무엇인가?   Que Sommes Nous?

우리는 어디로 가는가?   Où Allons Nous?

이 세 가지 진지한 질문을 한꺼번에 던진 사람이 있다. 프랑스의 후기 인상주의 화가 고갱Paul Gauguin(1848~1903)이다. 그는 이 질문을 남태평양의 타히티 섬을 배경으로 한 자신의 걸작에 제목으로 붙였다. 고갱은 마흔이 넘은 중년의 나이에 머나먼 폴리네시아로 떠나 이국적인 풍광과 토착민들의 삶을 그렸다.

    화가의 삶과 이 작품의 연관성에 대해서는 워낙 다양한 평가와 해석이 이루어지고 있는데, 나는 다만 이 작품의 제목에서 오래도록 시선을 떼지 못했다. 원시주의를 예술적으로 표현한 그림도 물론 훌륭하지

만, 제목은 그보다 훨씬 더 큰 무언가를 계속해서 묻고 있었기 때문이다. '나라는 존재는 과연 무엇일까?' 철학자들이나 던질 법한 질문을 나는 한 화가로부터 듣고 있었다. 어느새 세상의 중심 옴파로스Omphalos로 날아가, 누군지 모를 이에게 눈덩이처럼 커진 물음을 되묻는다. 신탁oracle이라도 기다리는 심정으로.

'왜 이 세상에는 아무것도 없는 게 아니라 무언가가 있는 것일까?' 이것은 어쩌면 모든 철학 중에서 가장 심오한 존재론적 질문일 것이다. 우리는 어떤 연유로 여기에 있게 되었을까? 우리는 왜 태어났으며, 그리 길지도 않은 인생을 힘겹게 살다가 결국은 죽어 사라져야 하는 걸까? 거기에는 어떤 이유가 있을까? 우리는 목적이 있는 존재일까, 아니면 어쩌다 우연히 생긴 존재에 불과할까? 바쁜 일상을 정신없이 보내는 동안에

「우리는 어디서 왔는가? 우리는 무엇인가? 우리는 어디로 가는가?」(폴 고갱, 1897).

고갱은 생명의 탄생과 죽음, 그리고 그 사이에 놓인 인생의 의미를 찾으려 노력하는 인간의 원시적인 모습을 강렬한 빛과 색채로 표현했다. 이 작품의 제목은 미술사상 가장 철학적인 질문을 담고 있다는 평가를 받는다. 보스턴 미술관 소장.

는 전혀 와 닿지 않는 질문들이다. 하지만 언젠가 한 번쯤 존재의 본질을 깊이 사유해볼 때가 누구에게나 문득 찾아오기 마련이다.

이 수수께끼 같은 질문에 답하기 위해 수많은 사상과 철학이 역사 속에서 피고 졌다. 우리의 존재를 고민하다 보면 우리를 둘러싸고 있는 넓은 세상과 우주라는 존재에 대해서도 의문을 품지 않을 수 없다. 이 광활한 우주는 도대체 어떻게 생겨났을까?

철학자 라이프니츠Gottfried Wilhelm Leibniz(1646~1716)가 보기에 이 질문은 그리 어려운 것이 아니었다. 그는 무언가 존재하는 것이 아무것도 없는 것보다 자연스럽지 못하다고 보았다. 그래서 그는 신이 자유의지를 가지고 세상을 창조했다고 결론 내렸다. 그리고 이 질문을 신의 존재를 증명하는 데 거꾸로 활용했다. 반면 무신론자였던 러셀Bertrand Russell(1872~1970)은 우주가 그냥 우연히 존재할 뿐 어떤 의미도 없다고 보았다. 칸트 Immanuel Kant(1724~1804)는 『순수이성비판 Kritik der reinen Vernunft』에서 우주의 탄생 시점이 있을지 없을지를 모두 가정해보았다. 그는 두 입장이 논리적으로 서로 모순되기 때문에 우리는 우주가 어떻게 생겨났는지 결코 알 수 없다고 결론 내렸다. 그에게도 세계의 존재는 이성과 논리의 언어로 표현할 수 있는 범위를 넘어선 것이었다.

이처럼 위대한 지성들에게조차 세상이 존재하는 이유는 난공불락의 문제였다. 우주의 탄생에 대한 이 궁극의 질문은 '코스모고니 cosmogony', 즉 '우주생성론'이라 불린다. 빅뱅이론 the Big Bang theory이 탄생한 이후에는 철학뿐 아니라 현대 우주론에서도 다양한 수학적·물리학적 방식으로 변용해서 논증하고 탐색하는 문제가 되었다.

신학자나 종교인들의 대답은 이보다 더 간명할 거라 여기기 쉽다. 그러나 우리가 흔히 아는 바와 달리 유대교와 기독교에서 말하는 신도 완전한 무無에서 유有를 창조한 것은 아니다. 고대 히브리인들에게도 '무'는 생소한 개념이었는데, 신이 아무것도 없는 상태에서 세상을 창조한 것이 아니기 때문이다. 『구약성경』의 「창세기」 첫 장에 따르면 신은 "땅과 물이 혼돈 tohu하고 공허 bohu하며, 흑암이 깊음 위에 있는 가운데" 천지를 창조했다. 무에서 유를 창조했다기보다는 무질서 chaos에서 질서 cosmos를 만들어낸 것이라고 볼 수 있다. 그런 의미에서 빅뱅이론과 창조론은 서로 닮은 점이 있다.

우주와 세계의 존재에 관한 의문, 그리고 어쩌면 이보다 더 중요할지도 모를 인간과 생명에 관한 질문, 이 두 가지 물음은 세상의 모든 학문이 답하고자 하는 궁극의 목표일 것이다. 생명이란 어떤 존재일까? 생명은 어떻게 생겨났을까? 우리는 과연 여기에 올바로 답할 수 있을까? 이제부터 생명을 바라보는 두 가지 상반된 관점에 대해 소개하고자 한다. 두 관점의 중요한 차이는 무엇인지, 어느 쪽이 더 그럴듯해 보이는지 함께 차근차근 생각해보자.

생명과 생명이 아닌 것의 차이

생명과 생명이 아닌 것은 무엇이 다를까? 어찌 보면 굉장히 쉬운 질문일 수 있다. 아무것도 모를 것 같은 젖먹이 아기도 생물과 무생물을 쉽게 구분해낸다. 아기들은 장난감처럼 생명이 없는 물체라면 얼마든지 물어뜯고 부수곤 한다. 하지만 생명체를 보면 그렇게 함부로 대하지 못한다. 인공지능 artificial intelligence: AI은 여러 방면에서 인간보다 뛰어나지만, 생물과 무생물을 구분하는 일에는 의외로 아직은 서투르다는 지적을 받고 있다. 치와와의 얼굴과 머핀을 구분하는 것이나, 털복숭이 개와 대걸레를 구별하는 것 등은 AI에게 결코 쉬운 일이 아니다. 그 똑똑한 AI가 별 것 아닌 간단한 차이를 알아채지 못해 쩔쩔맨다니 생각할수록 웃음이 나온다.

생명과 생명이 아닌 것 사이에는 결정적으로 어떤 차이가 있을까? 오랜 옛날 자연과 가까이 살았던 원시인들은 생명이 있는 것에는 '정령' 같은 것이 깃들어 있다고 믿었다. 땅과 숲, 강물을 포함해 자연의 모든 만물이 살아 있다고 생각하는 것을 '물활론적 hylozoic 자연관'이라 한다. 하지만 생명이 아닌 것에도 정령이 있다고 여긴 것으로 보아 이 관점이 생명과 생명이 아닌 것을 명확하게 구분하지는 못했던 듯하다. 그래도 살아 있는 것에서 무언가가 떠나면 곧 죽음을 맞게 된다는 것은 경험으로 알고 있었다.

고대 그리스 시대에는 생명 속에 있는 그 무언가를 '숨' 또는 '생기'라고 불렀다. 아낙시메네스Anaximenes(BC 585~525)는 이를 만물의 근원이라 여겨 '아에르αήρ, air'라고 불렀다. 아리스토텔레스Aristotle(BC 384~322)와 갈레노스Claudius Galenus(129~199?)는 생명에게 운동 능력을 부여해주는 따뜻한 공기라는 의미로 '프네우마πνεύμα, pneuma'라는 이름을 붙이기도 했다. 아리스토텔레스가 쓴 『동물의 생성에 관하여De Generatione Animalium』를 보면, 그는 동물이 지니는 프네우마의 양과 질, 온도 등에 따라 동물의 종류가 결정된다고 보았다. 동물의 신체기관도 그 조건에 따라 각기 다르게 만들어질 수 있다고 여겼다. 히포크라테스 이후 고대의 가장 중요한 의학자 갈레노스는 숨을 쉴 때 생명의 기원인 프네우마가 폐로 들어와 혈액과 섞인 후 신진대사를 조절한다고 믿었다. '프네우마'는 오늘날 그 의미가 조금 달라졌지만 '호흡breath'이나 '폐lung'를 뜻하는 접두어로 지금도 사용되고 있다. '폐렴'을 뜻하는 의학용어 'pneumonia'도 우리가 잘 아는 하나의 예일 것이다.

프네우마의 개념은 스토아 철학Stoicism에까지 이어졌다. 스토아 학파는 우주만물은 물론이고 신마저도 물질로 되어 있다고 주장했다. 그와 동시에 생명을 이루는 물질에는 프네우마가 깃들어 있다고 믿기도 했다. 두 가지 서로 다른 믿음을 가졌으니 어느 정도 모순성을 안고 있었다고 볼 수 있다.

훗날 기독교 전통에서는 이를 '영혼'이라고 부르기 시작했다. 지금도 우리는 보통 우리 몸 안에 영혼이 있다고 생각하지 않는가? 경험적으로 봤을 때 영혼이 몸 밖에 별도로 존재할 수 있다고 생각하기는 어렵다. 이런 견해는 죽음을 맞이한 이의 몸에서 영혼이 어디로 떠나가는지 설명해야 하는 문제를 낳는다. 그래서 생명의 동력이 생기는 원인은 영혼의 존재에 있다고 가정할 때는 종교에 의존하는 사고를 하기 쉽다. 하지만 17세기 과학혁명에 이르러 데카르트 René Descartes (1596~1650)는 생명이란 그저 하나의 기계에 불과하다고 선언하게 된다.

생명은 저절로 움직이는 기계일까

근대 철학의 문을 연 데카르트는 '코기토 에르고 숨 Cogito, ergo sum', 즉 '나는 생각한다, 고로 존재한다'라는 명제로 유명하다. 데카르트는 자신이 믿는 바가 과연 진실한지 늘 합리적으로 의심하려 했다. 그래서 '방법적 회의 methodological skepticism'를 통해서만 절대적인 진리를 알아낼 수 있다고 여겼다. 그가 보기에 육체를 통한 감각적인 경험은 주관적이고 믿을 수 없었다. 끊임없이 논리적으로 생각하고 의심하려는 이성적인 정신은 객관적이고 신뢰할 만했다. 그에게 있어 육체적인 실체의 본성은 '연장된 것 res extensa'이며, 정신적인 실체의 본성은 '사유하는 것 res cogitans'이었다. 바로 '인간은 사유와 연장으로 구성되어 있다'는 데카르트의 이원론 dualism이다.

이것은 아리스토텔레스 철학의 중심 개념인 '질료형상론 hylomorphism'을 떠올리게 한다. 자동차는 엔진과 타이어, 그리고 각종 부품과

프랑스의 철학자이자 수학자인 르네 데카르트(프란스 할스, 17세기).
데카르트는 해석기하학의 창시자이자 근대 철학의 아버지라 불린다. 그는 1637년에 쓴 『방법서설』에서 방법적 회의 끝에 '나는 생각한다, 고로 존재한다'라는 철학적 명제에 도달했다. 그는 정신과 물질, 육체와 정신을 분리하는 이원론을 주장했는데, 이는 중세의 세계관을 무너뜨리고 생명에 대한 기계론적 가치관을 유행시키는 데 결정적인 역할을 했다.

철제 구조물 등으로 이루어져 있다. 하지만 이런 재료들을 그저 모아놓는다고 자동차가 저절로 만들어질 리 없다. 조립 자재들을 일정한 방식에 따라 결합하고 특별한 형태를 갖추어 기능할 수 있게 해야만 온전한 자동차가 만들어진다. 이때 조립 자재라는 물질적 요소와 특별한 공정을 통한 조립 기술이라는 비물질적 요소를 아리스토텔레스는 각각 '질료hyle, matter'와 '형상eidos, form'이라고 불렀다. 자연의 모든 것이 질료와 형상으로 이루어졌다고 보았다는 점에서 그의 아이디어는 데카르트의 이원론과 유사한 면이 있다.

아리스토텔레스는 『영혼에 관하여 De Anima』에서 생명체를 생명이 되게끔 하는 첫 번째 원리로 '영혼'을 언급하기도 했다. '생장의 영혼anima vegetativa'은 식물·동물을 막론하고 모든 살아 있는 것들 속에 존재하며, '감각의 영혼anima sensitiva'은 모든 동물에 들어 있다. 그러나 합리적으로 사고할 수 있도록 하는 '이성의 영혼anima razionale'은 오직 인간에게만 존재한다고 했다. 종류만 다를 뿐 모든 생명체가 영혼을 지니고 있다고 본 것이다.

그러나 데카르트는 그렇게 생각하지 않았다. 그는 오직 인간만이 정신을 가지며, 동물은 단지 육체만 있다고 주장함으로써 아리스토텔레스의 형이상학과 결별했다. 동물의 육체는 영혼 없이 본능에 의해서만 움직이는 '자동인형automata'에 불과하다는 것이다. 훗날 데카르트의 추종자들은 이것을 '기계론적mechanic 생명관'이라 부른다.

데카르트의 선언 이래로 동물은 인간과 달리 영혼이 없으며, 따라서 생각이나 감정이 없을 뿐 아니라 고통도 느끼지 못한다는 관점이 대중의 뇌리에 깊이 박히고 말았다. 그로 인해 사람들은 생명을 연구하기 위해 동물을 죽이고 해부하는 데 죄책감을 느끼지 않게 되었다. 심지어 학대해도 된다는 극단적인 결론에 이르기도 했다. 오늘날 동물보호단체나 반려동물 애호가들이 듣는다면 경악할 만도 하다.

이처럼 큰 오해를 빚어낸 데카르트의 생명관은 어디에서 연유했을까? 그것은 합리적이고 과학적이었을까?

현대과학의 기초, 환원주의

태양왕 루이 14세 Louis XIV(1638~1715)는 유명한 자동기계 마니아였다. 그의 베르사유 궁전에는 글 쓰는 인형, 악기를 연주하는 인형, 태엽시계와 장난감 등이 가득했다고 한다. 유럽의 황실과 귀족들은 이미 16세기부터 화려한 정원을 조성해 자신을 과시하는 것이 유행이었는데, 여기에 수압을 이용해 자동으로 움직이는 조각상들을 설치해 방문객들을 놀라게 했다.

데카르트는 어린 시절 앙리 4세 Henri IV(1553~1610)의 궁정을 방문할 기회가 있었는데, 정원에서 목욕하다 사람들이 쳐다보면 숨는 다이애나 여신과 삼지창을 휘두르며 쫓아오는 포세이돈의 자동인형을 보고 충격을 받았다. 아마도 이때의 강렬한 경험 때문에 살아 움직이는 모든 생명체가 사실은 기계로 만들어진 게 아닐까 생각하게 되었을 것이다. 메리 셸리 Mary Wollstonecraft Shelley(1797~1851)가 열여덟 살에 쓴 소설 『프랑켄슈타인 Frankenstein』에 등장하는 괴물도 프랑스의 자동인형에서 영감을 얻어 착안했다는 사실은 잘 알려진 이야기이다.

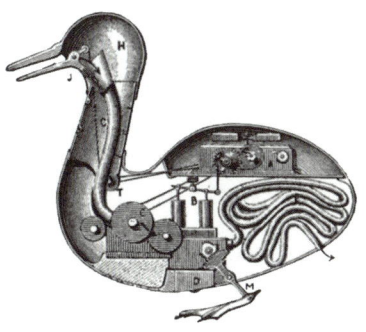

프랑스의 기술자 자크 드 보캉송(조제프 보즈, 1784)과 소화하는 오리의 내부 설계도.

데카르트의 기계론을 설명할 때 자주 언급되는 예가 있다. 18세기 프랑스의 기술자 보캉송 Jacques de Vaucanson(1709~82)이 제작한 '소화하는 오리 a digesting duck'이다. 보통 '똥 싸는 오리'라고도 불렸던 이 기계는 외관은 오리 모양을 하고 있지만, 내부는 모두 기계로 되어 있었다. 꽥꽥 울고 헤엄도 치고, 심지어 음식을 먹고 배설까지 할 수 있게 만들어졌다. 기계가 변 보는 모습에 관객들은 깜짝 놀랐다. 하지만 실제 배설물처럼 보이는 부스러기를 항문으로 내보내도록 아주 정교하게 제작한 것이다. 보캉송은 당대의 사람들로부터 프로메테우스 Prometheus가 재림한 것이 틀림없다는 찬사를 받기도 했다.

데카르트는 자연의 질서와 기계적 질서 사이에는 본질적인 차이가 없다고 보았다. 모든 생명체는 부품으로 만들어진 일종의 기계나 마찬가지라는 그의 견해는 시대가 지날수록 강력해졌다. 우리는 각 부품을 따로

보캉송이 제작한 오토마타. 플루트 연주자, 탬버린 연주자, 소화하는 오리. 보캉송 이전에도 자동인형은 여럿 제작되었으나, 그만큼 생명체의 구조와 원리를 섬세하게 적용해 만든 사람은 없었다.

따로 분해해서 연구하고, 각각의 기능을 완전히 이해할 수 있다면 결국 기계 전체를 이해할 수 있게 되리라는 믿음을 갖게 되었다. '전체는 부분의 합이다'라는 한 문장으로 요약될 수 있는 이러한 생각을 '환원주의reductionism'라고 부른다. 맛있는 요리는 신선한 재료와 조미료의 합이다. 아름다운 음악은 결국 공기의 다양하고도 규칙적인 떨림이다. 당신이 보고 있는 이 책은 한마디로 종이와 그 위에 인쇄된 글자들의 합인 것이다.

역사적으로 환원주의는 복잡한 실체나 현상들을 하나의 단일한 원리로 통일해 설명하려는 고대 그리스의 철학자들로부터 유래했다. 이 사상은 실제로 서양의 모든 과학과 기술의 철학적 기원이라 할 수 있다. 오늘날 우리가 알고 있는 현대과학의 정신도 세상의 모든 것을 몇 가지 기본 법칙으로 설명할 수 있다는 환원주의의 믿음에 기초하고 있다 해도 과언이 아니다. 갈릴레이, 뉴턴, 라이프니츠 모두 환원주의의 믿음을 따라 단순한 물리학 법칙을 발견해냈다.

대략 한 세기 후 라 메트리 Julien Offroy de La Mettrie(1709~51)는 인간의 영혼마저도 결국 물질에서 나온 것이라고 주장했다. 그가 『인간 기계론 L'Homme Machine』에서 선보인 유물론적 견해는 종교계의 격렬한 비난을 받았다. 데카르트보다 한발 더 나아가 인간과 동물은 본질적으로 차이가 없다고 주장한 것이다. 그는 인간이 동물보다 나은 점은 "조금 더 많은 스프링과 톱니바퀴를 가졌다는 것뿐"이라고 말했다. 영혼을 아무런 의미도 없는 공허한 개념이라고 보았다. 하이데거 Martin Heidegger(1889~1976)는 데카르트의 이원론이 서양 철학의 상상력을 영원히 파괴해버렸다고 평가하기도 했다. 라 메트리에 따르면 인간은 곧 생각하는 기계이다. 이것은 오늘날 인공지능이 인간처럼 생각할 수 있다면 그것은 과연 기계인가 인간인가를 묻는 질문으로 이어졌다.

생명은 창발적인 속성을 가진다

물리학이나 화학처럼 물질을 대상으로 하는 학문과 비교했을 때, 생명을 다루는 학문은 여러 가지 면에서 조금 특이하다. 물리학이나 화학에서는 1 더하기 1이 언제나 2가 되어야만 한다. 그렇지 않으면 모든 기계가 멈추고 화학반응은 맥없이 사그라질 것이다. 하지만 생물학에서는 1 더하기 1이 2가 되는 경우가 거의 없다. 에디슨 Thomas Alva Edison(1847~1931)은 어린 시절 찰흙 한 덩이에 또 한 덩이를 합쳐도 여전히 한

덩이이므로 1 더하기 1은 1일 수도 있다고 답해 선생님을 곤란하게 만들었다지만, 여기서는 그런 우스갯소리를 하려는 게 아니다. 생물학에서는 1 더하기 1이 거의 모든 경우 2보다 훨씬 커진다. 모든 과학 분야 중 유독 생물학에는 환원주의적 사고가 잘 들어맞지 않는다. 생물학에는 애초부터 보편적이라 할 만한 법칙이 거의 없다고 해도 무방하다.

생물학이 다루는 생명현상은 이른바 '위계구조 hierarchical structure'로 되어 있다. 생물을 구성하는 각각의 요소들이 한 단계 높은 차원에서 합쳐지면 하위 단계에서는 보이지 않던 전혀 새로운 속성이 나타나는 현상이 빈번한데, 이를 '창발성 emergence'이라고 부른다. 단백질이나 핵산, 지질 덩어리들은 살아 있지 않다. 그러나 그것들이 한데 모여 구성된 세포는 살아서 움직인다. 신경세포는 단지 앞에서 전기 신호를 받아 뒤로 전달할 뿐이다. 그러나 수천억 개의 신경세포가 모여 만들어진 뇌에서는 '마음'이라는 놀라운 개념이 생겨난다. 흰개미 한 마리는 결코 집을 지을 만한 지능이 없다. 하지만 흰개미들의 군집은 상호작용을 통해 사람의 키보다도 더 큰 탑을 만들기도 한다. 이것이 바로 창발성이다. 이런 성질들은 일반적인 물리법칙의 인과관계로는 설명되지 않으므로, 생명현상은 어떤 새로운 법칙을 따를 거라고 예상할 수 있다.

양자 물리학자 보어 Niels Bohr(1885~1962)도 생명현상이 물리학으로 설명될 만큼 간단하지 않다는 점을 지적했다. '빛과 생명 Light and Life'이라는 제목의 유명한 강연에서 그는 생명계를 이해하기 위해서는 완전히 다른 원리들이 발견되어야 하리라는 점을 암시했다.

물리학에서는 하나의 전자가 하나의 양성자 주위를 도는 가장 간단한 예

수천 마리의 새 떼가 만드는 신비한 군무. 새나 곤충, 물고기처럼 군집 생활을 하는 몇몇 동물들은 특이한 대형을 이루며 개별 생명체에게서 기대하기 어려운 독특한 단체 행동을 하기도 한다. 이처럼 생명의 개별 요소들이 하나로 모였을 때 전혀 새로운 속성을 가지게 되는 것을 '창발성'이라 한다.

에서조차 고전물리학을 가지고 죽는 날까지 해본다고 해서 수소 하나 만들 수 없다. 그렇게 하려면 상보적인 접근방법을 사용해야 한다. 가장 단순한 세포를 볼 때도 사람들은 그것이 유기화학적 요소로 이루어져 있거나, 그렇지 않으면 물리학 법칙을 따르고 있다는 것을 알고 있다. 사람들은 그 속에 몇 개의 화합물이 들었든 간에 그것을 분석할 수 있지만, 전적으로 새롭고 상보적인 관점을 도입하지 않는다면 그 속에서 살아 있는 박테리아 하나도 꺼내지 못할 것이다.

창발성은 사실 과학적으로 설명하기 쉽지 않다. 이름만 그럴듯하게 지어놓았지 그게 무엇인지, 어떻게 가능한지 정확히 모른다. 데카르트의 후예들이 생명을 환원주의적으로 설명하고자 시도할 때면 언제나 약점이 드러난다. 생명을 단순한 기계로 보기에는 찜찜함이 있기 때문이다. 창발성이라는 개념은 어쩌면 이런 미진한 점을 보완해주는 하나의 기발한 아이디어라고 볼 수 있다.

생명을 하나의 기계로 바라보는 관점이 오늘날까지 이토록 오래 이어져 왔다는 사실은 쉽게 이해되지 않는 면이 있다. 우리는 스스로 자신을 복제해서 후손을 만들 수 있는 능력이 있다는 기계에 대해 한 번이라도 들어본 적이 있던가. 기계가 기계를 낳고, 그 기계가 또 다른 기계를 만들 수 있다고 상상할 수 있을까? 톨스토이가 앞서 지적했듯이 "물리적이라거나 기계적이라는 말은 생명 개념에 정확히 반대되는 경우에만 사용하는 말"이 아니던가.

생명이 가진 활력은 어디서 올까

기계론적 관점에 반대하는 대표적 입장으로는 '생기론 vitalism'이 있다. 생기론은 생명이라는 것이 활성이 없는 물질에서는 결코 발견될 수 없는 특별한 속성을 가진다고 보는 관점이다. 물리화학적인 법칙으로 환원해서는 생명을 온전히 설명할 수 없다고 본다. 설명하기는 어렵지만, 생명에는 '생기'나 '활력' 같은 어떤 생동하는 힘이 들어 있다는 것이다. 바다에서 막 건져 올린 생선의 펄떡거림, 그러나 도마 위에서 반 토막이 나는 순간 홀연히 사라져버리는 그것 말이다.

이에 대해 기계론자들은 생기론자들이 생명을 설명하는 데 있어 비과학적인 개념을 들먹인다고 비판한다. 생기란 실체가 없는 비물질적인 것이며, 과학적으로 분석할 수 없는 개념이라는 것이다. 맞는 말이다. 그러나 잘 생각해보면 기계론자들 역시 '에너지'라든가 '엔트로피'처럼 측정하고 수치로 나타낼 수는 있지만 그 실체가 무엇인지 정확히 밝히기는 어려운 개념을 수시로 사용하고 있다는 점에서 처지가 똑같다. 이처럼 어떤 물리학적 개념이 있을 때 우리가 그것을 완전히 이해해야만 그 개념을 과학에 활용할 수 있게 허용되는 것은 아니다.

다른 학문에서의 오랜 관행과 마찬가지로 과학에서도 이유를 정확히 알 수 없는 어떤 현상에 그냥 특별한 이름을 하나 붙이고 넘어가는 경우가 꽤 많다. 놀라운 사실은, 그저 이름을 불렀을 뿐인데 의미 없는 하나의 몸짓과도 같았던 개념이 나에게로 와 '꽃'이 될 수 있다는 것이다. 만약 생명에 생기라는 것이 있다고 가정했을 때, 그것이 보이지도 않고 어디서 오는지도 알 수 없다면 과학은 그 개념을 결코 받아들일 수 없는 것일까?

모든 사람이 과학적 개념이라고 굳게 믿고 있는 '중력 gravity'은 어떨까? 중력이 뭔지 모르는 사람은 없다. 우리는 매일 아침 중력을 이겨내고 침대에서 몸을 일으키려 애쓰고 있지 않은가. 그러나 중력의 실체가 무엇인지, 왜 그런 것이 존재하는지 보여줄 수 있는 사람은 아무도 없다. '양자도약 quantum leap'은 어떨까? 이 개념 역시 보이지 않고 왜 그런 것인지도 모른다. '열 heat'이라는 것이 어째서 따뜻한 물체에서 차가운 물체로 전해지는지도 우리는 알지 못한다. 그럴 때는 "그건 엔트로피의 법칙 때문이지"라는 약속된 선문답을 주고받음으로써, 이유는 잘 모르지만 일단 그 개념을 과학적으로 보이게 만드는 것이다. 생명을 설명할 때 쓰는 창발성 개념도 예외는 아니다.

이처럼 생명이 무엇인지 설명하고자 할 때 기계론자들이 제시하는 방법도 상당 부분 공허하다는 것을 인정해야 한다. 그러나 생기론이라고 이보다 나을 바 없다. 데카르트주의적인 설명에 반대할 목적으로는 생기론도 어느 정도 설득력이 있다. 하지만 생기론 역시 거기에 대응할 만한 대안적 설명이나 마땅한 이론을 제시하지는 못한다. 생명을 생명이게 하는 활력은 과연 어디서 나오는 걸까? 혹시 누군가가 그것을 생명에 '부여'하는 것은 아닐까?

이러한 추론에서 볼 수 있듯 생기론자들의 주장은 쉽게 '목적론 teleology'으로 이어질 수 있다. 목적론이란 생명이 우연한 존재가 아니라 어떤 특별한 목적을 가지고 '만들어진' 존재라고 보는 시각이다. 풀은 소를 먹이기 위해 준비된 것이며, 양은 늑대를 위해 만들어진 것이라는 식이다. 이처럼 목적론에 입각한 생기론은 자칫 종교적인 개념과 연결되기 쉽고, 과학이 생각할 수 있는 범주를 벗어나 종종 초자연적인 영역으로 들어가게 된다. 따라서 과학적인 목적으로 이 용어를 사용할 때는 각별히 주의해야 한다.

중세 유럽을 내내 지배했던 목적론 중심의 학문 체계는 근대 과학 혁명을 맞이하면서 붕괴하기 시작했다. 붕괴가 아니라 거의 절멸 수준에 이르렀다고 해도 과언이 아니다. 근대 과학은 목적론을 '프로크루스테스의 침대 Procrustean bed' 위에 눕히고, 원하는 형태가 아니면 잡아 늘이거나 아예 잘라내버렸다. 지금도 수학적이고 환원주의적인 방법으로 설명되지 않으면 '비과학 nonscience'이니 '사이비 과학 pseudoscience'이니

하는 낙인을 찍어 조롱하기 일쑤다. 그러나 남 얘기하듯 쉽게 생각할 일이 아니다. 생명이란 것이 늘 '과학적'으로 잘 설명되던가?

생명은 우연일까 필연일까

생명이란 무엇일까? 1965년에 노벨생리의학상을 받았던 분자생물학자 자크 모노 Jacques Lucien Monod(1910~76)가 우리에게 의미 있는 답을 한 가지 제시한다. 그는 『우연과 필연 *Le Hasard et la Nécessité*』이라는 책을 썼다. 이 제목은 "우주에 존재하는 모든 것은 우연과 필연의 열매"라고 말했던 고대 그리스의 원자론자 데모크리토스 Democritus(BC 460?~370?)에게서 빌려온 것이다. 그는 무엇을 우연으로, 또 무엇을 필연으로 보았을까?

자크 모노는 무신론자로서 생기론을 비판했으며, 다윈의 진화론을 바탕으로 생명이 우연히 생겨났다는 기계론적 생명관을 가지고 있었다. 하지만 그는 이 책에서 생명이 지니는 기본적인 성질을 설명하는 가운데 '합목적성 téléonomie'이라는 특별한 점을 언급한다. 생명은 어떤 목적에 부합하려 한다는 뜻이다. 생명이란 오랜 세월 진화를 거쳐, 주어진 자연 환경에 적응한 개체들이 이어온 결과이다. 모든 생명은 환경에 적응하기 위해, 그러니까 어떤 '목표 지향적인' 활동이 가능하도록 프로그램화된 존재라는 것이다. 그는 생명이란 어떤 "의도가 깃든 *doué d'un projet*" 존재라고 말한다. 물론 그는 여기서 신의 의도나, 어떤 정신적 활동을 의미하고 있지 않다. 그러나 모든 생명체의 구조는 예외 없이 어떤 특별한 의도를 나타내고 있고, 이들의 생명 활동 역시 이 의도를 충실히 수행하고 있는 것이다.

현대 진화론에서는 모든 생명체의 진화과정에는 어떠한 의도나 목적도, 그리고 방향도 있을 수 없다고 말한다. '적자생존 survival of the fittest', 즉 변화하는 환경에 가장 잘 적응하는 생명체가 살아남는 것뿐이라는 것이다. 그러나 이 말에는 오해의 여지가 있다. 진화에 어떤 존재가 될 것을 목표로 변모하고자 하는 의도는 물론 없다. 그러나 생명에는 필연적인 의도가 있다. 어떻게든 살아남으려 한다는 것, 그리고 잘 적응하려 한다는 것이다. 자신이 죽든 말든 신경 쓰지 않는 생명은 없다. 이 자체가 생명이 가지고 있는 목적이자 의도라는 것을 우리는 어느 순간 간과하고 있는 것은 아닐까.

생명이란 자신을 잘 보존하고 복제를 통해 증식하고자 하는 '무의식적인' 의도를 가진 존재이다. 그것은 쉽게 이해되지 않는 현상이다. 그러나 만약 생명이 의도라는 것을 정말로 가지고 있다면, 창발성과 같은 모호한 용어만으로 간단히 설명하고 넘어가기는 어려울 것이다. 우연적인 존재가 어떻게 의도라는 것을 가질 수 있겠는가. 모노는 그의 책에서 이렇게 말한다.

반드시 존재해야 할 이유는 없고 단지 존재할 수 있는 가능성만을 갖고 있다는 이 사실이 돌멩이의 경우라면 충분하겠지만, 우리 자신의 경우라면 그렇지 못하다. 우리는 우리 자신이 어떤 필연적인 이유에 의해서 존재하는 것이기를, 우리가 존재하지 않으면 안 되도록 우리의 존재가 처음부터 정해진 것이기를 원한다. 모든 종교와 거의 대부분의 철학, 심

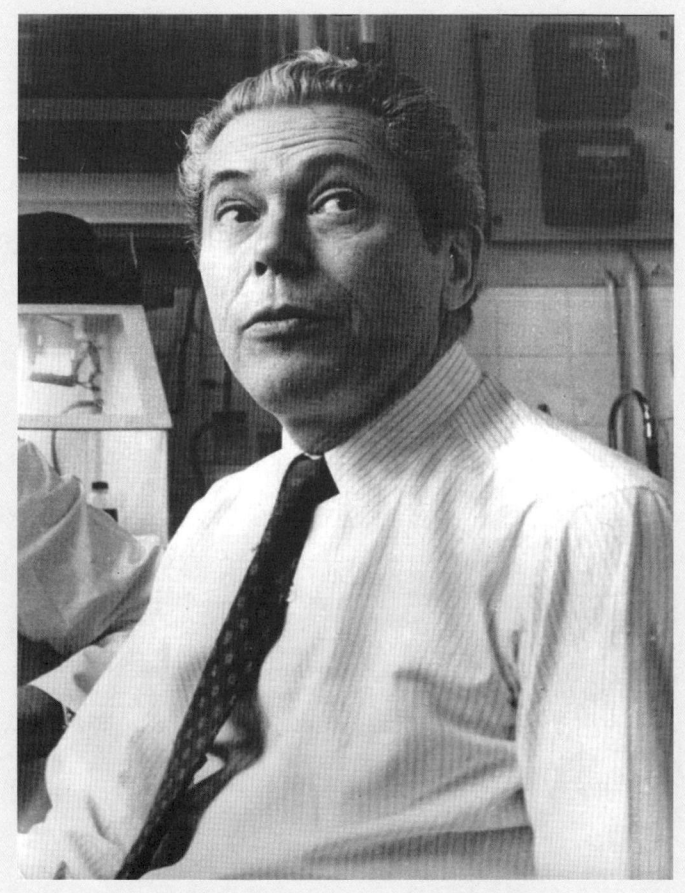

프랑스의 분자생물학자 자크 모노.
모노는 1965년에 효소의 유전적 조절 작용과 바이러스 합성에 대한 연구로 노벨생리의학상을 수상했다. 그는 저서 『우연과 필연』에서 생명의 존재는 우연의 산물이라고 주장했지만, 모든 생명체에는 '합목적성'이 깃들어 있다고 말하기도 했다.

지어 과학의 일부까지도 자기 자신의 우연성을 필사적으로 부인하려는 인간의 지칠 줄 모르는 영웅적 노력의 증거다.

한여름에 매미가 나타나 그토록 요란하게 울어대는 이유는 무엇일까? 너무 더워서일까? 땅속에서 애벌레 상태로 수년 동안 인고의 시간을 보내고 이제 겨우 세상에 나온 것이 너무 기뻐서일까? 짝짓기를 하고자 하는 '목적' 때문이라고 말하면 잘못된 걸까? 매미는 세상에 나와 겨우 한 달 정도 살다가 짧은 생을 마감한다. 수컷은 암컷과 짝짓기를 하고 나서 죽고, 암컷은 알을 낳고 곧 죽는다. 그들이 짧은 시간 그토록 애타게 우는 데에 목적이 없을 리 없다. 많은 과학자들은 생명이나 생명 활동을 설명하는 데 있어 어떤 '목적성'을 언급하는 것을 금기처럼 여긴다. 그러나 목적이라는 개념 없이 생명을 설명하려 한다면 매번 곤혹스러움을 느끼게 된다.

다윈의 진화 이론을 발전시키는 데 큰 공을 세웠던 영국의 진화생물학자 홀데인 John Burdon Sanderson Haldane(1892~1964)은 목적론 없이 생명을 이해할 수 있는 생물학자는 사실상 없다고 말했다. 그는 이렇게 덧붙였다. "생물학자들에게 목적론은 내연 관계에 있는 애인과도 같다. 목적론과 함께하면서도 그것을 공공장소에서 보여주고 싶어하는 생물학자는 없을 테니까."

생명은 합목적성을 가진다

베르그송 Henri Bergson(1859~1941)은 『창조적 진화 L'Évolution créatrice』에서 생명의 의미에 대해 고찰했다. 그는 생명에 틀림없이 비물질적인 요소가 존재하며, 이것은 단순한 물질과는 다른 특별한 원리에 의해 작동된다고 말했다. 그는 기계론적 생명관의 조야함을 비판하면서 생명현상의 독자성을 강조한다. 베르그송은 오직 생명만이 '엘랑 비탈 élan vital', 즉 '생명의 도약'을 가진다고 보았다. 이것은 활성이 없는 물질의 저항을 극복할 수 있게 하는 근원적인 힘을 말한다. 잘게 분해했다가 다시 전체를 조립해내는 데만 능통한 기계론적 시각으로는 생명의 본질을 결코 알아낼 수 없다. 생기론이나 목적론은 (그것을 증명할 수는 없을지라도) 생명에 대한 우리의 무지를 상기시키는 최소한의 기능이 있는 반면, 기계론은 은연중에 그것마저 잊게 만든다.

생명현상의 합목적성은 오래전 아리스토텔레스의 믿음이기도 했다. 아리스토텔레스는 생명이 있는 것이든 없는 것이든 모든 개별 실체가 생겨나는 과정을 정확히 설명하려면 '질료 hyle', '형상 eidos', '작용인 kinoun', '목적 telos' 네 가지를 모두 고려해야 한다고 보았다. 이것이 '4원인론'인데, 이는 앞서 소개한 '질료형상론'을 확장한 개념이다. 이 중 마지막 '목적'이라는 것을 생명체에 적용한다면 다음과 같다. "신체의 모든 부위는 궁극적으로 생명체 전체의 삶을 보존하기 위한 목적을 가진다." 즉 모든 생명은 살고자 한다는 뜻이다. 거창한 실존의 이유나 목적은 되지 못할지라도, '살고자 하는 열망'은 모든 생명체가 추구하는 분명한 목적임을 부인하기 어렵다.

오랜 진화를 통해 얻게 된 신체의 복잡한 기관들은 모두 목적 없이 만들어지지 않았다. 카메라는 척추동물의 눈을 본떠 만들어졌다. 카메라와 눈이 가지고 있는 색소와 렌즈, 순간을 포착하려는 셔터와 조리개는 모두 형태만 다를 뿐 아주 유사한 기능을 수행하게끔 구성되어 있다. 카메라를 제작하는 데는 이미지를 수집하려는 분명한 의도가 있음을 인정하면서 눈에 대해서는 그런 의도를 부인한다면 심각한 오류를 범하는 일이다. 진화를 통해 생명체는 스스로 이러한 인공물을 만들어낸다. 진화는 우연히 일어난다고 하지만 생명이 가진 의도도 우연일까?

이것이 바로 자크 모노가 인정한 생명의 합목적성이다. 이것은 틀림없이 생명체가 발생하고 증식하는 모든 과정에서 분명히 드러나는 생명의 중요한 속성이다. 과연 생명현상을 포함하여 모든 과학적 현상에 의도와 목적이란 것이 존재하지 않는다고 단언할 수 있을까? 데모크리토스와 자크 모노가 말했던 '우연과 필연' 중에서 '필연'이라는 부분이 바로 과학적으로 설명해야 하며 또한 설명할 수 있는 대상을 의미하는 것 같지만, 얄궂게도 오늘날 과학은 거꾸로 '우연'의 편을 들고 있다. 필연임을 과학적으로 설명할 방법이 없기 때문이다. 그러나 우연이야말로 진정 과학적으로 설명하기 어려운 일임은 종종 간과된다. 과학이 본질적으로 우연성과 신비주의로부터 벗어나려는 시도임을 상기해본다면 이것은 특이한 현상이라 하지 않을 수 없다.

퓰리처상을 받은 과학 작가 나탈리 앤지어 Natalie Angier(1958~)가 『원더풀 사이언스 *The Canon: A Whirligig Tour of the Beautiful Basics of Science*』에서 쓴 다음의 문장은 눈여겨볼 만한 가치가 있다.

생명을 우연의 결과라고만 한정짓는 것은 종교적 성향이 어떻든지 간에 커다란 오해이다. 생명은 반反우연적이다. 우리는 생명이 어떻게 시작됐는지 모르지만 미지의 분자 한 개가 최초로 자기 자신을 복제하게 된 것은 정말로 우연히 벌어진 일이 아니다. 자신을 복제할 수 있는 조건이 갖추어지는 것은 행운에 달린 문제이지만, 바로 그 자기 자신을 복제하는 일 자체는 신중히 이루어지는 행위이다. '살아 있으며 영구히 존재하려 하는 것'이라는 생명의 또 다른 정의는 이미 우연이라는 요소를 배제하고 있다.

생명이란 무엇일까? 그것은 우연일까 필연일까? 이것은 과학적인 질문이면서 동시에 당신이 세상을 어떻게 바라보고 있는지를 묻는 질문이기도 하다. 이것에 의해 우리는 타인과 관계 맺는 방식, 그리고 세계와 관계하는 방식에 자신도 모르게 영향을 받게 된다. 우리가 당장 대답할 수 없다고 해서 그만큼 생각해볼 가치가 없는 질문이라고 할 수는 없을 것이다. 이제 생명을 다른 방향에서 바라보기 위해 또 다른 관점으로 이야기를 계속해보기로 하자.

2장

생명은 입자인가?

에르빈 슈뢰딩거와
루돌프 쇤하이머가 말하는 생명

이제 나는 그대에게, 이 정신이 어떤 몸체로 되어 있는지, 그리고 어떤 부분으로 구성되어 있는지, 말로써 이치를 보여주길 계속하리라. 우선 나는 그것이 매우 섬세하다는 것을, 그리고 극히 미세한 알갱이로 이루어져 있다는 것을 말하노라. 그것이 그러하다는 것을 그대는 다음 것으로부터 정신으로 포착하여 완전히 납득할 수 있을 것이다. 즉, 아무것도, 이성이 할 일을 자신 앞에 떠올리고, 또 스스로 행동을 시작하는 것만큼, 그토록 빠르게 이뤄지는 건 볼 수 없다는 점이다. 그러므로 정신은, 눈앞에 분명히 보이는 모든 것 가운데서 그 무엇보다도 더 빨리 스스로를 자극한다. 한데 그렇게 민활한 것은 작은 쏠림에도 자극받아 움직일 수 있도록 극히 둥글고 극히 미세한 씨앗으로 이뤄져 있어야 한다. 왜냐하면 물도 진정으로 구르기 좋은 작은 형상들로 만들어져 있어서 그렇게 작은 기울임에도 움직여져서 흐르니 말이다.

루크레티우스 Titus Lucretius Carus, 「사물의 본성에 관하여 *De Rerum Natura*」

우주에 존재하는 모든 것은 입자로 되어 있다. 그 입자들이 서로 잡아당기고 결합해 수많은 물질을 빚어낸다. 물질들은 아름다운 빛과 에너지를 발산하며 시공간이라는 무대를 수놓고, 태양과 그 주위를 둘러싼 행성들처럼 정확한 궤도를 따라 돌며 끝나지 않을 춤을 춘다. 내가 방금 이 장면을 상상하며 아름답다고 느꼈던가? 춤을 추고 있다고 표현했던가? 물질들이 물리법칙에 따라 움직이고 빛을 발하는 이런 현상들이 어째서 아름답고 예술적으로 느껴질까? 그 입자들의 의미를 인식할 줄 아는 존재가 있어 가치를 알아보고 있기 때문이다. 바로 생명이다. 그런데 놀라운 점은 그 생명도 입자로 이루어져 있다는 사실이다.

15세기 이탈리아 르네상스를 대표하는 작품 중에 보티첼리 Sandro Botticelli(1445~1510)의 「비너스의 탄생 La Nascita di Venere」이 있다. 그가 마흔 살 무렵에 그린 이 걸작은 상징을 통해 여성의 신체를 이상적이고도 미학적으로 구현했다. 세상에 막 탄생한 비너스가 조개껍데기에 실려 그리스의 키티라 섬에 도착하고 있다. 이 그림은 당시에 큰 충격을 안겨 주었다. 순결한 비너스가 한쪽 젖가슴을 드러낸 채 몽환적인 표정으로 서 있었다. 아직 중세의 기독교적 가치관이 지배하던 분위기에서 이것은 인간의 죄악과 수치를 연상시키는 파격적인 장면이었다.

사랑의 여신 비너스는 어떻게 태어났을까? 그리스 로마 신화에 따르면 하늘의 신 우라노스 Uranus와 대지의 여신 가이아 Gaia 사이에서 최초의 인간 티탄 Titan족이 태어났는데, 그 아들 중 하나인 크로노스 Cronus가 아버지 우라노스의 폭압을 견디다 못해 그의 생식기를 낫으로 잘라 바다에 던져버렸다. 바닷물에 휩쓸려 떠내려가던 우라노스의 생식기에서 놀랍게도 물거품이 일어났고, 이 거품에서 비너스가 '스스로' 태어났다고 한다. 이 이야기는 단지 하나의 신화에 불과한 것이 아니라, 오늘날 생명이 과연 어떻게 생겨났는가에 대한 여러 과학자들의 믿음을 보여주는 예이기도 하다. 다시 말해 생명이 스스로 생겨났다는 믿음이다.

쾌락주의 철학의 시조가 된 그리스의 철학자 에피쿠로스 Epicurus(BC 341-271)는 신이 존재할 필요가 없다고 생각한 유물론자였다. 그가 볼 때 최초의 생물은 더 이상 쪼갤 수 없는 작은 입자인 '원자 atom'가 결합되어 생겨났다. 에피쿠로스는 인간이 자유의지를 가질 수 있는 이유조차도 원자의 운동이 비결정적으로 이루어지기 때문이라고 설명했다. 그에 따르면 인간의 이성과 영혼마저도 입자로 되어 있는 셈이다. 에피쿠로스의 철학은 로마의 저술가 루크레티우스 Titus Lucretius Carus(BC 99~55)가 이어받아 발전시켰다. 루크레티우스는 젊은 지구가 너무나 비옥했기 때문에 온갖 생명체들이 마구잡이로 땅에서 솟아났다고 믿었다. 우리는 어

「비너스의 탄생」(산드로 보티첼리, 1485).
미의 여신 비너스가 성숙한 여인의 모습으로 바다의 거품에서 탄생해 해안에 상륙하는 모습을 묘사한 그림이다. 생명이 스스로 생겨났다는 오늘날 과학자들의 믿음을 보여주는 예이다. 이 작품은 르네상스 시대에 그려진 최초의 누드화로 알려져 있다. 이탈리아 피렌체의 우피치 미술관 소장.

떻게 숨 쉬고 뛰놀며 살아 있는 경이로운 생명이면서 동시에 평범한 원자들을 모아놓은 덩어리인 걸까.

생명이라 불릴 수 있으려면

생명이란 무엇일까? 생명이 무엇인지 흡족하게 설명하기란 그리 쉬운 일이 아니다. 그래서 우리는 보통 생명이라 불리는 존재들이 어떤 공통의 성질을 가지고 있는지 살펴본다. 생명이라 불릴 수 있으려면 어떤 성질이 필수적일까? 스무고개 놀이를 하듯 하나씩 따져보기로 하자. 아니 스무고개까지는 필요 없고, 대여섯 고개면 충분할 듯하다.

첫째, 모든 생명체는 '생장growth'하고 '증식proliferation'하는 성질이 있다. 한 생명체의 크기나 부피가 커지는 것이 생장이고, 그런 생명체의 수가 늘어나는 것이 증식이다. 수천 종의 식물과 동물에 이름을 붙였던 스웨덴의 분류학자 린네Carl von Linné(1707~78)는 한때 광물도 자연의 일부로 보고 분류하기도 했다. 어떤 광물들은 한데 모여 마치 생물인 듯 증식하는 것처럼 보였기 때문이다. 실제로 석영quartz의 결정도 자란다. 그러나 현재는 당연하게도 광물을 생물의 범주에 포함시키지 않는다.

둘째, 모든 생명은 예외 없이 DNA나 RNA처럼 핵산nucleic acid의 형태로 이루어진 '유전물질genetic material'을 가지고 있다. 이 유전물질은 정보를 담고 있다. 자신을 닮은 자손을 낳을 수 있는 근거는 전적으로 유전 정보에 의존한다. 유전물질을 가지고 있지 않다면 결코 생명이라 볼 수 없다. 그러나 거꾸로 유전물질을 가지고 있다 하더라도 생명이라 부르기 어려운 것들도 있다.

DNA나 RNA로 되어 있는 유전자는 스스로 복제할 수 있는 독특한 구조를 가지고 있다. 그래서 영국의 진화생물학자 도킨스 Richard Dawkins(1941~)는 베스트셀러가 된 저서 『이기적 유전자 The Selfish Gene』에서 유전물질이 가진 '자가복제 self replication' 능력을 강조해 DNA를 마치 생명 그 자체인 것처럼 묘사하기도 했다. 그러나 아무리 다재다능한 유전물질이라도 지질과 단백질로 구성된 특별한 막 membrane 을 뒤집어쓰고, 적어도 주위 환경과 구분된 공간에 독립적으로 존재하지 않고서는 생명이라 부를 수 없다.

따라서 셋째, 생명은 모두 막으로 둘러싸인 '세포 cell'라는 최소 단위로 구성되어야 한다. 세포막은 생명이 자신과 외부 환경을 구분할 수 있게 해주는 최소한의 경계로서 필요하다. 아무리 하찮은 생명이라도 혼자 쓸 조용한 방 한 칸 얻지 못한다면 생명의 자격이 없는 것이다.

넷째, 생명체는 주변 환경으로부터 오는 자극에 반응하는 특성을 보인다. 빛과 화학물질의 유무, 진동과 온도 변화 등에 아주 민감하다. 외부의 자극에 적극적으로 반응할 수 있다는 의미에서 고등동물뿐 아니라 식물과 단세포생물도 원시적이나마 잘 발달된 신경계 nervous system 를 가지고 있다고 볼 수 있다.

그리고 다섯째, 항상 일정하고 안정적으로 일어나는 '물질대사 metabolism'가 필요하다. 이렇게 물질대사라는 과정, 즉 외부에서 들여온 물질을 이용해 에너지를 만들어내고 그 에너지를 쓰며 살아가는 과정이 결여되어 있다면 결코 생명이라 부를 수 없다.

그렇다면 DNA나 RNA로 된 유전물질을 내부에 가지고 있는 바이러스virus는 생명이라 할 수 있을까? 최근에 우리를 몹시도 괴롭혔던 코로나바이러스coronavirus 같은 존재들 말이다. 그것이 가진 감염력이나 전파력으로만 보면 마치 생물인 것처럼 오해되기도 한다. 그러나 바이러스는 세포로 구성되어 있지 않으며 다른 생명체에 기생하지 않고서는 스스로 물질대사를 할 수 없는 불활성 상태이기 때문에, 생물이라기보다는 단백질로 된 입자 형태의 무생물에 더 가깝다. 그래서 과학자들은 바이러스에 '생물과 무생물 사이 어디쯤'이라는 모호한 정체성을 부여해 왔다.

생명을 정의하는 새로운 기준

미국항공우주국NASA에서는 1960년대부터 꽤 오랫동안 외계 생명체의 존재 가능성을 연구해왔다. 천체 물리학자 칼 세이건Carl Edward Sagan(1934~96)은 그러한 가능성에 지대한 관심을 가지고 '세티Search for Extra-Terrestrial Intelligence: SETI' 프로젝트를 주도한 과학자들 중 하나이다. "광활한 우주 공간에 생명이 우리 인간뿐이라면 이 얼마나 엄청난 공간의 낭비인가!" 그의 탄식은 대중의 공감을 불러일으키기에 충분했다.

그는 인문학적 감수성으로 우주와 인간의 역사를 그린 『코스모스Cosmos』와 『창백한 푸른 점Pale Blue Dot』 등 유명한 과학 교양서를 저술하고 TV 다큐멘터리를 제작해 우주의 경이로움을 잘 표현한 작가로 알려져 있다. 그러나 사실 그의 주된 관심사는 다른 데 있었다. 우주에 존재할지도 모를 생명체를 찾기 위해 학계의 분위기를 조성하고 연구비를 확보하는 일이었다. 칼 세이건이 과학자라기보다는 작가나 연예인처럼 보인 경향이 있었다면 그런 이유 때문일 것이다.

탐사 결과 생명체가 존재할 수 있으리라 추정된 행성은 지금껏 4,000여 개에 달한다. 그러나 생명체가 실제로 존재할 것이라는 단서는 어디서도 발견하지 못하고 있다. 그런 분위기에서 우주생물학자들 사이에는 지구에 존재하는 기존의 생물과는 사뭇 다른 기준으로 새로운 생명체를 예측할 수 있어야 한다는 주장이 제기되었다. 그래서 NASA에서는 1990년대 이후로 지구 밖에 존재할지도 모르는 생명체의 정체를 기존과 약간 다르게 정의해왔다.

그들이 논의 끝에 내린 생물의 정의는 '다윈의 진화론을 따르는 자립 가능한 화학적 시스템A self-sustaining chemical system capable of Darwinian evolution'이다. 이게 무슨 말일까? 세대를 이어가고 증식하면서 다윈이 주장했던 진화가 일어날 수 있는 화학물질이라면 그게 무엇이든 생명체로 보아야 한다는 의견이다. '진화하는 능력'을 생명의 필수 요소로 새롭게 강조한 것이다. 영원히 자신과 똑같은 자손을 복제하면 그것은 생명이 아니다. 어딘가 조금씩 바꾸어야만 생명이라는 말이다. 이 기준에 따르면 바이러스도 충분히 생명으로 인정받을 가능성이 있다.

1946년에 노벨생리의학상을 수상한 유전학자 허먼 멀러Hermann Joseph Muller(1890~1967)도 이보다 일찍 비슷한 정의를 내린 바 있다. "생명이란 다른 게 아니라 바로 진화능력을 가진 것"이라고 말했다. 그러한 결론에 부합하게도 바이러스는 지금도 계속해서 진화하고 있다.

현 생물분류 체계상 생물과 바이러스를 가르는 중요한 지표 중 하나로 리보솜ribosome이 있다. 리보솜은 DNA와 RNA에 담긴 정보를 해독하여 단백질을 만드는 데 꼭 필요한 거대분자이다. 이것을 가져야만 생명이라 볼 수 있다. 최근에 발표된 여러 유전체 분석 결과에 따르면, 리보솜을 만들어내는 유전자들이 놀랍게도 일부 바이러스에서도 발견되었다. 또한 더 최근 들어서는 단세포생물인 박테리아보다도 더 큰 유전체genome를 가진 거대 바이러스들이 새로 발견되고 있다. 이처럼 바이러스와 생명의 경계는 갈수록 더 모호해지고 있다.

오늘날 '생명이란 무엇인가?'라는 질문에 가장 명쾌하면서도 납득할 만한 정의가 있다면 바로 '자기 자신을 스스로 복제할 수 있는 시스템'일 것이다. 이것이 20세기 생명과학의 엄청난 발전에 힘입어 현재 우리가 도달한 답이라 할 수 있다. 우리는 지금까지 생명이 '어떻게how' 스스로 복제할 수 있는지 그 메커니즘을 거의 완벽하게 알아냈다. 하지만 '왜why' 생명이 그렇게 하는지는 아직 모른다.

생명은 스스로 복제하는 능력을 가졌을 뿐 아니라, 에너지를 소비해서 스스로를 늘 새롭게 만들 수 있다. 생리학자 클로드 베르나르Claude Bernard(1813~78)가 제안한 '항상성homeostasis'이라는 개념이다. 항상성은 변할 수 있는 여러 조건들을 능동적으로 조절하여 내부 환경을 안정적이고 일정하게 유지하려는 계system의 특성을 의미한다. 일정한 생명현상이 유지되지 못하고 구석에 방치되어 먼지가 쌓이거나 녹이 슨다면 생명이라 보기 어렵다.

엔트로피의 법칙을 거역하는 생명

그렇다면 생명은 어떻게 항상성을 가지는 걸까? 이 의문을 처음으로 설명하려 한 사람은 슈뢰딩거Erwin Schrödinger(1889~1961)였다. 슈뢰딩거는 양자역학을 설명하는 파동방정식을 만들어서 1933년에 노벨물리학상을 수상한 천재 양자 물리학자였다. 그는 상을 받은 뒤 오랫동안 학계에서 모습을 감추었다가, 10여 년 만에 더블린 트리니티 칼리지에 불쑥 나타나 '생명이란 무엇인가What is Life?'라는 제목으로 강연을 하기 시작했다. 물리학자가 생명이라는 불가사의한 현상을 물리학적인 방법으로 설명하려고 시도한 것이다. 이 내용은 이듬해 같은 제목의 책으로 출판되었다.

물리학자가 생명현상을 설명하려 했다니? 슈뢰딩거 자신도 남의 밥그릇을 빼앗는 것 아닌가 싶은 민망함이 있었는지 서문에서 다음과 같이 말했다.

> 과학자란 한 주제에 대해 완벽하고 철저한 지식을 가진 사람이라 여겨진다. 따라서 자신이 정통하지 않은 분야에 대해서는 함부로 글을 쓰지 않으며 그것이 과학자의 '도덕적 의무'라고 사람들은 흔히 생각한다. (…) 나는 이 '도덕적 의무'로부터 자유로워지기를 바라며, 비록 어떤 것은 불완전하고 간접적인 지식일지라도, 그리고 그 때문에 이런 작업을 하는 사람이 웃음거리가 되더라도, 자신의 매우 좁은 전문분야를 넘어서서 세계 전체를 완전히 이해한다는 작업을 시작하지 않을 수 없다. 나의 이 변명을 관대하게 보아주기 바란다.

양자 물리학자 에르빈 슈뢰딩거.
슈뢰딩거는 『생명이란 무엇인가』에서 생명을 '음의 엔트로피를 먹고 사는 존재'라고 정의하며 생명이라는 불가사의한 현상을 물리학적인 방법으로 설명하려고 했다. 그는 슈뢰딩거 방정식을 수립해 양자역학을 발전시킨 공로로 1933년 노벨물리학상을 받았다. 양자역학의 불완전함을 보이기 위해 '슈뢰딩거의 고양이'라 불리는 사고실험을 제안한 것으로도 유명하다.

생물학자들의 양해를 구한 뒤 그는 설명을 시작한다. 생명이란 결국 "원자로 구성된 입자들이 모인 것"에 불과하다고 했다. 입자 외에 다른 것이 필요해보이지 않았다. 따라서 그는 아무리 복잡한 생명현상이라도 결국 물리학이나 화학으로 충분히 설명할 수 있을 거라 보았다. 당시 유전학이나 양자역학은 아직 완전히 정립된 상태가 아니었기 때문에 그가 책에서 논의한 내용에는 훗날 오류로 밝혀진 것도 적지 않다. 하지만 학문 분야를 뛰어넘는 통찰력과 통섭적인 방법론은 생명과 유전 현상을 연구하려는 후학들에게 커다란 영향을 끼쳤다.

슈뢰딩거는 "원자는 왜 그렇게 작을까?", 그런데 "그에 비해 우리의 몸은 왜 이렇게 클까?"라고 물었다. 사실 그는 이 질문을 통해서 우리 몸이 원자에 비해 비교가 안 될 정도로 클 수밖에 없는 이유에 대해 말하고 싶었던 것이다. 원자 하나의 크기는 약 10^{-10}m이다. 사람의 평균 키는 원자에 비해 아무리 못해도 100억 배나 더 크다. 원자란 너무 작아서 혼자 둘 경우 필연적으로 무질서한 열운동을 하게 된다. 환경의 변화에 따라 끊임없이 요동칠 수밖에 없는 수동적인 운명을 가진 것이다. 이것은 '브라운 운동 Brownian motion'이라는 현상 때문인데, 원자같이 아주 작은 입자들은 주변의 기체나 액체 입자와 끊임없이 부딪히면서 매우 불규칙적인 운동을 하게 된다. 생명이 만약 이런 원자나 분자와 비교될 정도로 크기가 아주 작다면, 질서를 유지하고 살아가기 어려울 것이다. 하지만 다행히 생명은 원자들에 비하면 훨씬 큰 몸집을 하고 있기 때문에 끊임없이 무질서해지려는 입자의 운명에서 벗어나 비교적 안정적인 '질서'를 구축할 수 있게 된다. 생명이라는 이 수많은 입자들의 집합체는 어떻게 해서 무질서를 벗어날 수 있는 걸까?

'엔트로피 entropy의 법칙'이라고도 불리는 열역학 제2법칙이 있다. 질서와 무질서의 관계를 설명할 때 빼놓을 수 없는 법칙이다. 생명이 없는 자연 상태의 모든 물질은 시간이 지나면 결국 '무질서해지는' 방향으로 변화하게 된다는 개념이다. 이는 곧 '엔트로피가 증가하는' 방향이다. 질서를 잡을 수 있게끔 외부에서 따로 에너지를 투입하지 않는 한 모든 물질은 저절로 무질서해질 수밖에 없음을 의미한다. 이것은 결코 예외가 없는 법칙으로 알려져 있다.

하지만 생명체는 열역학 법칙을 무시라도 하듯 질서정연함을 유지할 수 있다. 왜냐하면 생명체는 외부에서 영양분을 흡수함으로써 에너지를 얻고, 그 에너지로 내부의 엔트로피를 낮추는 능력을 지니고 있기 때문이다. 생명이 엔트로피를 스스로 낮출 수 있는 이유는 모든 생명체가 살고 있는 지구 자체가 닫힌계 closed system가 아니기 때문이라는 데 상당 부분 의존한다. 지구는 태양으로부터 꾸준히 에너지를 공급받고 있는 열린계 open system라 볼 수 있다. 티 나지 않게 옆집의 와이파이 Wi-Fi를 몰래 가져다 씀으로써 우리 집 인터넷 사용료를 아끼는 것과 아주 유사한 방식으로, 지구는 태양에너지를 이용해 엔트로피가 높아지는 현상을 최대한 막을 수 있는 것이다.

슈뢰딩거는 이렇게 열역학적 개념을 이용해 생명을 "음의 엔트로피 negative entropy를 먹고 사는 존재"라고 정의한다. 너무 추상적인 개념이라 얼핏 이해가 되지 않을 수 있지만, 이것은 마치 냉장고나 에어컨이 내부의 온도를 인위적으로 낮춰 차갑게 유지하기 위해서 주변의 온도를 높일 수밖에 없는 현상과 유사하다고 보면 된다. 이것이 바로 크고 안정적인 유기체로 구성된 생명이 자신보다 작고 불안정한 유기물을 분해해 흡수함으로써 엔트로피의 법칙을 거역하는 현상이다. 슈뢰딩거는 엔트로피의 횡포에 맞서 용감하게 싸우는 것을 생명의 본질로 본 것이다.

유전정보가 담긴 입자를 상상하다

앞서 말했듯 슈뢰딩거는 이론 물리학자로서 생물학이라는 주제에 겁 없이 뛰어들었다. 하지만 그것이 아예 뜬금없는 시도는 아니었다. 그는 생명체가 입자로 되어 있으며, 생명체에 복잡한 생명현상을 부여하는 암호가 염색체chromosome상의 어떤 작은 분자 속에 들어 있다고 추측했다. 양자물리학을 개척한 장본인답게 슈뢰딩거는 이러한 분자에 변화가 생겨 돌연변이mutation가 일어나는 현상을 '도약적'이며 '불연속적'인 양자물리학 이론과 비슷할지도 모른다고 생각한 것이다. 그는 돌연변이를 분자상의 '양자도약quantum leap'이라고 불렀다. 나중에 밝혀진 사실이지만 실제로 생명에서 일어나는 돌연변이는 '도약'의 결과로 생기며, 애매한 중간형은 결코 만들지 않는다.

슈뢰딩거는 유전 현상을 일으키는 어떤 입자가 염색체 위에 놓여 있으며, 아마도 그것은 '비주기적 결정aperiodic crystal'일 것으로 예상했다. 그는 이것이 특별한 그림이 담긴 태피스트리의 불규칙한 무늬처럼 '비주기성aperiodicity'을 가진다고 보았다. 그는 유전물질이 결국 단백질인지 DNA인지에 대해서는 말을 아꼈는데, 실제로 그가 잘못 추측하고 있었음을 감안하면 그것은 탁월한 선택이었다.

슈뢰딩거가 『생명이란 무엇인가』에서 제기하고 답한 생명에 대한 관점은 훗날 생물학자들에게 많은 영향을 미쳤다. 향후 생물학이 나아가야 할 방향을 구체적으로 제시했고, 생물학 연구법을 더욱 체계적이게 만들었다는 평가를 받는다. 현대 물리학에서 쓰이는 몇몇 개념들은 거꾸로 생물학으로부터 차용되기도 했다. 예를 들어 원자의 한가운데 양성자 proton와 중성자 neutron가 함께 묶여 있는 덩어리를 '핵 nucleus'이라고 부르는데, 이는 원래 세포 속 유전물질이 담긴 독립된 공간을 뜻하는 핵에서 따온 생물학 용어이다. 지금은 핵폭탄 nuclear bomb이나 핵분열 nuclear fission 등의 단어들이 유명해지면서 대중에게는 물리학 용어로 더 잘 알려지게 되었지만.

그러나 슈뢰딩거의 책은 생명을 바라보는 데 있어 편견을 만드는 데도 일조했다. 그는 책에서 '생명'이라는 단어를 '유전자'나 '복제하고 분열하는 능력'과 동일한 의미로 많이 사용했는데, 오늘날까지도 생명과학 연구자들은 생명현상을 기계적으로 생각하는 그의 그늘에서 크게 벗어나지 못하고 있다.

생명은 끊임없이 변한다

누군가가 바닷가 모래사장에 정교한 솜씨로 멋진 모래성을 만들었다. 이 모래성은 제법 튼튼하게 지어졌지만 파도가 밀려오면 아무래도 금방 무너지지 않을까 걱정스럽다. 잠시 후 저 멀리서 파도가 붉은 산호색 모래를 잔뜩 싣고 와서 모래성을 덮쳤다. 파도가 밀려간 후에 자세히 보니 놀랍게도 모래성의 형태는 그대로 유지되어 있는데, 모래성의 이곳

파도에 휩쓸렸지만 무너지지 않은 모래성. 생명이란 마치 모래성의 형태는 그대로인데 그 내용물은 온통 새로운 모래로 바뀌어 있는 것과 같다.

저곳이 붉은 산호색 모래로 바뀌어 있었다!

안의 내용물은 새로운 입자로 온통 바뀌었는데 전체 모습은 그대로 유지되고 있는 것, 바로 일본의 분자생물학자 후쿠오카 신이치福岡伸一(1959~)가 바라본 생명의 모습이다. 그는 저서『생물과 무생물 사이生物と無生物のあいだ』에서 독일 태생의 생화학자 쇤하이머Rudolf Schoenheimer(1898~1941)의 실험을 소개한다.

쇤하이머는 쥐에게 일반 질소원자보다 약간 무거운 중重질소 동위원소15N isotope로 만들어진 음식을 먹이고, 그 무거운 질소원자들이 어디로 가는지 추적해보았다. 단백질을 구성하는 모든 아미노산amino acid에는 질소가 함유되어 있다. 중질소로 만들어진 아미노산은 질량분석계를 이용해 추적할 수 있으므로 보통의 질소로 되어 있는 아미노산과 구분할 수 있다.

한참 성장기에 있는 어린 쥐는 섭취한 음식의 상당량을 신체를 키우는 데 사용할 것이다. 그러나 다 자란 성체 쥐는 더 이상 신체를 키울 필요가 없다. 따라서 섭취한 음식은 에너지를 얻는 데 대부분 사용되고, 나머지는 배설을 통해 거의 다 몸 밖으로 내보내질 것으로 예상할 수 있다. 하지만 실험 결과는 달랐다. 성체 쥐의 경우에도 섭취한 음식의 3분의 1만 배설되고 나머지 3분의 2는 몸속 이곳저곳으로 들어가 남아 있음을 발견했다. 굴러 들어온 돌이 박힌 돌을 빼낸다. 새로 흡수한 원소들이 오래된 원소를 대신해 자리를 바꾸면서 우리 몸을 구성하는 새로운 입자로 사용된 것이다. 즉 모래성의 모습은 변하지 않고 그대로 있지만 모래성을 구성하는 모든 모래입자들은 새로운 것으로 끊임없이 교체되고 있는 현상이 우리 생명체 내부에서 항상 일어나고 있음을 알게 되었다. 이러한 발견을 통해 쇤하이머는 생명을 '신체 구성성분의 동적인 상태the dynamic state of body constituents'라고 불렀다.

신이치는 나아가 쇤하이머가 발견한 생명의 개념을 더 확장시켰고, 생명이란 '동적 평형dynamic equilibrium 상태에 있는 입자의 끊임없는 흐름'이라는 결론을 내린다. 동적 평형, 즉 우리 몸은 전체적으로 일정한 '평형' 상태를 유지하고 있지만, 세부 입자는 끊임없이 움직이며 새롭게 바뀌고 있는 것이다. 어째서 생명체는 가만히 있지 않고 계속해서 입자를 갈아 끼우는 걸까? 높은 수준의 질서를 유지하기 위해서이다. 즉 슈뢰딩거가 말했던 '음의 엔트로피'를 유지하기 위해서 생명체는 끊임없이 자신의 낡은 부위를 자발적으로 파괴해야만 한다는 뜻이다.

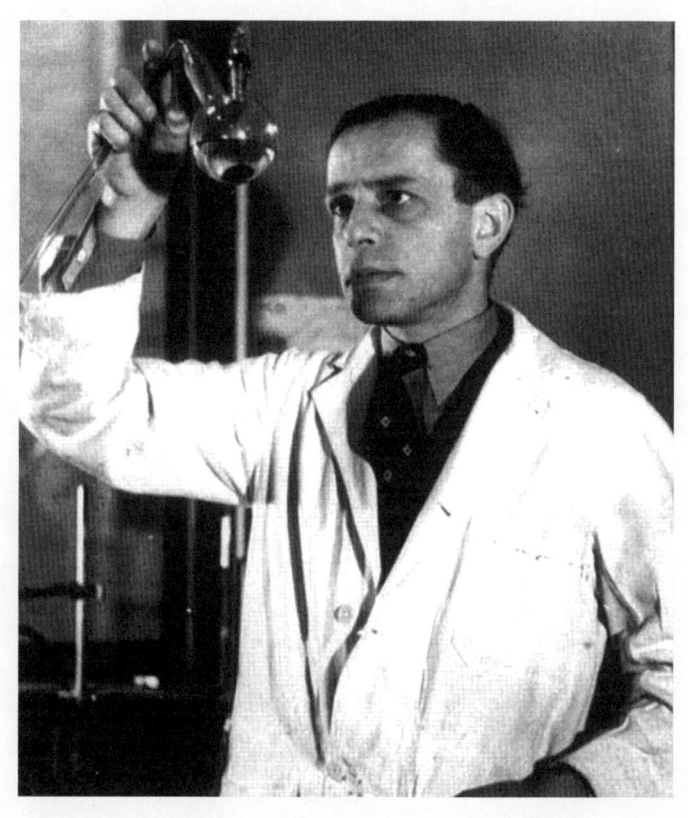

독일의 생화학자 루돌프 쇤하이머.
쇤하이머는 생명이 '동적인 평형 상태'에 있음을 최초로 증명한 과학자이다. 그는 중질소 동위원소를 이용해 동물이 섭취한 단백질이 어떻게 소화되고 배설되는지에 대한 기전을 밝혀냈다.

생물학자 월퍼트 Lewis Wolpert(1929~)는 물 한 컵에 담긴 물 분자의 수가 지구상 모든 바다에 있는 물을 다 담은 컵의 수보다 훨씬 많다는 것을 계산을 통해 알아냈다. 따라서 우리가 마시는 컵 하나의 물에는 과거에 나폴레옹이나 히틀러와 같은 인물이 마셨다가 방광을 거쳐 빠져나갔던 물 분자가 들어 있을 확률이 매우 높다고 말했다. 이처럼 우리 몸을 구성하는 많은 부위가 얼마 전에는 다른 사람의 몸의 일부였을 수도 있지만, 아예 생명을 이루지 않는 물질의 일부였을 가능성도 있다. 당신이 조금 전 입에 넣은 밥풀 속에는 포도당이 들어 있다. 그 포도당의 뼈대는 탄소 원자가 이루고 있다. 그 탄소 원자는 오래전 남아프리카공화국의 어느 다이아몬드 광산에서 유래한 것일 수도 있고, 고흐가 자화상을 스케치하기 위해 끄적거린 연필의 심지에서 떨어져나온 것인지도 모른다.

생명은 입자일까 입자의 흐름일까

맛을 구분해내는 혀의 미뢰 taste bud 세포는 대략 보름마다 한 번씩 새로 교체된다. 그럼에도 어머니가 해주는 밥맛을 고스란히 기억할 수 있다는 것은 참 다행스런 일이다. 피부세포는 약 한 달 반, 적혈구는 넉 달 정도의 수명을 가진다. 단단한 뼈는 한 번 형성되면 전혀 바뀔 것 같지 않아 보이지만, 이것도 시간이 지나면 결국 새로운 세포로 교체된다.

우리 몸을 구성하는 물질의 90퍼센트 이상은 6개월 정도 지나면 완전히 다른 물질로 치환된다. 그러니 일 년 만에 만난 친구가 "와, 너 정말 하나도 안 변했구나!"라며 칭찬을 한다면 그런 친구는 멀리하는 게 좋다. 거짓말을 밥 먹듯이 하는 나쁜 친구일 가능성이 매우 높기 때문이다. 우리 몸의 모든 구성성분은 상대가 알아보는 게 신기할 정도로 자주 바뀌어 있다. 쉰하이머는 단순한 '자기 복제 시스템'이라는 생명의 개념을 '스스로를 끊임없이 유지하는 입자의 흐름'으로 바꿔놓았다.

 이것이 바로 항상성을 유지하는 방법이다. 생명이란 스스로를 항상 일정하게 유지하고자 하는 성질, 즉 항상성을 지키기 위해 끊임없이 파괴하고 재설계하는 동적 평형 상태인 것이다. 생명은 어떤 '구조'나 '형태'라기보다는, '현상' 또는 '상태'에 더 가깝다고 볼 수 있다. 생명이란 외발자전거가 아니라 그 외발자전거를 타고 넘어지지 않기 위해 균형을 잡으려는 끊임없는 움직임과 조절을 의미한다는 말이다. 항상성을 유지하기 위한 끊임없는 움직임, 그 동력은 대체 어디서 오는 걸까?

 SF 영화 「스타 트렉 Star Trek」에서는 지금 생각해도 아주 놀라운 기술을 선보인 바 있다. 위험에 처한 우주인들을 순간이동 시키기 위해 사람을 입자 단위로 분해해 전송한 뒤 다시 조립해 원상 복구하는 기술이다. 사실 원작에는 없던 설정인데, 우주선을 자주 이착륙시키는 데 드는 제작비를 아끼기 위해 영화에 급히 도입한 신기술(?)이었다고 한다. 순간이동을 위한 분해 과정에서 사람은 '과연 살아 있는 상태일까'라는 의문이 들지만 잠시 모른 척 해두고, 순간이동 후 재조립을 마친 인간이 과연 기존의 나 자신인지 아닌지의 문제만 생각해보기로 하자.

 순간이동을 마치면 내 몸의 구성 성분은 모두 그대로이긴 하지만, 원자의 위치가 기존과 다르게 전혀 다른 부위로 옮겨져 있다. 순간이동 전과 후의 나는 모든 입자가 뒤바뀌었다. 그러나 신이치에 따르면 나는 여전히 전과 동일한 나 자신이다. 나는 하나도 변하지 않은 것이다. 하

영화 「스타 트렉」(1979)에서 선보인 순간이동 기술. 영화에서는 우주인들이 위험에 처하면 모선인 엔터프라이즈 호에 순간이동을 요청한다. 이 방법으로 우주선에서 행성으로, 행성에서 우주선으로 옮겨 가는 과정을 간단히 처리했다. 정말 영화처럼 순간이동이 가능하다면 우리 몸의 입자는 어떻게 인간의 고유성을 유지하게 만들까?

지만 만약 우리가 순간이동을 시도할 때 우연히 파리 한 마리가 함께 들어간다면 무슨 일이 벌어질까? 혹은 두 사람이 동시에 순간이동을 시도한다면? 입자를 재구성해 나눠 가진 두 사람은 여전히 별개의 두 사람인 걸까? 이런 기술이 빚어내는 존재론적 의문에 전혀 문제의식을 느끼지 못하는 사람이 있다면 그는 완벽한 환원주의자임에 틀림없다! 생명이 어떤 존재인지 전혀 이해하지 못하고 있을 가능성이 높다.

　이것은 비단 생명에만 해당되는 문제가 아니다. 우리나라의 '국보 제1호' 숭례문은 지난 2008년 한 노인의 방화로 전소된 적이 있다. 이후 숭례문은 5년 만에 새로운 목재와 돌로 어렵사리 복원되었다. 그렇다면 이 숭례문은 원래의 국보 1호로서의 가치를 여전히 지니고 있는 걸까?

문제는 그 가치를 물질로 볼 것인가, 무형의 것으로 볼 것인가에 달려 있다. 생명은 어떨까? 생명은 과연 물질일까? 알맹이가 바뀌어도 나라는 정체성에는 변함이 없다고 한다면, 생명은 입자 자체가 아니라 틀림없이 그것이 만들어내는 어떤 흐름이자 상태라 볼 수 있다. '테세우스의 배 ship of Theseus'는 모든 부분이 교체되었어도 여전히 테세우스의 배인 것이다. 나는 정말로 언제든 조립이 가능한 물질에 불과할까?

모든 것은 정말 원자로 되어 있을까

파인만 Richard Feynman(1918~88)은 온 세상이 멸망해 모든 과학지식이 없어진다면, 후손에게 남겨줄 단 하나의 중요한 문장으로 "모든 물질은 원자로 이루어져 있다"라는 말을 꼽겠다고 했다. 인류는 모든 물질이 원자로 되어 있다는 사실을 알지 못해 수천 년의 시행착오를 겪었다. 이 문장은 숱한 허들을 뛰어넘어 문명을 가장 빠르게 재건할 수 있게 할 매우 중요한 지식임에 틀림없다. 그러나 일찍이 물질뿐 아니라 인간의 영혼도 원자로 되어 있다고 말한 절대 강자가 있다. 앞서 "우주에 존재하는 모든 것은 우연과 필연의 열매"라고 말했던 그리스 시대의 원자론자 데모크리토스이다.

데모크리토스는 육체를 움직이는 것은 영혼이며, 영혼도 육체와 마찬가지로 원자로 구성되어 있다고 말했다. 다만 이 원자들은 둥글고 유리처럼 매끄러우며, 불꽃처럼 더 민첩하다. 그는 육체를 구성하는 원자와 질적으로 다른 이것을 '영성원자'라 불렀다. '아타락시아 ataraxia'란 두

원자가 서로 긴밀하게 교류하며 안정적으로 공존하는 상태를 의미하는 것이다. 사람의 육체가 사멸하면 영성원자는 특별한 지위를 잃고 보통의 원자로 돌아간다. 따라서 신도 사후세계도 없다. 불멸하는 것은 영원한 원자뿐이다. 만에 하나 신이 존재한다 해도 신조차 원자로 되어 있을 것이다. '신성원자'라는 것이 없으란 법이 어디 있겠는가?

디즈니 픽사 Disney Pixar 애니메이션 「인사이드 아웃 Inside Out」에서는 기쁨, 슬픔, 소심, 까칠, 버럭이라는 다섯 가지 감정이 각각 뇌 속에 인격을 가진 입자의 형태로 존재하는 것으로 묘사된다. 감정이 입자로 되어 있다는 건 순전히 상상의 산물이지만, 뇌 속에서 실제로 우리의 감정을 유발하는 것은 입자이다. 도파민 dopamine, 에피네프린 epinephrine, 세로토닌 serotonin과 같은 호르몬이 언제 얼마나 분비되고 어떻게 인지되느냐에 따라 열정이 생기기도 하고 마음이 편해지기도 한다. 자주 사랑에 빠지는 성향이나 도덕성이 약해지는 현상도 어느 정도는 물질의 화학작용에 의해 영향을 받는다는 연구결과가 알려져 있다. 약물에 의해 우울증이나 정동장애 affective disorder가 효과적으로 치료될 수도 있다는 사실에서 우리의 생각과 기분마저 물질적 상태에 기반하고 있을지 모른다고 충분히 의심할 수 있다.

그렇다면 기억은 무엇일까? 어젯밤 열심히 암기한 영어단어는 어디에 저장되어 있는 것일까? 아무리 기억을 더듬어보아도 떠오르지 않는 걸 보니 뇌에서 어디론가 빠져나간 모양이다. 이들은 어디로 가버린 걸까? 기억도 입자의 형태로 해마 hippocampus 속 어딘가에 차곡차곡 쌓이는 걸까, 아니면 신경세포 사이사이에 형성된 시냅스 synapse의 고유한 패턴으로 저장되는 걸까? 기억이 입자라면 가짜 기억도 주입할 수 있을

테고, 우리의 자유의지나 정체성에도 큰 문제를 일으킬 소지가 있다. 기억의 저장소를 찾아내는 일은 그리 간단한 문제가 아니며, 현대 뇌과학이 풀고자 하는 중요한 도전 과제 중 하나이다. 어쩌면 정답은 '생명을 무엇으로 보고자 하는가'라는 관점에 달려 있는지도 모른다.

사람이 되고 싶어 무릎 꿇고 비는 곰과 호랑이에게 환웅은 쑥과 마늘을 주었다. 동굴 속에서 쑥과 마늘만을 먹고 인내한 곰은 결국 사람이 되었고, 환웅과 결혼해 단군을 낳았다. 반면에 호랑이는 오래 견디지 못하고 동굴을 뛰쳐나갔다. 쑥과 마늘만으로는 살 수 없었기에 포기한 걸까? 호랑이는 사람이 되기 위해서는 물질이 아닌 뭔가 다른 것이 필요하다고 판단하고 일찌감치 기대를 접은 것은 아니었을까.

3장

생명은 물질인가?

리처드 도킨스와
마르쿠스 가브리엘이 말하는 생명

생명이란 무엇일까? 아무도 이것을 모른다. 생명이 발생하고 불타오르는 자연적 시점은 누구도 모른다. 이 시점 이후에는 생명 세계에서 우발적인 현상은 하나도 존재하지 않지만, 생명 그 자체는 우발적인 것이라고밖에 볼 수 없다. 생명에 대해 말할 수 있는 것은 생명이 매우 고도로 발달된 구조를 갖고 있기 때문에 무생물계에는 이것과 비견할 수 있는 것은 하나도 존재하지 않는다는 사실뿐이다. (…) 생명은 물질도 아니고 정신도 아니다. 둘의 중간물로서 폭포수에 걸린 무지개처럼, 또는 불길처럼 물질을 소재로 하는 현상이다. 생명은 물질은 아니지만, 쾌감과 혐오를 느끼게 할 만큼 관능적이고, 자기 자신을 감지할 수 있을 만큼 민감해진 물질의 에로틱한 모습, 존재의 음란한 형식이다.

토마스 만 Thomas Mann, 「마의 산 *Der Zauberberg*」

'생명生命'은 신조어다. '생명'이라는 용어는 우리에게 워낙 익숙해서 동서고금을 막론하고 오랫동안 사용되어왔을 것만 같다. 하지만 사실은 전근대까지 우리 동아시아 한자 문화권에는 없던 단어였다. 물론 '생'과 '명'을 따로 쓰기는 했다. '생生'은 '태어난다'는 뜻, '명命'은 '목숨'을 의미하는 뜻으로. 오늘날 우리가 일상적으로 사용하는 '생명'이라는 한자어는 일본의 메이지유신明治維新 때 처음 만들어졌는데, 그 당시 서구에서 들어온 영어 'life'를 번역한 말이다.

'life'의 기원이라 여겨지는 그리스어가 두 개 있다. 바로 '영혼'이나 '정신'을 의미하는 '프시케psyche', 그리고 '육체'를 의미하는 '소마soma'이다. 프시케는 '심리학psychology'이나 '정신의학psychiatry'과 같은 용어에 남아 현대에도 그 의미가 이어지고 있다. 『의식의 기원*The Origin of Consciousness in the Breakdown of the Bicameral Mind*』을 쓴 줄리언 제인스Julian

Jaynes(1920~97)에 따르면, 소마는 본래 죽은 몸, 즉 '시체'를 의미했으며, 기원전 5세기가 되어서야 '신체'를 의미하게 되었다고 한다. 고로 생명은 원래 어원적으로 영혼과 육체를 동시에 의미하는 복합적인 개념의 단어였다. 서구에서는 고대에서 근대에 이르기까지 주로 프시케적인 생명관이 지배적이었지만, 그 이후로는 생명의 개념이 소마 쪽으로 점차 바뀌게 되었다. 잘 알다시피 이 모든 것에는 데카르트의 공로가 크다.

고대로부터 근대 이전까지 생명 탐구는 자연 전체를 대상으로 했다. 근대 철학자 달랑베르 Jean Le Rond d'Alembert(1717~83)는 『백과전서 *Encyclopédie*』를 집필할 당시 생물에 대한 지식의 대부분을 철학과 역사 항목으로 배정해 서술했다. 당대의 생물 연구는 '자연철학 natural philosophy'이라 불렸고, 실험보다는 관측을 통한 지식이 주를 이루는 '박물학 natural history'으로 분류되었기 때문이다. 『백과전서』 편집에 함께 참여했던 디드로 Denis Diderot(1713~84)도 해부학과 생리학을 이해하지 못한다면 훌륭한 형이상학자가 될 수 없다고 말했다. 이를테면 생물학과 철학 사이에는 중요한 접점들이 있다. 옳고 그름, 좋음과 나쁨, 건강함과 병약함 같은 구분들, 혹은 중요한지 중요하지 않은지에 대한 가치 판단 같은 것이다. 생명이 아닌 것에서 이런 개념들을 찾아낼 수 있을까?

우리가 현재 학교에서 사용하는 생물학 교과서를 한번 펼쳐보자. 온통 신체와 기관, 세포와 유전자에 대한 이야기뿐이지 이성이라든가 영혼, 정신과 관련된 지식은 전혀 다루고 있지 않다는 것을 금방 눈치 챌 수 있다. 사실 생명에 대한 관심이 요즘처럼 높은 때도 없었다. 그런데도 생명이 무엇인지 탐구하는 연구 주제를 모조리 독점한 현대의 생물학은 정작 그 연구 방법과 내용이 한쪽으로만 치우쳐 편협하기 짝이 없다. 물질을 탐구하는 방식으로 모든 생명체의 비밀을 밝혀낼 수 있으리라 믿었던 과학자는 비단 슈뢰딩거만이 아니었다. 많은 사람들이 환원론적 사고에 기초해 모든 생명현상이 물리적으로 밝혀질 수 있을 거라 기대하고 있다. 생명이 과연 물질로 모두 설명될 수 있을까?

영혼과 본능은 어디서 오는 걸까

『영혼에 관하여 De Anima』에서 아리스토텔레스는 영혼에 대한 인식이 자연의 진리를 깨닫는 데 꼭 필요하다고 보았다. 영혼은 생명의 원리이기 때문이다. 그에 따르면 영혼은 생명체에 '운동능력'을 부여하는 본질적 속성이다. 영혼이 운동하는 동안은 생명이 살아 있는 것이며, 운동이 없으면 죽은 것이다. 여기서 운동은 꼭 움직인다는 걸 뜻하지는 않는다. 식물에도 운동이 존재하는데, 식물에서는 이러한 운동 능력이 '생장력', 다시 말해 '생장의 영혼 anima vegetativa'에서 나온다고 보았다.

생명이라는 말은 자기 욕구를 위해 능동적으로 움직이는 존재를 가리키기도 한다. 영혼을 의미하는 라틴어 'anima'에서 나온 'animal'이 오늘날 '동물'만을 의미하게 된 이유가 있다. 데카르트 이래로 동물에게서 영혼을 기대하기는 어렵게 되었기 때문이다. 아이러니하게도 'animal'에 'anima'가 더 이상 남아 있지 않게 되었다. 이해할 수 없는 이성주의 시대의 유산이다. 아쉬운 마음에 사람들은 영혼 대신 '정신 spiritus' 혹은 '마음 animus'이라는 단어를 혼용하기도 한다. 그러나 동물이나 식물에 이런 고상한 용어들을 쓰고 싶어 하지 않는 과학자들이 있다. 그들은 대신 '본능instinct'이라는 단어를 사용한다.

　　본능은 꽤 과학적인 용어로 통용되어, 생물학자들은 '유전적이고 선천적인 행동, 즉 종種 특유의 타고난 행동'을 말하고자 할 때 즐겨 쓴다. 이것은 경험적으로 습득되거나 학습에 의해 이루어지는 것이 아니다. 타고난 본성이다. 갓 태어난 아기가 무의식적으로 엄마의 젖을 찾아 빠는 행동, 해변에서 막 부화한 거북이가 바다를 향해 필사적으로 기어가려는 행동, 먹이를 발견하고 동료들에게 알리기 위해 춤을 추는 듯한 꿀벌의 비행 같은 것들이다. 이러한 본능을 과학적으로 설명할 수 있는 근거는 어디서 올까? 이런 생명현상을 논할 때 생물학자들이 자주 꺼내 드는 비장의 카드는 바로 '유전 프로그램genetic program'이다. 생명현상은 인과관계가 뚜렷한 물리법칙으로 설명할 수 없기 때문에 유전자에 각인된 특별한 법칙을 따른다는 것이다. 특별한 법칙이 각인된 유전자, 그 속에는 대체 무엇이 들어 있을까? 바로 이 지점에서 도킨스를 위한 무대가 펼쳐진다.

유전자는 정말 이기적일까

　　진화생물학자이자 영향력 있는 대중과학 저술가인 리처드 도킨스는 1976년에 베스트셀러가 된 『이기적 유전자』를 출판했다. 그는 이 책을 통해 진화의 주체가 생명체나 종이 아니라 유전자라는 관점을 대중화했다. 또한 문화 전달 단위로서 '밈meme'이라는 용어를 유행시킨 것으로도 유명해졌다. 그는 유전자가 생명의 본질이며, 우리의 몸이나 세포는 유전자가 생존하기 위해 뒤집어쓴 껍데기에 불과하다고 주장한다. 모든 생명체는 의식하든 못하든 유전자가 자신을 복제하고 퍼뜨리기 위해 맹목적으로 프로그램화한 '꼭두각시'일 뿐이다. 그는 이렇게 썼다.

> 그들은 당신 안에도 내 안에도 있다. 그들은 우리의 몸과 마음을 창조했다. 그리고 그들이 살아 있다는 사실이야말로 우리가 존재하는 궁극적인 이론적 근거이기도 하다. 자기 복제자는 기나긴 길을 지나 여기까지 왔다. 이제 그들은 유전자라는 이름으로 계속 나아갈 것이며, 우리는 그들의 생존 기계다.

도킨스가 전 세계적인 유명세를 얻은 이유는 이런 과감한 주장을 했기 때문만이 아니다. 그는 공격적인 무신론자이다. 2006년에 쓴 『만들어진 신 The God Delusion』에서 초자연적인 신이란 존재하지 않는다고 주장했다. 또한 신앙을 망상이자 착각에 불과하다고 폄하해 논란을 빚기도 했다. 이처럼 종교의 유해성에 대한 근거 없는 비난으로 종교계로부터 거센 비판을 받기도 했지만, 과학계 내부에서도 그의 도발적인 세계관에 동의하지 못한다는 의견이 적잖이 나오고 있다. 최근에는 힉스 입자를 발견한 공로로 2013년 노벨물리학상을 수상한 힉스 Peter Ware Higgs(1929~)가 종교와 과학이 양립 불가능하다고 성급히 결론 짓는 도킨스를 비판하기도 했다. 종교의 근본주의를 비판하기 위해 반대편에 선 또 다른 근본주의자나 다름없다는 것이었다.

도킨스는 원래 '이기적 유전자'가 아니라 '불멸의 유전자 The Immortal Gene'를 제목으로 생각했다고 한다. 하지만 출판사에서 '이기적 유전자'

가 책의 주제와 더 잘 맞지 않겠느냐고 적극 밀어붙이는 바람에 제목을 바꿨다고 훗날 털어놓았다. 결론적으로 제목은 성공적이었다. 왜 이기적 유전자였을까? 다윈의 자연선택natural selection 이론에 따르면 이기적인 유전자가 후손에게 더 잘 전달되기 때문이다. 유전자를 '이기적'이라고 표현함으로써 그것을 지니고 있는 생명체가 이기적일 수밖에 없는 이유까지 진화론적으로 설명한다. 아주 흥미로운 발상이다.

『이기적 유전자』는 현재 출판된 지 45년이 넘었지만, 그 신선하고 창의적인 주장으로 인해 대중들에게 여전히 사랑받고 있다. 어려운 과학적 논의를 쉽고 재미있게 대중화하는 데 성공했다는 평가를 받는다. 그러나 그가 한 논의들이 진정 합리적이고 과학적인지는 짚어볼 필요가 있다.

그는 한낱 화학 물질에 불과한 DNA 조각에 인격을 부여했다. 세포가 능동적으로 증식하려는 의도를 '인격을 담아' 직관적으로 설명했다. 그러나 이것은 도킨스 자신의 신조와 어울리지 않는다. 그는 과학적이고 합리적인 증거가 없다면 절대 아무것도 믿지 않겠다고 과거 여러 차례 선언하지 않았던가. 이것은 과학적이지 않다. 지능이나 감정과는 어울리지 않는 유전자에 이기심을 운운하는 것은 심각한 범주의 오류를 범하는 일이다. 유전자를 '이기적'이라 표현한 것은 헤모글로빈이 산소를 우리 몸 깊숙한 곳까지 운반해주고, 거기서 해로운 이산화탄소를 외부로 옮겨주는 고마운 역할을 한다는 이유로 '이타적' 단백질이라고 불릴 수 있는 것과 마찬가지 수준의 은유일까? 그는 책의 다른 곳에서 이렇게 논의를 이어간다.

영국의 진화생물학자 리처드 도킨스.
도킨스는 1976년에 『이기적 유전자』를 발표해 유전자 중심의 진화를 설명하고 밈이라는 용어를 대중화시킴으로써 널리 알려졌다. 그는 인간이란 DNA라 불리는 분자를 후세에 전달하기 위한 '생존기계'에 불과하다고 주장했다. 이후 『확장된 표현형』(1982), 『눈먼 시계공』(1986), 『만들어진 신』(2006)과 같은 대중과학서를 여러 권 썼다. 그의 주장은 진화생물학 분야를 넘어 인문 사회과학 분야에도 큰 영향력을 미쳤다.

성공한 유전자에서 예상되는 뚜렷한 특징은 비정한 이기주의다. 이러한 유전자의 이기주의는 보통 개체의 행동에서도 이기성이 나타나는 원인이 된다.

여기서 도킨스가 '이기적'이라는 용어를 단지 은유로만 사용한 것이 아님을 확인할 수 있다. 우리는 이기적인 유전자의 복제 욕구를 대신 수행하는 생존 기계일 뿐이다. 따라서 우리의 이기적인 행위는 우리 자신이 아니라 유전자 탓이다. 우리는 유전자 덕에 이기적인 마음을 부끄러워하기보다 떳떳하게 드러내놓을 수 있게 되었다. 그에 따르면 이기심은 자연의 횡포를 이겨내고 생존하는 데 꼭 필요한 생명의 덕목이다. 자기 이익을 추구하는 행동은 생물학적으로 지극히 자연스러운 일이므로.

케플러의 난제가 낳은 은유로서의 과학

도킨스는 사실 자신의 주장을 통해 꽤 의미 있는 성취를 이뤄내기도 했다. 특별한 목적을 가진 신화로 생명을 설명하려던 고대와 중세의 관습은 무너졌다. 이후 근대 과학혁명이 가져온 것은 생명에는 아무런 의도도 없고 방향도 목적도 없다는 '기계론적 생명관'이었다. 근대 과학은 신의 개입이나 생명의 의인화, 그리고 인격화를 철저히 배제하는 데서 출발해 발전했던 것이다. 그런데 현대에 이르러 도킨스는 생명을 설명하는 데 다시 의인화 기법을 도입했다. 사망선고를 받은 거나 다름없던 의인화가 극적으로 다시 살아났다. (그의 은유를 진지하게 표현하자면, 유전 프로그램이란 또 하나의 '은밀한 생기론 crypto-vitalism'이라 할 수 있다!) 그의 설명이 엄청난 인기를 끈 사실로부터 우리는 확신하게 되었다. 사람들이 원하는 것은 차갑고 기계적인 지식의 나열이 아니었다. 상상이 현실이 되는 센스 있는 생명의 힘, 생생하게 꿈틀거리는 '스토리텔링'으로 가득한 생물학이었다.

에른스트 피셔 Ernst Peter Fischer(1947~)는 자신의 과학 교양서 『슈뢰딩거의 고양이 Schrödingers Katze』에서 '케플러의 난제 Kepler's problem'라는 재미있는 개념을 소개한다. 17세기 천문학자 케플러 Johannes Kepler(1571~1630)는 수많은 천체 관측 결과를 바탕으로 행성의 운동에 관한 세 가지 물리 법칙을 발표했다. 그중 첫 번째는 '타원 궤도의 법칙'이다. 이것은 행성의 공전 궤도는 완벽한 원이 아니라 타원형이라는 발견이다. 이 법칙을 일반 대중에게 설명하려던 케플러는 뜻하지 않은 난관에 봉착했다. 사람들이 이 법칙을 듣고 이해하기는커녕 '행성'이 뭔지, '궤도'가 뭔지, 심지어 '타원형'이 뭔지조차 알지 못해 어떤 설명도 할 수 없었다는 것이다.

이 일화는 대중들에게 과학을 소개하는 일이 결코 쉽지 않음을 말해준다. 과학자들은 때때로 자신의 전문분야에 대해 사람들에게 풀어 설명하는 일이 그 분야를 직접 연구하는 일보다 훨씬 더 어렵다는 것을 절감한다. 이런 이유로 과학자들은 이해하기 쉬운 비유나 아포리즘으로 복잡한 현상의 배후를 설명하고픈 유혹을 느끼는 것이다. '슈뢰딩거의 고양이'도 그런 비유 중 하나이다. 이것은 슈뢰딩거가 양자역학을 설명하기 위해 고안한 사고실험을 가리키는 말이었다. 보어와 하이젠베르크 Werner Heisenberg(1901~76)가 주장한 '코펜하겐 해석 Copenhagen interpretation'*이 말이 되지 않는다는 것을 보이기 위한 비유였다. 이 때문에 오늘

상자 속의 고양이.
슈뢰딩거의 고양이는 양자역학의 불완전성을 비판하기 위해 슈뢰딩거가 고안한 사고실험이다. 이 비유로 인해 사람들은 양자역학을 이야기할 때마다 흔히 상자 속에 갇혀 살았는지 죽었는지 알 수 없는 고양이를 떠올린다.

날 사람들은 양자역학을 논할 때마다 어두운 상자 속에 갇혀 살았는지 죽었는지 모를 불쌍한 아기 고양이를 떠올린다.

이것이 어쩌면 '이기적 유전자' 개념을 통해 도킨스가 생물학에 가져다준 가장 긍정적인 효과라 할 수 있다. 오늘날 생물학을 비유나 의인화 없이 탐구하기란 사실상 불가능하다. 물리공식이나 화학반응으로 생명현상을 어느 정도 설명할 수 있지만 그것으로 충분할 리 없다. 생명에게 특정 현상의 반복적인 재현을 요구하고 법칙을 내놓으라고 강요하는 것은 어리석은 일이다. 어쩌면 우리는 생명을 설명하기 위해 '생명의 언어'를 새로 배워야 할는지도 모르겠다.

---

* **코펜하겐 해석**: 양자역학에 대한 여러 해석 가운데 하나로 코펜하겐 연구소를 중심으로 연구했던 닐스 보어와 하이젠베르크, 막스 보른 등이 주장했다. 보어의 상보성 원리와 하이젠베르크의 불확정성 원리를 바탕으로 하는 해석이다. 이에 대해 슈뢰딩거와 아인슈타인은 반대 의견을 피력했다.

물질에서 의식이 나올까

유전자 말고도 자신이 생명 그 자체라고 주장하는 주인공이 또 있다. 바로 '뇌'이다. 신경 생물학자 디크 스왑Dick Ferdinand Swaab(1944~)은 뇌를 인간이 지닌 소유물이라기보다는 인간 그 자체라고 본다. 인간의 성격과 자질, 한계까지도 뇌에 의해 좌우되며, 모든 것은 태어나기도 전이미 어머니의 자궁 속에서 결정된다고 주장한다. 이런 견해는 구원에 관한 칼뱅주의자들의 신앙을 가리키는 용어인 '예정설predestination'에 빗대어 '신경칼뱅주의neurocalvinism'라고도 불린다. 그는 『우리는 우리 뇌다 *Wij zijn ons brein*』라는 책의 서문에서 이렇게 말했다.

우리의 '정신'은 수십억 개의 신경세포들이 빚어내는 상호작용의 산물이다. 야코프 몰레쇼트Jacob Moleschott(1822~93)의 독창적이고 명료한 표현을 빌리자면, "콩팥이 소변을 생산하듯 뇌는 정신을 생산한다." 오늘날 우리는 이 과정이 실제로 전기 활동, 화학 전달 물질의 분비, 세포 간 연결 상태의 변화, 신경세포 활동의 변화를 의미한다는 것을 알고 있다.

이것은 뇌 과학 분야에 종사하는 연구자들이 정신을 바라보는 일반적인 관점이다. 뇌의 특정 부위에 전기 자극을 주면 실제로는 없던 신체 특정 부위에 감각이 느껴진다. 이부프로펜ibuprofen 한 알로 지독했던 두통이 누그러진다. 향정신성 약물은 또 어떤가. 생각지도 못했던 신비한 감각을 느끼게도 하고, 집중력을 강화해 학습능력을 초인적으로 향상시키기도 한다. 환각제 LSDlysergic acid diethylamide가 과거 올더스 헉슬리Aldous Leonard Huxley(1894~1963)나 비틀스Beatles를 비롯해 영감을 얻고자 하는 수많은 작가와 예술가에게 널리 사랑받았다는 사실은 전혀 이상한 일이 아니다.

정신분열증, 자폐증, 우울증 같은 질환에 걸릴 위험성은 물론이고, 인간의 의식과 성격 형성도 순전히 뇌의 물리화학적인 현상에서 기인한다고 본다. 당연히 양심이라든가 범죄 성향 같은 것들도 생물학적이고 유전적인 요인에 달려 있다는 뜻이다. 이런 맥락에서 뇌 과학자 샘 해리스Samuel Benjamin Harris(1967~)는 자유의지가 신화에 불과하다고 생각한다. 그는『자유의지는 없다 Free Will』에서 인간은 뇌에 의해 조종되는 생체역학적biomechanical 꼭두각시에 불과하다고 말했다. 이는 인간이 전적으로 자유로운 의지에 따라 행동할 수 있다는 기존의 인식을 무너뜨린다. 사람이 범죄를 저질러도 처벌할 수 있는 근거를 뿌리부터 뒤흔드는 셈이다. 스왑은 또 이렇게 주장한다.

나는 '정신'이 천억 개에 이르는 뇌세포들의 활동에 의해 발생한 것이며 '영혼'은 단순히 오해라는 내 간단한 추론을 설득력 있게 반박하는 논거를 아직까지 듣지 못했다. '영혼'이라는 개념의 보편적인 사용은 죽음에 대한 불안, 세상을 떠난 사랑하는 이를 다시 만나고 싶은 염원, 우리는 아주 중요한 존재라서 죽음 후에 우리의 뭔가가 남아 있을 것이라는 교만한 생각에 기인한다고 추정된다.

유발 하라리Yuval Noah Harari(1976~)도 이와 유사한 의견을 피력했다. 제트 엔진이 큰 소리를 만들어내지만 그 소음이 비행기를 앞으로 나아가게 하지는 않듯이, 의식 자체가 생물학적 기능을 수행하는 것은 아니라는 것이다. 그는 『호모 데우스 Homo Deus』에서 의식을 뇌의 특정한 작용에 의해 생산되는, 생물학적으로는 전혀 쓸모없는 부산물이라고 주장한다.

뇌가 의식을 낳는다는 것을 과연 증명할 수 있을까? 여기에 대해서 앨프리드 월리스 Alfred Russel Wallace(1823~1913)는 회의적이었다. 월리스는 찰스 다윈과 동시대에 활동했으며, 독립적인 연구를 통해 다윈과 똑같이 자연선택을 통한 진화론을 주장한 학자이다. 두 사람은 자연선택에 대해 거울을 마주보듯 똑같은 생각을 한 것에 무척 놀랐다. 그러나 월리스는 뇌에서 의식이 만들어지는 경로를 알아내는 일은 불가능하다고 보아 다윈과 의견을 달리했다. 그는 인간에게서만 발견되는 의식이라는 미스터리를 진화만으로 설명하기 어렵다고 보았다. 즉 인간은 다른 생물들과 달리 전적으로 자연선택에 따라 진화하지 않았을지도 모른다는 의심이다. 월리스는 인간에게 진화를 통해 만들어진 다른 모든 생명체와는 무언가 다른 면이 있다고 생각한 것이다. 정말로 물질에서 의식이 나올까? 실제로 의식의 문제는 다윈주의의 아킬레스건 Achilles' heel이나 마찬가지다.

뇌를 들여다보면 뉴런과 시냅스, 그리고 다양한 신경전달물질의 움직임이 만들어내는 소통과 상호작용을 관찰할 수 있을 것이다. 그러나 그중 어디에 내 생각이 존재하는지, 내 의식이 만들어지는지 알아낸다는 것은 쉬운 일이 아니다. 나를 물질에서 찾아내려는 시도가 과연 의미 있는 일일까? 라이프니츠는 우리 뇌를 방앗간만큼 크게 확대해놓고 그 안에 들어가 아무리 돌아다녀 보아도 우리의 의식을 찾아낼 수는 없을 거라고 장담했다. 이를 '라이프니츠의 방앗간 논증 Leibniz's Mill argument'이라 부른다. 그는 '사유하는 물질thinking matter' 따위가 존재한다고는 도저히 상상할 수 없었다.

우리는 물질이 아니다

조지 부시George Bush(1924~2018) 전 미국 대통령은 1990년 '뇌의 10년 the Decade of the Brain'을 공식적으로 선포했다. 20세기의 마지막 10년을 뇌 과학의 시대로 마무리하겠다고 선언한 것이다. 연구비를 집약적으로 투자하고 연구 인력을 대거 지원해서 알츠하이머나 파킨슨 병, 치매 등 퇴행성 뇌 질환을 완전히 정복하겠다는 의도였다. 10년이 지난 뒤 결과는 어땠을까?

이것은 그보다 훨씬 더 전인 1971년 닉슨Richard Nixon(1913~94) 대통령이 야심차게 선포한 '암과의 전쟁War on Cancer'을 떠올리게 한다. 당시 미국은 '국가 암 퇴치법National Act of Cancer'까지 제정하며 천문학적인 돈을 투입했고, 5년 내로 암을 완전히 정복하는 성과를 내리라 호언장담했다. 그러나 5년은커녕 50년이 지난 지금까지도 인류는 여전히 암으로 고통받고 있다. 암 환자의 수는 점점 더 늘어나기만 하고, 치료는 난항을 거듭하고 있다. 당시는 역사상 최초로 인류를 달 표면에 착륙시킨 아폴로 계획Apollo program을 성공적으로 이뤄낸 직후였다. 마음만 먹으면 무엇이든 달성해낼 수 있을 거라는 믿음이 팽배했다. 그러나 이제 우리는 잘 알고 있다. 인간의 몸 내부를 속속들이 이해하는 것에 비하면 달에 다녀오는 것쯤은 아무것도 아니었다는 사실을. 의식의 본질을 밝히는 일은 인간에게 최후까지 풀리지 않는 숙제로 남아 있을 가능성이 크다.

마르쿠스 가브리엘Markus Gabriel(1980~)은 자아와 의식 같은 개념들을 뇌가 만들어내는 환상으로 보는 현대 뇌 과학을 비판한다. 나의 정체성이 오로지 뇌와 신경에서 나온다는 주장을 '신경중심주의neurocentrism'라고 명명하고 분석했다. 그는 『나는 뇌가 아니다 Ich ist nicht Gehirn』라는 책에서 우리 자신을 두개골 속 뇌와 동일시하려는 시도는 불멸을 향한 욕망에서 기인한 현상이라고 말한다.

영화 「루시Lucy」나 「트랜센던스Transcendence」에서 묘사된 것처럼, 인간은 언젠가 몸으로부터 분리해낸 정신을 디지털화하는 날이 오기를 기대한다. 우리의 정신을 데이터와 알고리즘으로 완전히 치환해 가상공간에 업로드하는 것이다. 『특이점이 온다 The Singularity is Near』를 쓴 미래학자 커즈와일Raymond Kurzweil(1948~)은 다가오는 2040년까지는 인간의 정신과 의식을 클라우드 서버에 업로드할 수 있을 거라 예측했다. 그렇게 함으로써 인간은 죽지 않고 영생을 얻게 된다. 신처럼 전지전능한 존재가 될 수 있다는 '트랜스휴머니즘transhumanism'이 성취되는 것이다. 그러나 한번 생각해보자. 이처럼 물질과 정보로 치환될 수 있는 인간이기에 우리에게 자유의지가 없음이 자명하다면, 영생은 무엇을 위함이며 전지전능함이 다 무슨 소용일까. 시스템을 통제하는 누군가의 자유의지에 고스란히 휘둘리는 영생은 영원한 악몽이 될지도 모른다.

가브리엘은 자신의 책에서 반자연주의antinaturalism적 관점을 취한다. 즉 모든 존재가 물질적인 것은 아니며, 모든 것을 자연과학적으로 탐구하는 것은 실제로 가능하지 않다는 점을 논증한다. 우리의 뇌가 어떤 결정을 내리는 필요조건에는 외부의 자극이나 화학물질의 분비와 같은

독일 철학자 마르쿠스 가브리엘.
가브리엘은 2009년 독일 본 대학교 철학과 석좌교수가 되면서 19세기 셸링 이후 독일의 최연소 철학 교수라는 명성을 얻었다. 그는 『왜 세계는 존재하지 않는가』(2013), 『나는 뇌가 아니다』(2015), 『생각이란 무엇인가』(2018)로 이어지는 일련의 저작을 통해 신경중심주의와 과학만능주의에 기반한 사유의 오류를 지적하며 새로운 인식론과 인본주의적 사고를 제시했다.

엄격한 원인들이 있다. 그러나 개인의 선호도나 윤리적 배경 같은 다양한 가치관으로부터 연유하는 이유나 사회경제적 조건 등 변수도 얼마든지 있다. 이런 조건들은 강제성이 없으며, 우리가 자유를 행사할 가능성은 매 순간 열려 있다. 오늘날 과학이 인간의 존엄과 자유를 기반으로 하는 인문학이나 예술 등 타 분야 학문과 통합적으로 교류하려 노력하면서도 물질로 모든 것을 설명하려는 집착을 버리지 않는다면 이것은 어불성설이지 않을까.

『과학혁명의 구조』라는 책에서 토머스 쿤이 했던 말이 떠오른다. 과학의 발전은 천천히 점진적으로 이루어지는 것이 아니라, '패러다임paradigm'의 전환을 통해 혁명적으로 이루어진다는 것이다. 여기서 패러다임이란 '사물을 보는 방식이나 문제의 해법에 관한 특정 시대 과학자 집단의 공통된 이해'를 뜻한다. 한 시대의 과학을 설명하는 패러다임이란 진리라 볼 수도 없고, 절대적인 가치를 전제하지도 않는다. 그것은 사회적 맥락과 시대의 요구에 따라 언제든 변동 가능한 하나의 관점이자 방법론인 것이다.

오늘날 과학계를 지배하는 듯 보이는 물질적 생명관은 그것이 생명을 설명하는 최고의 길이며 유일한 방법이기 때문에 추구되는 것이 아니다. 급격하게 발전된 현대 생명공학 기술에 힘입어 유전자와 뇌를 중심으로 한 물질적 패러다임이 유행했기 때문이다. 이 유행을 현대의 연구자들이 생명을 설명하는 믿을 만한 방식으로 받아들이기로 적절히 합의했기 때문이다.

생명에는 의도가 깃들어 있다

낭만파 시인 셸리 Percy Bysshe Shelley(1792~1822)는 옥스퍼드 대학에 입학한 지 6개월도 채 못 되어 퇴학처분을 받았다. 「무신론의 필연성 The Necessity of Atheism」이라는 글을 써서 출판한 일로 징계를 받은 것이다. '만물의 기원은 무엇인가'에 대해 한 가지 답만을 내놓는 종교의 과격한 독단론에 실망한 나머지, 그는 신을 인정하지 못하고 유물론 materialism을 따르게 되었다. 그러나 그런 셸리도 생명을 가진 모든 존재의 특성은 '정신'에 있다고 생각했다. 그는 「생명에 대하여 On Life」라는 짧은 에세이에서 이렇게 썼다.

> 그것의 진실하고 궁극적인 목표가 무엇이든, 그 안에는 무와 필멸과 싸우는 정신이 존재한다. 이것이 모든 생명과 존재의 특성이다.

여기서 '정신'이란 인간이 가진 '의식'만 말하는 게 아니라, 모든 생명체가 가지고 있는 '생존하려는 의도' 역시 포함할 것이다. 이는 가장 하등하게 여겨지는 단세포 미생물의 경우에도 적용된다. 박테리아는 영양이 풍부한 최적의 환경에서는 주로 독립적인 생활사를 보이지만, 영양이 부족하거나 생존을 위협하는 화학물질이 존재할 경우 여럿이 한데 모여 덩어리를 형성하는 경향이 있다. 이때 박테리아는 자기를 둘러싼 환경에서 동종 박테리아 집단의 개체 수와 밀도를 아는 것처럼 행동하며, 집단 전체의 행동을 조절하기 위한 신호를 내보내기도 한다. 이를 '쿼럼 센싱 quorum sensing'이라고 부른다. 이것은 어떤 물질의 농도가 환경에 일정 수준 이상이 될 경우 특정 유전자가 발현되는 식으로 일어난다고 알려져 있다. 이런 효과는 박테리아가 마치 의식을 가지고 있는 것은 아닌가 싶을 정도로 놀랍다.

누군가는 이런 현상이 단지 유전자 속에 들어 있는 '대응 프로그램'에 의해 일어나는 것이므로 전혀 놀랍지 않다며 어깨를 으쓱할지도 모른다. 그러나 우리는 '프로그램'이라는 말이 어떻게 쓰이는지 생각해볼 필요가 있다. 프로그램이란 일반적으로 어떤 문제를 풀거나 특정 상황을 해결하기 위해 '주어진' 혹은 '만들어진' 명령이나 계획을 의미한다. 그것은 저절로 생겨난 것이 아니라, 누군가에 의해 만들어졌을 때나 쓰는 말이다. 생명을 설명하고자 할 때 우리가 쓰는 언어가 얼마나 빈곤하며 부적절한지 재차 깨닫게 된다. 생명현상을 설명하는 많은 책 — 생물학 전문 교과서든 대중 교양서든 — 에서 "생명은 창발성을 가진다"라고 주저없이 말하고 있다. 그리고 이어 "이러한 창발성 때문에 물질에서 생명성이 돌연히 나타나게 된다"라고 당연하다는 듯 설명한다. 이것은 순환논리에 불과하다. 생명을 이해하는 데 있어 이와 같은 두리뭉실한 설명은 전혀 도움이 되지 않는다.

우리는 물질을 벗어나 살 수 없다

DNA가 이중나선 double helix 구조로 되어 있음을 최초로 밝혀낸 왓슨 James Dewey Watson(1928~)은 "생명은 그저 화학반응들이 폭넓게 조화를 이루어 배열된 것일 뿐"이라고 말했다. 왓슨과 함께 노벨상을 받은 크릭 Francis Crick(1916~2004)도 저서『인간과 분자 Of Molecules and Men』에서 "현대 생물학의 궁극적 목표는 생물학의 모든 현상을 물리학과 화학의 언어로 다시 설명하는 것"이라고 말했다. 생명의 최대 신비를 밝혀낸 장본인 둘 다 물질을 설명하는 방식으로 생명을 이해할 수 있으리라 믿은 것은 우리에게 시사하는 바가 크다.

우리는 역시 육체에 속박되어 있는 물질의 존재임을 부정할 수 없다. 정신이나 영혼만이 우리의 정체성을 만드는 것은 아니다. 건강하던 사람이 불의의 사고로 신체의 일부를 잃으면 우리의 정체성은 그만큼 쪼그라든다. 어제까지 조기축구 모임에서 열심히 뛰던 사람이 갑자기 허리라도 아파 침대에서 못 일어나는 상황이 찾아오면 그의 정신도 신체에 갇혀 함께 일어나지 못하게 된다. 손가락 끝이 날카로운 것에 베어 피라도 나게 되면 우리의 온 정신은 거기에 집중하느라 다른 일에는 도통 신경을 쓰지 못한다.

우리의 정체성을 구성하는 것은 결국 물질에 기반하고 있음이 틀림없다. 앞서 말했듯 과학자들은 마인드 업로딩 mind uploading을 통해 뇌를 디지털 회로에 접속시키고자 애쓰고 있다. 기계에 의존해 영원불멸을 이룰 수 있는 기술을 꿈꾸는 것이다. 하지만 실상 우리는 바이러스의 확산 하나 컨트롤하지 못해 우왕좌왕하고 있다. 우리의 육체가 부지불식간에 감염되고 쓰러지는 것을 막지 못한다. 최근에 발생한 코로나바이러스 팬데믹 coronavirus pandemic은 우리가 육체에 기대어 살 수밖에 없는 유한한 존재임을 다시금 확인시켜주었을 따름이다. 마인드 업로딩은 인간 존재의 확장이 아니라 소멸을 의미하는지도 모른다. 무언가는 살아남을지 몰라도 개인은 사라진다. 영원히 살고자 하는 욕망이 인간의 진

마인드 업로딩 기술을 다룬 영화 「트랜센던스」(2014). 마인드 업로딩 기술이 실제 가능해진다면 육체가 늙거나 손상된 사람의 뇌를 스캔하여 컴퓨터에 옮겨 두고 정신만 영원히 남아 있게 하는 것이 가능할까? 이는 인간의 정체성과 삶의 의미에 대해 중요한 질문을 던진다.

화과정에 개입한 나머지 자신을 소멸시킨다.

 물질로만 만들어질 미래의 인공지능은 인간보다 더 인간다워질 수도 있다. 보통 사람보다 더 똑똑하고 그림도 잘 그리며, 운동능력도 뛰어날 것이다. 대화 속에서 유머감각이 묻어나고, 어쩌면 감정도 풍부하여 상황에 걸맞은 표현도 척척 해낼지도 모른다. 지금도 많은 사람들은 남들을 그저 따라하며 사는 데 만족하고 있지 않은가? 이럴 땐 이렇게, 저럴 땐 저렇게 하라고 배운 대로 그럭저럭 해내며 살고 있지 않은가? 그보다 나은 기계 인간을 만드는 것은 그리 어렵지 않을지도 모른다. 그러나 그렇다고 해도 이 기계 인간은 그냥 생겨난 물질이 아니다. 누군가에 의해 계획대로 '프로그래밍'된 물질인 것이다. 제페토 할아버지는 살아 있는 피노키오를 만들었다. 하지만 거기까지다. 피노키오가 사람이 되는 것은 또 다른 차원의 새로운 문제이다.

　현대 과학은 환원주의적 생명관에 사로잡혀 있다. 복잡한 생명현상을 유전자나 뇌의 작용으로 환원시켜 설명하려는 데 집중한다. 환원주의의 문제점은 대중들에게 암암리에 결정론적 가치관을 주입한다는 데 그치지 않는다. 이쯤에서 우리는 푸코 Michel Foucault(1926~84) 의 고찰을 떠올릴 필요가 있다. 그는 『광기의 역사 *Histoire de la folie à l'âge classique* 』에서 이성이 비이성을 부당하게 억압하고 배제해왔음을 지적했다. 환원주의적 생명관 역시 여기서 자유롭지 못하다. 오늘날 지배적 지위를 획득하게 된 물질주의가 생명에 대한 담론을 독점함으로써, 생명을 다르게 보고 새롭게 이해하려는 소수의 시도들을 억압하고 소외시킬 수 있는 것이다. 사실이라고 믿고 있는 것들에 끊임없이 의문을 던지는 것은 과학에 반反하는 일이 아니다. 그것이야말로 과학이 할 일이다.

　생명의 본질은 물질인가? 당신은 스스로가 유전 프로그램이나 물질로서의 뇌에 의해 결정지어진 기계라고 생각하는가? 우리는 이어 다음 장에서 생명이 어디서 어떻게 기원했는지 살펴봄으로써 이 물음에 대해 좀더 깊이 생각해볼 수 있을 것이다.

4장

생명은 어디에서 왔는가?

아리스토텔레스와
루이 파스퇴르가 말하는 생명

인간, 혹은 모든 유기체의 생명의 의미는 무엇인가? 이 질문에 간단하게라도 답하려면 종교를 얘기할 수밖에 없다. 여러분은 물을 것이다. 그런데 그런 얘기가 무슨 의미가 있나? 자신의 생명과 뭇 피조물의 생명을 의미 없다고 생각하는 사람은 단지 불행하기만 한 게 아니라 생명을 누릴 자격도 없다는 것이 나의 대답이다.

알베르트 아인슈타인 Albert Einstein, 「나는 세상을 어떻게 보는가The World as I See It」

최초의 인간은 어떻게 생겨났을까? 그리스 신화에 따르면 올림포스의 신들이 세상을 지배하기 전, 위대하고 강력한 티탄Titan족의 신들이 있었다. 티탄의 후손 중 하나였던 프로메테우스Prometheus가 진흙으로 인형을 빚은 다음 숨결을 불어넣어 인간을 만들었다고 한다. 중국에도 이와 비슷한 이야기가 있다. 창조의 여신 여와女媧가 진흙으로 인간을 빚고 역시 숨결을 불어넣어 완성했다고 한다. 손으로 정성스레 빚은 인간은 높은 지위를 얻어 귀족이 되었고, 도구를 이용해 대량생산한 인간들은 천민이 되었다고 전해진다. 길가메시 서사시Epic of Gilgamesh로 잘 알려진 메소포타미아의 수메르 신화에 따르면, 출산의 여신 닌투Nintu가 엔키Enki와 함께 인간을 창조했다. 북유럽에서는 최고의 신 오딘Odin과 그 형제들이 산책을 하다가 강물에 떠내려온 물푸레나무로 남자를 만들고, 느릅나무로 여자를 만들었다는 신화가 전해져 내려온다.

이처럼 세계의 어느 문명이든 인류가 어떻게 탄생하게 되었는가에 대해 엇비슷한 이야기를 가지고 있다. 공통점은 하나같이 인간은 신에 의해 창조되었다는 것이다. 인간의 지식과 경험으로는 확인할 길 없는 태곳적 사건이기에 '데우스 엑스 마키나 Deus ex machina'*의 의미로서 신을 개입시킨 것일까? 아마도 자기 부족이나 민족의 시조가 권능 있는 신에게서 비롯되었을 만큼 뛰어났다는 점을 강조하고 싶었던 것이리라.

그러나 현대 과학은 모든 신화를 일축한다. 인간은 결코 신에 의해 만들어지지 않았다고 못 박는다. 그런 말을 듣게 되면 이런 생각이 든다. 과학이 신의 유무에 대해 말할 수 있을까? 종교인들은 물론이겠거니와, 신의 존재를 믿는 평범한 일반인이라도 이 부분에서 불편한 기색 없이 넘어가기란 쉽지 않다. 과학자들 중에도 신앙을 가진 사람들이 적지 않을 텐데, 그들은 어떻게 생각할까? 놀랍게도 그들은 자신의 입장을 고려한 절충안 같은 것을 굳이 내놓으려 하지 않는 것 같다. 애써 모른 척하는 것일까? 누구보다도 자신의 진화 이론을 확신했던 다윈조차도 공개적인 논쟁 자리는 피하려 했다. 『종의 기원 On the Origin of Species』 출판 이후 흉흉해진 분위기를 감당하지 못했고, 종교계 인사들을 만나고 싶지 않아 끝내 모습을 감추었을 정도였다. 결론이 나지 않을 논쟁을 사전에 피하고픈 심정도 어느 정도 이해는 간다.

고생물학자이자 진화생물학자였던 스티븐 제이 굴드는 종교와 과학이 서로 겹치지 않는 교권, 즉 '비중첩 교권역 non-overlapping magisteria:

---

* **데우스 엑스 마키나**: '기계 장치를 이용해 (연극 무대 등에) 내려온 신 god from the machine'을 의미하는 라틴어. 고대의 연극에서 복잡한 문제를 해결하고 급하게 결말에 도달하기 위해 신을 등장시키는 등 뜬금없는 사건을 일으키는 경우를 말한다.

NOMA'에 해당하기 때문에, 두 영역이 서로 다른 이야기를 하고 있는 것이라고 보는 일종의 '분리론'을 주장했다. 벌어지고 있는 어떤 현상의 배후에 대해 과학은 '어떻게how'를 묻지만, 종교는 '왜why'를 묻는다는 것이다. 과학은 '사실fact'만을 다룰 수 있지만, 종교는 '가치value'를 따진다는 말이다. 과학은 의미와 도덕의 문제를 다루는 데 적합하지 않다는 뜻이리라. 이러한 분리론은 과학과 종교를 엄격히 구분해 화해와 공존의 분위기를 이끌어내기도 했지만, 동시에 서로의 의사소통을 가로막는 일종의 '비무장지대demilitarized zone'를 만들기도 했다. 과학과 종교를 함께 다루고픈 지식인들의 입을 아예 막아버렸다는 평가를 받기도 한다. 여기서 우리는 굴드가 주장했던 NOMA에 입각해 '생명의 기원abiogenesis'을 고찰해보고자 한다. 즉 생명이 어떻게 무생물에서 생겨날 수 있었는지 과학적이고 합리적인 관점에서 살펴보도록 하자.

세상은 네 가지 원소면 충분해

고대 그리스의 데모크리토스는 만물이 원자라는 작은 알갱이로 되어 있다고 생각했다. 그에 따르면 영혼도 원자로 되어 있다. 사람이 죽으면 영혼을 이루던 '영성원자'는 사방으로 흩어졌다가, 새로 생명이 생기면 거기 들어가 다시 결합한다. 최초의 원자론이다. 이런 생각이 인기가 없었던 것은 아니지만, 원자론은 금세 사람들의 뇌리에서 잊혔다. 곧이어 나타난 불세출의 철학자 플라톤Plato(BC 428~348)과 아리스토텔레스 때문이다. 그들은 원자론의 무작위적이고 기계적인 결합 원리를 싫어했다.

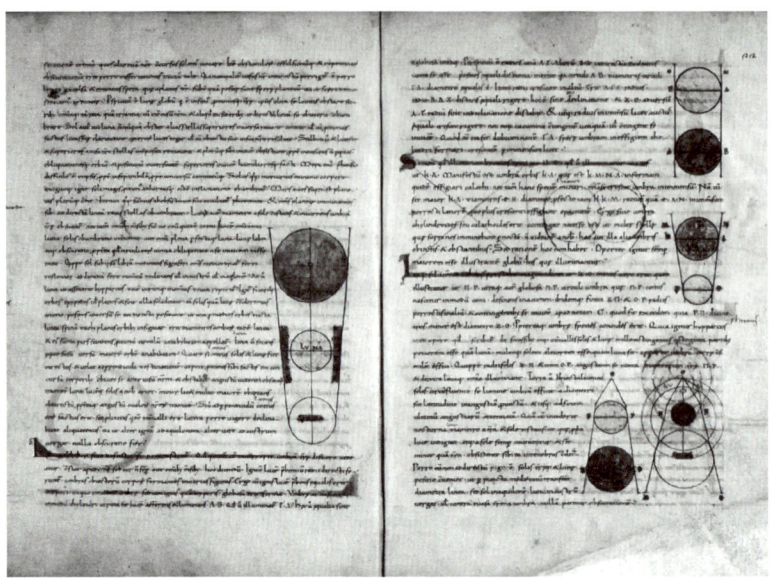

플라톤 『티마이오스』의 한 페이지. 플라톤은 기원전 360년경에 쓴 『티마이오스』에서 우주의 발생 원리와 인간의 기원을 설명했다. 이 책은 소크라테스, 크리티아스, 헤르모크라테스, 티마이오스의 대화로 구성되어 있다. 창조주 데미우르고스가 4원소를 창조하고 이로부터 모든 물질을 만들어냈다고 한다.

위대한 이 두 철학자는 세상 만물이 불, 흙, 공기, 그리고 물이라는 기본 물질로 되어 있다는 엠페도클레스Empedocles(BC 490~430)의 '4원소설'을 지지했다. 이 생각은 이후 2,000년이 넘도록 서양의 자연철학을 지배하게 된다.

　플라톤은 대화편 『티마이오스*Timaeus*』에서 우주와 인간의 기원을 설명했다. 창조주인 데미우르고스Demiurgos가 앞서 말한 4원소를 창조하고 이를 기초로 모든 물질을 빚어냈다고 주장했다. 플라톤은 세계 최초의 대학 '아카데미아Academia'를 설립했다. 그가 대학 정문 현판에 "기하학을 모르는 자, 들어오지도 말라!"라고 써 붙이는 바람에, 대학에 들어가려는 학생들 사이에 뜻하지 않은 기하학 과외가 성행(?)했다는 이야기가 전해진다. 플라톤은 그 정도로 기하학을 끔찍이 사랑했다고 한다. 그래서인지 그는 4원소들을 기하학적인 구조로 설명했다.

플라톤은 이 세상에 입체 도형은 무한히 다양하게 존재할 수 있지만 정다면체Platonic solid는 오로지 다섯 가지밖에 존재할 수 없다는 데 꽂혔던 모양이다. 그는 불, 흙, 공기, 물이 각각 정4면체, 정6면체, 정8면체, 정20면체로 되어 있다고 주장하며 일대일로 대응시켰다. 마지막 하나 남은 신비의 도형 정12면체는 우주 공간을 가득 채우고 있는 물질인 '에테르aither'에 해당한다고 말했다. 플라톤이 말한 이 정체불명의 물질 에테르가 전혀 존재하지 않는다는 사실이 밝혀진 것은 19세기 끝 무렵이었다. 마이컬슨Albert Abraham Michelson(1852~1931)과 몰리Edward Morley(1838~1923)가 실험을 통해 우주 공간이 텅 비어 있음을 증명했다. 플라톤의 가짜뉴스에 후세 사람들은 무려 2,400년 동안이나 속고 살았던 셈이다.

아리스토텔레스는 엠페도클레스의 4원소설을 받아들여 더욱 발전시켰다. 두 개의 원소끼리 짝을 이루어 각각 따뜻함, 차가움, 건조함, 축축함의 성질을 갖는다고 주장했고, 이들은 각각 '사랑philia'과 '미움neikos'이라는 힘에 의해 결합하거나 분리되어 다양한 물질을 만든다고 보았다. 아리스토텔레스는 차가운 기하학의 남자 플라톤보다는 훨씬 따뜻하고 인간미 넘치는 철학자였음에 틀림없다.

생명이 저절로 생겨났을까

아리스토텔레스의 따뜻한 마음은 생명체가 보여주는 경이로움이 어떤 목적을 가지고 생겨난 것이라고 믿게 했다. 즉 맨땅에서 나무가 솟아올라 숲을 이루고 산모의 뱃속에서 태아가 무럭무럭 자라나는 현상이 원자들의 무작위적인 충돌과 결합에 의한 것이 아니라, 질서를 가져다주는 영혼이 목적을 가지고 네 가지 원소들과 결합해 만들어내는 것이라 생각했다. 그러나 그는 『동물론 *History of Animals*』에서 몇몇 하등한 생명의 경우 우연히 저절로 생겨나기도 한다는 '자연발생설 spontaneous generation theory'을 주장했다. 그는 이렇게 썼다.

> 이제 식물과 동물의 공통적인 한 가지 속성이 있다. 몇몇 식물은 씨앗에서 발생하지만, 다른 식물은 씨앗과 비슷한 몇 가지 기본 원리를 형성함으로써 저절로 발생한다. (…) 그리고 동물에서도 몇몇은 종류에 따라 부모에게서 태어나지만, 몇몇은 동족으로부터가 아니라 자연적으로 발생한다. 이러한 자연 발생의 예 가운데 어떤 것들은 곤충의 사례에서 보듯이 부패한 흙이나 식물성 물질에서 기인하기도 하고, 다른 것들은 동물의 몸 안에서 자연적으로 발생하기도 한다.

아리스토텔레스는 당대 누구보다도 생명체를 전문적으로 관찰하고 연구하는 데 노력을 기울였다고 알려져 있다. 그러나 그의 관심대상이 주로 고등동물과 해양생물이었음을 감안하면, 자신의 시야에 잘 들어오지 않는 작고 하등한 생명체들의 발생 요인에 대해서는 깊이 관찰할

「아테네 학당」(라파엘로, 1511) 중앙에 그려진 플라톤과 아리스토텔레스.

왼쪽에는 스승 플라톤이 『티마이오스』를, 오른쪽에는 제자 아리스토텔레스가 『윤리학』을 들고 함께 이야기를 나누고 있다. 플라톤은 손가락으로 하늘을 가리키며 우주와 관념 세계를 논하는 자신의 철학을 강조하고, 아리스토텔레스는 손바닥을 땅으로 향하며 지구상의 생명체를 관찰하고 연구하는 자신의 현실적인 관심사를 보여주는 듯하다.

여유가 없었을지도 모른다. 다음은 자연발생설의 예를 보여주는 유명한 대목이다.

> 진딧물은 식물에 맺힌 이슬에서 발생하며, 파리는 썩은 고기에서 발생한다. 쥐는 더러운 건초더미에서 발생하며, 악어는 호수 밑바닥 썩은 통나무에서 생겨난다.

이것은 생명의 기원에 물질 외에도 무언가가 관여하고 있다는 자연주의적 생기론vitalism을 근거로 한다. 그의 다른 주장들과 마찬가지로 자연발생설도 르네상스 시대까지 큰 의심 없이 받아들여졌다. 극작가 셰익스피어William Shakespeare(1564~1616)는 「안토니와 클레오파트라Antony and Cleopatra』에서 뱀과 악어가 나일강의 진흙에서 생겨났다며 자연발생설을 자연스럽게 설명했다. 근대의 화학자 헬몬트 Jan Baptista van Helmont(1580~1644)도 항아리 속에 땀에 젖은 옷을 쌀과 함께 넣고, 기름이나 우유로 적셔 어두운 곳에 오래 방치했더니 쥐가 튀어나온다는 사실을 관찰하고 아리스토텔레스의 주장을 지지했다.

자연발생설은 정말 사실에 근거했을까? 확인할 수 없는 증거일지라도 여기저기서 많은 이들이 이야기하면 그렇게 믿게 될 것이다. 이런 웃지 못할 엉터리 결론은 인조인간 '호문쿨루스 homunculus'를 제작하는 데서 정점에 이른다. 문예부흥기에 활약한 의약학자이자 연금술사였던 파라켈수스 Paracelsus(1493~1541)는 최초의 시험관 아기를 만드는 데 성공했다고 주장했다. 그는 플라스크 안에 남성의 정액을 넣고 ― 대변을 넣었다는 설도 있다 ― 40일간 밀폐해 부패시켰다. 그러면 투명한 사람 형태의 비물질이 만들어지는데, 여기 영양분이 담긴 혈액을 꾸준히 주입하면 마침내 '작은 인간' 호문쿨루스를 얻을 수 있다는 것이었다. 그가 창조한 호문쿨루스는 어린아이보다 작았지만 선천적으로 인간의 모든 지식을 갖추고 태어난 천재로 여겨졌다. 이 흥미로운 캐릭터는 괴테의 희곡 『파우스트 Faust』 2부에서 등장해 많은 사람들에게 인기를 끌기도 했다.

이처럼 르네상스 시대에도 과학은 미신과 완전히 결별하지 못한 채 아수라 阿修羅 백작마냥 두 얼굴을 하고 있었다. 이후 한 세기 뒤에 등장해 만유인력의 법칙을 발견하고 과학혁명을 완성했다고 평가받는 위대한 뉴턴조차 남몰래 골방에서 연금술을 연마했다는 사실이 공공연한 비밀로 남아 있을 정도이다.

호문쿨루스를 제작하는 연금술사.

호문쿨루스는 '플라스크 속 작은 인간'이라는 뜻으로 연금술사가 만들어 내는 인조인간을 말한다. 르네상스 시대의 연금술사 파라켈수스는 역사상 호문쿨루스를 만들어낸 유일한 사람으로 알려져 있다. 중세 유럽의 의학 이론에 따르면 남성의 정액에는 이미 완전한 형태로 작은 사람이 들어 있으며, 연금술사들 사이에서는 여성의 태를 빌리지 않고도 인공적으로 사람을 만들어낼 수 있는 방법이 있다고 믿어졌다.

생명은 생명에서만 나온다

1665년에 이르러 신뢰할 만한 실험을 통해 자연발생설을 부정하고, '생물은 생물에서만 생겨날 수 있다'는 가능성을 처음으로 주장한 사람이 나왔다. 이탈리아의 의사 프란체스코 레디Francesco Redi(1626~97)였다. 그는 두 개의 병에 죽은 생선을 집어넣고 한쪽은 거즈로 입구를 막고 나머지 한쪽은 열어두었다. 며칠 후 거즈로 입구를 막지 않은 병에서만 날벌레가 생겨난 것을 발견했다. 관찰 결과 날벌레는 저절로 생긴 게 아니라 병 속을 들락거리는 파리에 의해 생긴다는 결과를 얻었다.

그의 실험은 생물 실험에서 처음으로 대조군control group의 개념을 도입했다는 점에서 획기적이었고, 기술적으로도 꽤 합리적인 실험이었다고도 할 수 있다. 그러나 당시는 눈에 보이지 않는 '미생물microorganism'이라는 존재에 대한 개념이 전혀 없었던 때였다. 세균이 통과할 수 없는 필터라든가, 살균 처리를 하는 데 필요한 온도라든가 하는 조건을 구별해 테스트하기에는 실험 조건이 섬세할 수 없었다. 이 실험 결과는 재현이 되지 않아 논란을 겪는 등 각종 부침이 있었다.

1673년 네덜란드의 직물상이었던 안톤 판 레이우엔훅Antonie van Leeuwenhoek(1632~1723)은 처음으로 미생물을 발견해 학계에 보고하게 된다. 스스로 렌즈를 갈아 제작한 고배율 현미경으로 이를 관찰할 수 있었다. 현미경 아래에서 처음 관찰된 미생물들은 '작은 동물'이라는 의미에서 '극미동물animalcules'이라는 이름으로 불렸다. 그러나 당시 유럽 최고의 과학기관이었던 런던 왕립학회에서는 레이우엔훅의 발견을 믿으려 하지 않았다. 미생물의 발견은 아이러니하게도 자연발생설로 되돌아가게 하는 결과를 낳았다. 이 작은 생물들이 도대체 어디서 생겨났는지 아무도 설명하지 못했기 때문이다. 아리스토텔레스는 밀레니엄millennium을 두 차례나 넘기고도 승승장구했다.

이 문제가 해결되는 데는 이로부터 200년이라는 세월이 더 흘러야 했다. 1868년에 이르러 프랑스의 생화학자 파스퇴르Louis Pasteur(1822~95)는 드디어 자연발생설에 종지부를 찍는 '결정적 실험experimentum crucis'을 수행한다. 병의 주둥이를 기다란 S자 형태가 되도록 잡아 늘인 백조목 플라스크swan neck flask를 만들어 미생물의 침투를 막았다. 미생물이 들어오지 못하도록 막은 플라스크는 그렇지 않은 것과 달리 아무리 오래 방치해도 유기물 용액이 결코 부패하지 않았다. 이것은 미생물을 비롯

프랑스의 생화학자 루이 파스퇴르와 그가 제작한 백조목 플라스크.
파스퇴르는 플라스크 속에 고깃국물을 넣은 후 가열 살균을 통해 미생물을 제거했다. 이후 S자로 구부러진 병목을 만들어 공기를 제외하고는 아무것도 들어오지 못하게 막자 미생물에 의한 부패가 일어나지 않았다. 파스퇴르가 실험에 사용한 플라스크는 당시 넣었던 고깃국물이 그대로 담긴 채 파스퇴르 연구소 박물관에 지금도 보관되어 있다.

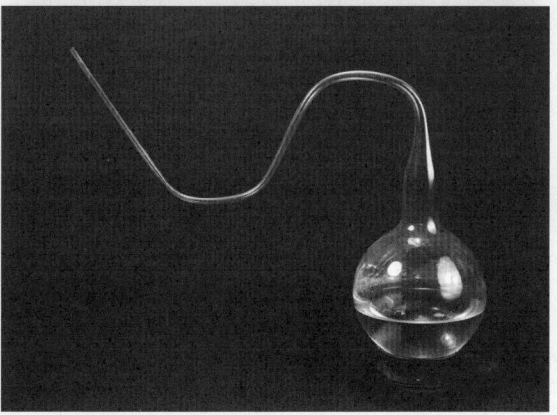

한 어떤 생명도 무생물로부터 생겨나지 않는다는 사실을 증명한 매우 설득력 있는 실험이었다. 이 결과는 「자연발생설 비판」이라는 제목의 논문으로 발표되었다. 이것이 바로 모든 생명은 오직 이미 존재하는 다른 생명체로부터만 만들어진다는 '생물속생설 biogenesis'이다. 콩 심은 데 콩 나고, 팥 심은 데 팥 난다는 속담을 과학적으로 증명하는 것이 이토록 어려울 줄이야. 이 최종 증명이 이루어진 때가 불과 150년 전이었다는 사실은 놀랍지 않을 수 없다.

훗날 이것도 사실은 운이 좋았기에 성공한 실험이라고 평가되었다. 만약 아무리 열을 가해도 죽지 않는 미생물의 포자 spore 따위가 플라스크 내부에 들어 있었다면 결과는 달라졌을 것이기 때문이다. 독일의 병리학자 피르호 Rudolf Virchow(1821~1902)도 1858년 「세포병리학 Die Cellularpathologie」을 써서 어떤 세포도 저절로 존재할 수는 없다는 사실을 발표했다. '옴니스 셀룰라 에 셀룰라 Omnis cellula e cellula', 즉 하나의 세포가 존재하려면 그 이전 세포가 반드시 존재해야만 한다는 뜻이다. 이제부터 생명 연구는 '세포'에 대한 연구로 바뀌었다. 기쁨도 잠시, 사람들은 생물속생설이 새로운 문제를 야기했음을 깨달았다. 생물만이 생물을 낳고, 세포만이 세포를 낳는다. 그렇다면 도대체 최초의 생물, 최초의 세포는 어떻게 탄생한 것일까?

생명을 만든 원시수프 레서피의 비밀

현대의 과학자들은 약 40억 년 전 원시 지구에 처음 생명체가 탄생했다고 본다. 현재 지구의 나이가 45억 년쯤 되었다니, 최초의 생명, 즉 '위대한 생존자 Magna superstes'는 지구가 만들어진 지 약 5억 년이 되었을 때쯤 생겨났을 것이다. 원시 지구는 지금의 환경과는 완전히 달라서 대기에는 산소가 전혀 없었다. 바닷물은 뜨거운 마그마와 뒤섞여 용솟음쳤고, 지구 표면은 혜성과 운석이 끊임없이 충돌해 불안정했다고 여겨진다. 산소는 광합성을 할 수 있는 생명체가 존재해야만 비로소 생겨날 수 있다. 다시 말해, 최초의 생명체는 지금으로 따지면 숨을 쉴 수도 없는 최악의 환경에서 생겨났던 것이다.

무기물로만 가득했던 원시 지구의 척박한 환경에서 어떻게 유기물이 생겨났으며, 거기서 어떻게 최초의 생명이 만들어질 수 있었을까? 최초의 생명이 물질로부터 생겨나는 과정을 '화학적 진화 chemical evolution'라 부른다. 화학적 진화가 어떻게 일어났을지 타진하는 몇 가지 유력한 가설이 있다.

가장 역사가 오래된 것은 '원시수프 primordial soup' 가설이다. 19세기 후반에 찰스 다윈은 이 문제에 대해 의견을 피력한 적이 있었다. '따뜻한 작은 웅덩이' 같은 공간에서 무기물의 화학적 작용이 '우연히' 일어난다면, 단백질과 같은 유기물을 만들어낼 수 있지 않을까 하는 의견이었다. 이후 20세기 초반 소련의 생화학자 오파린 Aleksandr Ivanovich Oparin(1894~1980)과 영국의 진화생물학자 J. B. S. 홀데인이 다윈의 추측을 기반으로 하는 정식 학설을 주장했다. 수소와 메탄, 암모니아, 그리고 수증기가 풍부했던 초기 원시 지구의 대기가 번개나 태양복사, 또는 우주 방사능 같은 것에 노출되면 아주 단순한 형태이긴 하지만 생명체를 구성하는 기본적인 유기화합물이 만들어질 수 있다는 가설이었다.

미국의 화학자 스탠리 밀러(위)와 그의 스승 해럴드 유리(아래).
유리와 밀러는 1953년 시카고 대학의 연구실에서 초기 지구의 가상 환경을 만들어 화학적 진화가 일어나는지 실험했다. 이들은 실험을 통해 생명체에 필요한 스무 가지 아미노산 중 열세 가지를 생성할 수 있었다. 번개의 방전을 흉내 내 공급한 에너지로 아미노산이 합성될 수 있음을 보여주었다는 의의가 있다.

이것은 1953년 미국의 화학자 스탠리 밀러Stanley Lloyd Miller(1930~2007)와 그의 스승 해럴드 유리Harold Clayton Urey(1893~1981)의 실험으로 이어졌다. 이들은 원시 대기를 흉내 낸 공기의 조성을 가진 플라스크 내에 지속적으로 전기불꽃을 일으켰고, 약 일주일 후 글라이신glycine이나 알라닌alanine 같은 가장 간단한 형태의 아미노산이 만들어진 것을 실제로 확인했다.

이것은 지금까지도 실험실에서 이루어진 생명 창조의 첫걸음이자 기념비적인 사건으로 묘사되고 있다. 이 실험에서 자기 복제를 할 수 있는 수준의 실제 분자는 전혀 만들어지지 않았다. 하지만 언젠가는 밀러의 이 원시적인 아미노산 수프에서 복잡한 단백질이 중합될 수 있을 거라고 과학자들은 대체로 '믿고' 있다. 수십 억 년이라는 천문학적인 긴 시간이 주어진다면, 그리고 몇 번의 우발적인 사건이 연달아 일어나기만 하면 된다는 것이다.

아미노산이란 본질적으로 반응성을 가지지 않는 분자이다. 아미노산끼리 서로 연결시켜 긴 단백질을 만들려면 적지 않은 에너지가 필요하다. 연결하기 전에 각각의 아미노산을 일일이 활성화시키는 특별한 반응도 필요하다. 이 모든 과정은 아미노산의 결합으로 구성된 제3의 단백질 효소가 존재하여 직접적인 도움을 추가로 주어야만 가능하다. 활성화되는 것은 둘째 치고, 오늘날의 환경에서는 아미노산 수프가 그대로 유지되는 것조차 어렵다.

이 실험은 이후 많은 과학자들에 의해 반복되었다. 1960년대에는 아미노산뿐 아니라 소량의 당과 아데닌adenine 같은 핵산nucleic acid 분자까지도 만들어내기에 이른다. 새로운 유기 분자가 만들어질 때마다 과학자들은 환호했다. 자신들의 기대가 곧 이루어질 것처럼 들떠 있었다. 그러나 아직까지도 어떤 실험실의 원시수프에서도 자기 복제자 replicator 는 만들어지지 못했다는 것이 결론이다.

    이것은 시간의 문제일까? 도대체 얼마나 오랜 시간이 지나면 될까? 달고나 라떼를 만들 듯이 원시수프를 쉬지 않고 끊임없이 휘저어주면 언젠가는 생명이 만들어지는 단 한 번의 우연한 기회가 올까? 아주 단순한 생명체라 할지라도 생명은 이런 원시수프와 비교할 수 없을 정도로 복잡하다. 수많은 화학 성분들 중 어느 하나라도 빠진다면 생명은 유지조차 될 수 없다. 게다가 지구에서 관찰할 수 있는 어떤 열역학적인 힘도 질서를 창조하기보다는 파괴하는 경향이 더 크다. 닭을 냄비에 넣고 끓이면 닭고기 수프가 만들어질 수 있을 것이다. 그러나 지금껏 닭고기 수프를 냄비에 넣고 끓여서 닭을 만들어내는 데 성공했다는 낭보가 들려온 적은 없다.

    복제가 가장 쉽게 일어나며, 그것도 에너지를 크게 들이지 않고도 복제가 무한히 가능한 컴퓨터 시스템에서조차 우리가 아는 한 자기 복제가 일어나는 바이러스가 저절로 만들어지지는 않는다. 그런 일은 거의 일어날 수가 없다. 만약 일어난다면 누군가 의도를 가지고 그런 바이러스를 설계한 것이 틀림없다. 자기 복제라는 것이 과연 의도나 의지 없이 가능한 일일까?

이기적 유전자는 너무 외롭다

유전자를 만드는 재료인 DNA의 구조는 영국 케임브리지의 캐번디시 연구소Cavendish Laboratory에서 왓슨과 크릭에 의해 처음 발견되었다. 그들이 밝혀낸 이중 나선 구조는 생물학의 역사에서 가장 빛나는 성과라 할 수 있다. 반복되는 인산phosphate 뼈대에 다섯 개의 탄소 원자로 된 당sugar, 그리고 아데닌adenine(A), 구아닌guanine(G), 사이토신cytosine(C), 타이민thymine(T)이라는 네 종류의 염기가 전부이다. 이들이 특별한 순서로 연결되어 있는 기다란 사슬이 서로 마주 보며 상보적으로 결합해 우아한 나선의 외관을 하고 있는 것이다.

이중 나선 모델은 너무나도 아름답다. 그러나 사실 이 구조는 실제 유전자의 구조를 시각적으로 단순화한 모형에 불과하다는 사실을 잊어서는 안 된다. 학교에서는 어린 학생들에게 DNA의 구조를 쉽게 가르칠 목적으로 아주 간단한 블록을 만들어 순서대로 쌓아 올려가며 이중 나선을 조립하기도 한다. 단순하게 만든 DNA 모형은 유전자의 기능에 대해 직관적이고도 명쾌한 이해를 돕지만, 한편으로는 심각한 오해를 유발할 수 있는 여지 또한 남긴다. 짤막한 DNA 조각들이 하나둘씩 모이면 점점 더 긴 DNA가 쉽게 조립되어 만들어질 수 있다든가, DNA 이중가닥은 저절로 자기 복제가 가능하다든가, 혹은 연약한 수소결합hydrogen bond으로 연결되어 있는 염기들이 단백질의 도움 없이도 세포 내에서 쉽게 열리고 닫히며 작동할 수 있다든가 하는 결정적인 오해들이다.

당대 최고의 숙원사업이었던 DNA의 화학적 구조를 밝혀낸 왓슨과 크릭은 자신들의 위대한 발견에 감격하고 심취한 나머지, 이제 자연의 비밀은 모두 밝혀졌다고 자신했다. 이중 나선 구조가 생물학뿐 아니라 의식의 영역 같은 심오한 분야에서도 응용될 수 있다며 다소 앞서나간 듯한 모호한 주장을 하기도 했다. 이런 주장들로 인해 대중들에게 DNA 구조 그 자체는 필요 이상으로 신비화된 감이 있다. 이중 나선 구조가 아무리 아름답고 완벽하다고 하나, 애석하게도 그것이 혼자 있을 때는 아무것도 아니다.

유전자는 홀로 일하지 못한다. 그 속에 담긴 정보를 사용하기 위해서는 언제나 함께 일할 단백질이 필요하다. 이 단백질들은 또한 자신이 작용할 기질과 정확한 짝을 이뤄 '자물쇠-열쇠lock-and-key'의 관계가 되어야만 한다. 닭이 먼저냐, 달걀이 먼저냐의 문제가 아니다. 유전자가 작동하려면 닭과 달걀이 동시에 존재해야만 한다. 만에 하나 달고나 라떼를 열심히 젓다가 우연히 핵산을 구성하는 네 가지 염기가 모두 만들어졌다고 하자. 놀랍게도 단백질을 구성할 수 있는 스무 가지나 되는 아미노산 역시 모두 만들어졌다고 해보자. 그렇다 해도 넘어야 할 산은 수백만 개나 더 있다. 그들에게 지능이 없는 한, DNA와 단백질 사이에 존재해야 할 정보적 교환의 상호작용이 저절로 이루어질 리 없다. DNA는 특정 단백질의 도움을 받지 않고는 자신의 정보를 가진 단백질을 만들 수 없고, 단백질은 자신을 암호화하는 특수한 DNA가 따로 존재하지 않고는 스스로 생성될 수 없음이 자명하다.

그뿐이 아니다. DNA로부터 정확한 단백질이 만들어지려면 또 하나의 중요한 존재인 RNA의 도움을 받지 않으면 안 된다. 리보솜ribosome은 DNA에 새겨진 암호를 번역해 단백질을 만드는 데 꼭 필요한 고분자 복합체이다. 이것은 생명체마다 매우 잘 보존되어 있어야 할 거대한

DNA 이중나선 모델을 설명하고 있는 제임스 왓슨과 프랜시스 크릭.

왓슨과 크릭이 캐번디시 연구소에서 만나 함께 DNA의 화학적 구조를 밝혀낸 것은 20세기 생명과학계의 최대 사건이라 할 수 있다. 이들은 생명의 원리가 담긴 유전정보가 이중나선의 형태로 된 당과 인산의 뼈대와 수소결합을 통해 상보적으로 연결된 염기쌍으로 구성되어 있음을 발견해 1953년 『네이처』에 발표했다.

RNA 분자가 없이는 결코 생겨날 수 없다. 더구나 이들이 서로를 향해 동시다발적으로 완벽히 작용해야만 한다.

 그 많은 분자들이 자신의 배역을 완벽히 소화한 배우들처럼 적시적소에 무대에 등장하지 못한다면, 대부분은 마치 꿔다놓은 보릿자루마냥 구석에 처박혀 있다가 금세 분해되는 운명을 맞이할 것이다. 발에 맞는 구두를 찾아줄 이타적인 단백질들이 없다면 이기적 유전자는 외롭게 홀로 춤만 추다가, 자정을 알리는 괘종시계가 울리자마자 마법에서 풀려날 것이다. 생명이 되고자 했던 그의 야무진 꿈은 순식간에 깨지고 만다.

생명이 되려면 유전자가 얼마나 필요할까

—

인간 게놈 프로젝트에 경쟁적으로 참여하기도 했던 미국의 저명한 생명과학자 크레이그 벤터 John Craig Venter(1946~)는 지난 2016년 최소 개수의 유전자로 구성된 가장 간단한 형태의 생명체를 합성하는 데 성공했다. 물론 한 생명체를 처음부터 설계해서 창조한 것은 아니고, 기존에 존재하던 박테리아를 변형해서 새롭게 만든 것이다.

그것은 본래 마이코플라스마 Mycoplasma라는 작은 병원균이었다. 벤터는 그것이 가지고 있는 유전자들을 하나둘씩 제거해서, 마침내 겨우 죽지 않을 정도로만 살아 있는 최종 생명체를 얻어낸 것이다. 그가 만든 단세포 생명체는 놀랍게도 최종적으로 473개의 유전자만을 가지고 있었다. 지금까지 알려진 것 중 가장 적은 숫자였다. 이것은 일반 대장균이 가지고 있는 유전자 수인 4,300여 개의 10퍼센트 정도에 불과하다. 더 놀라운 것은 유전자 473개 가운데 그 정확한 생물학적 기능이 아직 알려지지 않은 유전자가 149개나 되어서, 전체의 30퍼센트에 달한다는 사실이다. 생명을 갖게 하는 데 꼭 필요한 유전자의 정체가 무엇인지 우리는 아직도 잘 모른다는 뜻이다.

리처드 도킨스는 1995년에 쓴 『에덴의 강 River Out of Eden』에서 최소 생명체가 될 수 있는 유전자 수는 200여 개가 되리라 추측한 바 있다. 그러나 실제로 필요한 수는 그것의 배 이상이었음이 드러났다. 여기서 유전자를 하나라도 더 없애면 세포가 살지 못한다. 다시 말해, 아무리 간단한 생명체라도 최소 400개가 넘는 유전자가 존재하면서 동시다발적으로 작동하지 않고는 생존할 수 없다는 뜻이다. 원시수프같이 영양이 풍부한 연못에서 우연히 유전자 몇 개, 아니 수십 개가 만들어질 수도 있다고 치자. 그렇다 해도 그 몇 개의 유전자를 가지고 생명이 시작되고 유지될 가능성이 과연 얼마나 될까? 아예 없다고 봐야 하지 않을까. 더군다나 벤터의 실험에서 보았듯 우리가 이렇게 필수적인 유전자 구성을 정확히 알아내 생명을 만들어낼 수 있다고 한다면, 이것은 역설적으로 생명이 누군가에 의해 만들어졌을 가능성에 대해 말하고 있는지도 모른다.

그리고 또 한 가지 중요한 사실은 많은 사람들이 생명을 구성하는 핵심요소를 생각할 때 DNA와 유전자에만 과다하게 집착하고 있다는 점이다. DNA는 암호code에 불과하다. 암호는 그 자체로 의미와 기능을 갖는 실체가 아니다. 그것을 해독했을 때라야 비로소 실질적인 의미와 기능이 드러난다. 그런 의미에서 암호라는 것이 실체보다 먼저 생겨났을 리 없다. 무엇이든 실체가 존재하고 나서야 그것을 가리키는 명칭이나 암호가 필요에 의해 만들어지는 법이다.

DNA 염기서열 그 자체는 아무것도 아니다. 거기 담겨 있는 암호가 풀려 만들어지는 단백질만이 바로 세포를 위해 일하는 실존적 분자인 것이다. 아직 존재하지도 않는 단백질을 만들기 위해 생명이 글자를 써 암호를 만들기 시작했다? 그것이 무작위적이며 무계획적으로 어떻게 가능한가? DNA 암호와 아미노산의 해독 관계는 거의 모든 생명에 보편적이다. 이는 맨 처음 등장한 생명에서부터 이미 고도의 부호화가 이루어져 있었음을 암시한다. 그렇다면 최초의 원시세포는 유전정보의 조각들을 얼기설기 이어붙인 어수룩하고 어정쩡한 모습이 아니라, 애초에 엄청나게 지능적이고 고도로 섬세한 존재였음에 틀림없다. 세포는 세월이 지나다 보니 얼떨결에 조금씩 발전하게 된 것이 아니라, 처음부터 에니

악 ENIAC마냥 완벽한 기계로서 작동했다는 것이다. 그것이 과연 가능했을까?

생명의 기원 찾아 해저 삼만리

그 외에 여러 생명의 기원 중 하나로 유력한 것에는 '열수분출공 hydrothermal vent' 가설이 있다. 해저를 직접 탐사할 수 없었던 과거에는 햇빛이 전혀 도달하지 못하는 심해에는 생명체가 존재하기 어려울 것으로 여겨졌다. 그러나 1977년 이래 잠수함을 통해 깊은 해저 열수구를 탐험하고 난 뒤 이곳이 생명의 기원일 가능성이 높다는 가설이 새롭게 제시되었다.

열수분출공에서 뿜어져 나오는 뜨거운 가스와 마그마에는 황화수소와 철을 함유한 유황이 많이 들어 있다. 이를 활용해 태양빛 없이도 유기물을 합성할 수 있는 박테리아들이 여럿 발견되었다. 지각의 갈라진 틈을 통해 뜨거워진 바닷물이 다시 밖으로 분출되는데, 수천 미터 깊이의 심해에서는 압력이 대기압보다 수백 배 높기 때문에 300~400도에 달하는 뜨거운 물도 수증기로 변하지 않고 차가운 물과 만나 에너지와 영양이 풍부한 생태계를 형성할 수 있다고 한다. 실제로 거기서 박테리아뿐 아니라 갑각류와 선형동물 등 다양한 생물군이 발견되고 있다. 기원전 6세기경 "만물의 근원은 물"이라고 말했던 탈레스 Thales(BC 625?~547?)의 주장이 먼 길을 돌아와 비로소 성취되는 것일까?

이렇게 가혹한 환경이 원시 지구의 환경과 흡사했으리라 주장하면

해저 열수분출공에서 뿜어져 나오는 뜨거운 가스와 마그마.

마그마에 의해 뜨거워진 바닷물이 열수분출공을 통해 솟아나오면 차가운 해수 속 금속이온과 무기물이 침전되어 생명자원이 풍부한 해양 생태계가 만들어진다. 이런 환경은 생명체가 지구에 처음 나타났을 때와 비슷할 것으로 여겨져 생명의 기원을 밝힐 실마리를 제공할 것으로 기대된다.

서 이곳에서 최초의 생명이 생겨났을 거라고 보는 과학자들이 꽤 많이 있다. 그러나 연약한 최초의 세포가 비정상적으로 높은 온도와 수압을 어떻게 견디며 생성되었을지, 급격하고 불안정하게 유동하는 환경과 독성물질로부터 어떻게 안정성을 확보할 수 있었을지, 의문은 쉽사리 해결되지 않는다.

'범종설panspermia'이라는 가설도 있다. 지구에 생존하는 생명체의 기원이 지구 밖 우주에서 유입되었다는 주장이다. 우주에 아주 작은 씨앗이 무수히 흩뿌려져 있어 이들이 적절히 조합되면 생명이 생겨날 수 있다고 주장했던 고대 그리스의 철학자 아낙사고라스Anaxagoras(BC 500~428)로부터 기원한 가설이다. 실제로 지구로 떨어진 여러 운석 중 탄소질 콘드라이트carbonaceous chondrite라 불리는 것에는 놀랍게도 수십 종의 아미노산과 당, 그리고 지방산과 같은 다양한 유기분자가 함유되어 있다. 거대한 운석이 충돌해 만들어낸 지구 표면의 분화구가 생명 탄생을 위한 오아시스가 된 것일까? 생명을 탄생시킨 화학물질은 어쩌면 우주 전체에 널리 퍼져 있는지도 모른다. 그러나 생명이 외계에서 유입되었다는 주장이 사실로 드러난다 하더라도 최초의 생명이 어떻게 생겨났는지의 문제는 여전히 해결되지 않는다.

그 많던 원시 세포는 다 어디로 갔을까

지구상에 현존하는 모든 생물은 필수적인 구성 요소와 생명현상을 유지하는 기본 메커니즘이 거의 동일하다. 대여섯 가지의 아미노산과 짤막한 DNA 조각 몇 개만 가지고 꾸역꾸역 버티며 살아가는 생명체는 어디서도 발견된 바 없다. 초기의 생명을 일궈냈던 원시 세포들은 다 어디로 갔을까? 지금도 원시 세포는 어디선가 새롭게 만들어져야 한다.

현재의 자연환경은 원시 지구 때와는 완전히 다르기 때문에 당시의 기적을 재현할 수 없는 걸까? 그렇다면 엄청나게 다양한 조건으로 원시 지구의 대기를 흉내 내 진행했던 밀러−유리 실험 Miller-Urey experiment도, 해저 열수구를 탐험해 극단적인 환경을 조사하는 연구도 아무 의미가 없어진다. 산소가 거의 없는 혐기적 anaerobic 조건의 땅 속이든 메탄가스와 수증기가 가득한 유전 지대든, 인간의 시선이 닿지 않는 척박한 오지 어딘가에서는 아직 진화의 세례를 받지 못한 원시 세포가 생존을 위해 애쓰는 모습이 반복되고 있어야 한다.

많은 과학자들이 생명의 기원은 단 한 번의 우연적인 사건으로 시작되었으리라 믿는다. 거의 일어나기 어려운 말도 안 되는 확률이지만 단 한 번이면 충분하며, 그것으로 현재의 모든 다양성들을 설명하고도 남는다고 말한다. 하지만 진화의 원리는 그런 믿음과 다르다. 이미 있는 종에서 다른 종으로 변이가 일어나는 일이건, 무기물의 혼합물이 어떤 극적인 반응으로 유기물로 바뀌는 일이건, 또는 그 유기물들이 한데 뭉쳐 기적처럼 꿈틀거리는 최초의 생명체를 빚어내는 일이건, 모두 단 한 번의 우연한 사건으로 일어날 가능성은 거의 없다. 진화는 무한한 경쟁이며, 약자를 따로 배려하지 않는 비정한 자연선택의 결과이다. 자연에 의해 선택될 수 있는 진화의 기회는 반드시 생존할 수 있는 것보다 훨씬 더 많은 수의 변이 개체와 잉여의 생산력이 제공될 때만 생겨날 수 있다.

20세기 초 독일의 작가 토마스 만 Thomas Mann(1875~1955)은 『마의 산 *Der Zauberberg*』에서 주인공 한스 카스토르프의 입을 빌려 토로한다.

생명이란 무엇인가? 이에 대해 답할 수 있는 사람은 아무도 없다. 아무도 무생물에서 생명이 탄생되는 바로 그 지점을 정확하게 알 수 없다. 모든 생명현상은 그 현상을 발생시키는 앞선 생명현상 없이는 탄생될 수 없다. 그럼에도 생명 자체는 원인이 없다. 만약 이 현상에 대해 설명해야 한다면 이럴 수밖에 없다. 어떤 물질이 있었는데, 이 물질은 무생물인데도 고도로 발달했다. (…) 그런데 이 물질은 일반적으로 '죽어 있는 것'이라고 부르는 것과는 다르다. 왜냐하면 죽음은 생의 논리적 부정에 지나지 않지만, 생명과 생명이 없는 것 사이에는 과학이 아무리 노력해도 다리를 놓을 수 없는 심연이 입을 벌리고 있기 때문이다. 과학자들은 이 심연을 여러 이론으로 막아보려고 했지만, 심연은 그 이론들을 모조리 삼켜버려, 깊이와 넓이를 조금도 줄이려 하지 않는다.

생명의 근원 문제는 아직도 해결되지 못했다. 어쩌면 영원히 해답을 찾지 못할 수도 있다. 이러한 회의적인 관점으로 이 문제를 풀기 위해 애쓰는 과학자들의 노력이 덧없음을 말하려는 것은 아니다. 하지만 우리가 이 지구에 태어나 생존하고 있는 것이 우연인지 필연인지 지금으로선 아무도 모른다는 것을 겸허하게 인정하는 자세가 필요하지 않을까.

현대 과학의 눈부신 발전과 기술적 진보에 취해 쏟아지고 있는 요즘의 대중과학서들은 대부분 우리의 존재가 우연의 결과임을 과학적 결론이자 기정 사실인 것처럼 이야기한다. 이런 속단은 오히려 더 과학적이지 못해 보인다. 합리적인 사고와 모든 것을 의심할 줄 아는 비판적 자세는 스스로에게도 똑같이 적용되어야 하지 않을까. 뉴턴의 고백처럼 우리는 아직 미지의 진리가 가득한 바다의 한 귀퉁이에서 매끄러운 조약돌과 예쁜 조개껍데기를 찾으며 뛰노는 어린아이와 같다.

5장

생명은 어떻게 진화하는가?

— 찰스 다윈과
리 밴 밸런이 말하는 생명

정도가 아주 똑같지는 않은 두 생물을 교배하면 모든 결과는 어버이의 중간 정도로 나타난다. 곧 이렇게 된다. 자식은 인종적으로 열등한 편에 속하는 어버이보다는 우수할지 모르지만, 아무튼 더 우수한 편의 어버이만큼 높게는 안 된다. 그 결과로서 그는 이보다 높은 편과의 싸움에서 이윽고 패배하게 될 것이다. 그러므로 이와 같은 교배는 생명 그 자체를 더욱 고도의 것으로 진화시켜가려고 하는 자연 의지에 어긋난다.

아돌프 히틀러Adolf Hitler, 「나의 투쟁Mein Kampf」

우연을 받아들이는 데는 양가적인 감정이 들기 마련이다. 출근하느라 정신없는 아침 시간에 우연한 사고로 버스가 제시간에 오지 않아 지각한다면 반가울 사람은 없을 것이다. 그 우연한 사고가 하필 나에게 일어난 일이라면 어떨까? 지각 때문에 따가운 시선을 받는 것도 싫지만, 오랫동안 병원 신세까지 져야 한다면 그건 정말 상상하고 싶지 않은 일이다.

어쩌다 등굣길에 본 여학생의 모습에 마음이 두근거렸다. 그런데 우연히 같은 수업을 듣는다는 사실을 알게 되었다. 어떻게 연락처라도 알아낼 방법이 없을까 수업 내내 고민하던 차, 조별과제를 위해 교수님이 짜주신 조에 우연히 그녀와 함께 들어가게 되었다면 이보다 더 짜릿한 일이 있을까? 믿지도 않던 신에게라도 감사하고픈 마음이 들 것이다.

우연의 속성이란 이런 것이다. 우리의 가슴을 설레게도 하고 때로는 낙담하게도 한다. 예측할 수도 이해할 수도 없다. 이런 일이 또 일어날지, 일어난다면 왜 그런 건지도 전혀 알 수 없다. 그러나 우연한 일은 종종 벌어지기 마련이고, 우리 삶을 영원히 바꿔버리기도 한다. 우연히 만난 사랑을 마치 운명인 것처럼 예찬하는 노래나 드라마는 얼마든지 찾아볼 수 있다. 이렇게 보면 '우연'이라는 말은 아무래도 과학을 설명하는 데 쓰이는 용어로는 적합하지 않아 보인다.

과학자들이 우연적이고 무작위적인 현상에 대해서 기존과 완전히 상반된 견해를 보여주기 시작한 것은 거의 20세기가 다 되어서였다. 과학이 자연법칙을 이해하는 데 있어 기존에는 엄밀한 결정론적인 견해를 보였다면, 현대에는 대체로 확률적인 입장으로 바뀌고 있다. 과학이 '우연'이라고 일컫는 사건들에 대해 충실한 변호인이 되기를 자청한 듯 보인다. 하이젠베르크의 '불확정성 원리uncertainty principle'나 괴델Kurt Gödel(1906~78)의 '불완전성 정리incompleteness theorems' 등에서 볼 수 있듯, 이른바 '불확실한' 일들도, '불완전한' 일들도 이제 현대 과학과 수학에서 진지하게 다루어지게 되었다는 사실은 의미심장하다.

고대로부터 현대에 이르기까지 과학의 기본적인 사명은, 자연 속에서 결코 변하지 않는 어떤 규칙을 찾아 환원주의적인 해석을 하는 것이었다. 그러나 생물학에서는 변하지 않는 것을 찾는다는 것이 거의 불가능해졌다. 적어도 다윈의 진화론이 과학으로 받아들여진 이후에는 '모든 생물은 변한다'는 것이 진리가 되었기 때문이다. 전에는 불변의 메커니즘을 연구했었다면, 이제는 변화의 메커니즘을 이해해야 한다. 전에는 '만물은 변하지 않는다'라고 주장했던 파르메니데스Parmenides(BC 510~450)의 '일자론一者論'이 진리였다면, 이제는 헤라클레이토스가 주장했던 "만물은 유전流轉한다Panta rhei"라는 생각, 즉 만물은 끊임없이 변화한다는 믿음이 진리가 된 셈이다. 그래서일까? 생명을 통해 후손에게 전달되는 유전자도 항상 일정하지만은 않고, 시간이 흐름에 따라 조금씩 바뀌고 있다.

유전자는 우연히 그러나 끊임없이 변한다

살아 있는 모든 생명체는 DNA로 된 유전자를 가지고 있다. DNA라고 하면 보통은 자신과 똑같은 자손을 만들기 위한 설계도로 이해되는 경향이 있다. 하지만 DNA가 증식을 위한 설계도에 불과하다면 우리 몸의 모든 세포가 이를 항상 지니고 있을 필요는 없다. 그저 생식세포에만 가지고 있다가 후손을 만들 때 사용하면 된다.

실제로는 생식세포뿐 아니라 우리 몸을 구성하는 모든 세포 하나하나가 다 똑같은 DNA를 가지고 있다. 이것은 유전자가 설계도일 뿐 아니라 세포 각각의 생존을 위해 항상 사용해야 하는 일종의 가이드북으로서도 필요함을 말해준다. 가이드북에 적혀 있는 대로 개체의 조직과 기관을 온전하게 형성한 후에도, 모든 세포가 에너지를 얻고 적절한 물질대사를 하며 살아갈 수 있도록 가이드북은 여전히 매 순간 펼쳐볼 필요가 있는 것이다.

지난 세기에 밝혀진 DNA 구조는 유전자의 비밀을 밝힐 중요한 기계론적 실마리를 제공해주었다. 유전자는 화학물질로 되어 있고, 화학반응은 열역학적으로 작동한다. 이것은 유전자를 가지고 생명의 모든 활동과 생명력을 설명할 수 있다는 믿음으로 이어졌다. 이처럼 유전자가 '증식'과 '대사'라는 두 가지 기본적인 목적을 수행하는 데 꼭 필요한 존재라면, 그것은 변하지 않을수록 좋다. 부모로부터 받은 유전자는 가보처럼 소중히 잘 모셔놓았다가, 자식에게 고스란히 넘겨주어야 할 것이다. 어딘가 손상이나 변형이 일어난다면, 정체성이 흔들릴지 모른다. 대사활동을 온전히 수행하는 데도 문제가 생길 수 있다. 하지만 이를 어쩐다? 유전자는 변한다. 당신이 인식하지 못하는 사이에 '우연히', 그러나 틀림없이 어딘가 조금씩은 바뀌고 있다.

유전자가 변하는 것을 '돌연변이mutation'라고 부른다. 돌연변이는 여러 가지 의미로 남용되고 있지만 실은 어엿한 유전학 용어이다. 돌연변이의 '돌연'은 '돌연사突然死'의 바로 그 '돌연'이다. 즉 예상치 못하게 '갑작스럽게 일어나는 변이sudden change'를 의미한다. 무엇의 변이인가 하면, 유전정보가 담긴 DNA의 염기서열base sequence이 기존 원본과 달라지는 변이를 말하는 것이다. 가장 작은 의미의 돌연변이는 A, C, G, T 중 하나의 염기가 자신이 아닌 나머지 세 종류 중 어느 하나의 염기로 '영구적으로' 바뀌는 것을 의미한다. 여기서 영구적이라 함은 바뀐 채로 '자손에게 전해지게 된inheritable'이라는 뜻이다. 그러니까 돌연변이란, 너무 치명적이어서 당대의 생명체를 죽게 만들지 않는 한, 자손에게 대대로 물려줄 수 있게 된 변형된 유전정보를 의미한다. 물론 너무 치명적인 위치에서 일어나는 경우 돌연변이는 생명체에 질병을 일으키게도, 심지어 죽게도 한다.

돌연변이는 그야말로 '우연히' 일어난다. 강한 에너지를 가진 방사선이나 암을 유발할 수 있는 해로운 화학물질 등이 주된 원인이다. 우리가 가진 DNA가 이것들에 노출되면 돌연변이가 일어날 수 있는 것이다.

이런 원인들은 피하고 싶어도 사실상 불가능하다. 지구상의 모든 생물에게 에너지를 제공해주는 고마운 태양은 동시에 가장 강력한 '돌연변이원mutagen'으로 작용한다. 다행히 후쿠시마에서 생산된 농산물을 먹지 않고, 1급 발암물질인 라돈radon이 함유된 침대에서 자는 것을 용케 피했더라도 소용없다. 우리가 발 딛고 사는 지구는 이미 엄청난 양의 방사성radioactive 물질을 매 순간 내뿜고 있다. 화산 활동이나 대륙 이동과 같은 거대한 지구 활동을 일으키는 지열이 지구 내부에서 나오는 방사능 때문이라는 사실이 알려져 있다. 우주에서는 지구를 향해 유해한 우주선cosmic rays이 매일같이 쏟아져 내려오고, 지구 내부에서는 어마어마한 양의 방사능을 우주를 향해 미사일처럼 쏘아 올린다. 오, 거대한 두 영역 사이에 끼어 살고 있는 생명의 불쌍한 운명이여! 고래 싸움에 새우 등 터진다는 말은 우리의 처지를 두고 한 자조가 아니었을까.

그뿐이 아니다. 우리 몸의 모든 세포는 DNA를 복제할 때마다 낮은 확률이긴 하지만 염기서열을 똑같이 복제하지 못하고 다른 문자를 집어넣는 오류를 범한다. 우리 몸의 모든 세포는 이론적으로는 똑같은 정보를 가지기로 되어 있다. 그러나 여러 차례의 복제를 거쳐 만들어진 세포들이 가지는 유전정보는 사실상 조금씩 다르다. 마치 '우리 한민족은 단일민족'이라는 오랜 믿음이 환상에 불과하듯, 발생과 분화 단계에서 일어나는 돌연변이의 대량 축적으로 인해 우리 몸은 전혀 단일하지 않다. 이곳저곳 누더기처럼 기워진 '유전체 모자이크genome mosaicism' 현상을 보인다. 돌연변이는 어디에나 있다. 돌연변이라는 운명의 장난은 사실 우연을 가장한 필연인지도 모른다.

이처럼 우리가 가진 유전자는 변화를 피할 수 없다. 돌연변이는 암을 일으키거나 퇴행성 유전질환의 원인이 되는 불행으로 이어지기도 하지만, 그에 앞서 우리에게 더없이 소중한 유산을 남기기도 했다. 그것은 바로 생명의 '진화'와 '종 다양성'이다. 미국 메이저리그 뉴욕 양키스의 전설적인 포수 요기 베라 Lawrence Peter Yogi Berra(1925~2015)는 이런 명언을 남겼다. "만약 세상이 완벽했다면 세상은 존재하지 않았을 것이다 If world were perfect, it wouldn't be." 이 말은 원래 야구에는 실수가 있을 수밖에 없으며, 실수가 일어나야 재미있고 의미 있는 경기가 된다는 뜻이었다. 그러나 흥미롭게도 이 말은 진화에도 적용된다. 생명이 완벽해서 결코 돌연변이를 허용하지 않았다면, 우리가 보는 지금과 같은 세상은 존재할 수 없었을 것이다.

진화는 다윈이 발명하지 않았다

유전자에서 끊임없이 일어나는 돌연변이는 진화의 원동력이다. 그러나 진화가 일어날지도 모른다는 의심은 유전자라는 개념과 정체가 드러나기 전에도 이미 있었다. 흔히 오해되듯이, 찰스 다윈은 진화가 일어난다고 주장했던 최초의 인물이 아니다. 그의 할아버지인 이래즈머스 다윈 Erasmus Darwin(1731~1802)의 시대에도, '용불용설 theory of use and disuse'을 주장한 라마르크 Jean-Baptiste Lamarck(1744~1829)의 시대에도 생명체의 변이와 진화의 가능성은 꾸준히 제기되어 왔다. 라마르크는 다윈의 『종의 기원』보다 50년이나 먼저 쓴 책 『동물철학 Philosophie Zoologique』에서 인간을 포함한 모든 종은 다른 종에서 유래한 것이라고 주장했을 정도였다.

독일의 대문호 요한 볼프강 폰 괴테.
그는 1790년에 쓴 「식물변형론」에서 식물 잎의 변화를 세분화해서 묘사하고, 꽃은 잎이 변해서 만들어진 것이라는 사실을 밝혀냈다. 그는 생물학뿐 아니라 광학, 지질학, 광물학 연구를 담은 전문 서적을 14권이나 발표할 정도로 과학에 조예가 깊었다.

『젊은 베르테르의 슬픔 Die Leiden des Jungen Werthers』을 쓴 괴테도 이미 1790년에 진화를 암시하는 글을 썼다. 「식물변형론 The Metamorphosis of Plants」에서 식물의 잎사귀가 점점 복잡한 모양을 띠거나 단순화되는 현상을 자세히 묘사했던 것이다. 불멸의 연애소설을 쓴 독일의 대문호가 어째서 과학 분야의 책을 남겼을까. 괴테는 빛이 색깔을 만드는 원리에 관한 뉴턴의 오랜 광학 이론을 늘 못마땅하게 여겼고, 이에 반대하여 색채에 관한 자신의 과학적 견해를 담은『색채론 Theory of Colours』을 발표하기도 했다. 그는 평소에 자신이 작가보다는 과학자로 불리고 싶어 했을 정도로 과학에 조예가 깊었다. 또한 "소가 어떻게 뿔을 가지게 되었는가를 연구하는 것이 생물학자들이 알아내야 할 장래의 문제가 될 것이다"라며 선구자적인 지적을 한 바 있다.

스페인을 다스린 합스부르크 가문의 마지막 왕 카를로스 2세(1661~1700).

여러 대에 걸쳐 근친혼이 이루어진 탓에 주걱턱에 큰 혀, 가늘고 왜소한 다리, 뇌전증과 지적장애 등 심각한 결함을 안고 태어났으며, 당연히 나라를 제대로 통치할 수 없었다. 그가 낳은 자녀들도 모두 요절하고 말았다.

　이처럼 다윈은 진화론을 처음 주장한 사람이 아니다. 그는 오랜 기대에 부응하여 진화가 어떻게 일어날 수 있는지 합리적인 메커니즘을 고안해 제시한 사람이다.

　오늘날 존재하는 모든 견종의 약 90퍼센트는 불과 지난 100여 년 사이에 새로 만들어진 종이다. 19세기 영국 빅토리아 시대의 귀족 사회에서는 특이한 외모를 가진 품종의 개나 말을 만들기 위해 인위적인 교배를 시도하는 것이 크게 유행했다. 이때 앙증맞은 치와와 Chihuahua부터 초대형견 그레이트 데인 Great Dane까지, 우리가 알고 있는 여러 종류의 순종이 만들어졌다. 그러나 오스트리아 합스부르크가의 비극을 기억하는가? 근친혼을 고수해 순수혈통 가문의 명맥을 이어갔지만, 유전적 부작용 ― 연약한 주걱턱과 간질, 통풍, 우울증 등 ― 으로 몰락을 맞았다.

합스부르크 왕가의 사례처럼 당시 동물의 근친교배와 지나친 순혈주의로 인해 새로운 품종들이 각종 유전질환과 희귀질병에 극도로 쉽게 노출되고 말았다. 다윈은 당시 여러 가축과 식물을 인위적으로 품종개량한 사례를 들면서 『종의 기원』에서 이렇게 말했다.

> 인간은 방법적이고 무의식적인 선택의 수단으로 위대한 결과를 얻을 수 있고, 또 실제로 그렇게 해왔는데 자연이 그렇게 못할 이유가 어디 있겠는가? 인간은 다만 외적이고 가시적인 형질에 작용할 수 있을 뿐이다. (…) 인간은 다만 자신의 이익을 위해 선택할 뿐이지만, 자연은 오직 자연이 보살피는 생물의 이익을 위해 선택한다.

다윈은 이처럼 '자연의 보살핌'을 받는 데 가장 적합한 생물이 생존하게 된다고 보았고, 이를 '자연선택natural selection'이라 칭했다. 인간에 의한 인위적인 선택과 구별하기 위해 쓴 용어이다. 진화가 일어나는 이유는 자연선택 때문이라는 주장이었다. 그러나 많은 사람들이 '선택'이라는 말에서 교배와 같은 어떤 인위적이고 능동적인 간섭 행위를 떠올렸던 것 같다. 다윈은 이러한 대중의 오해를 피하고자 5판부터는 허버트 스펜서Herbert Spencer(1820~1903)가 종종 사용했던 '적자생존survival of the fittest'이라는 용어를 도입해 선택의 올바른 의미를 부연했다.

다윈은 선택이라는 압력이 가해질 수밖에 없는 환경의 열악함을 반영하기 위해 '생존경쟁struggle for survival'이라는 개념도 사용했다. 하지만 오해는 더 커지기만 했다. 다윈은 투쟁이니 약육강식이니 하는 편견과 평생을 싸워야 했다. '생존경쟁'은 경제학자 맬서스Thomas Malthus(1766~

1834)의 『인구론 An Essay on the Principle of Population』에서 차용했다는 사실은 잘 알려져 있다.

다윈은 대중뿐 아니라 학자들의 비판에도 매우 민감했다. 『종의 기원』에서는 생명이 태초에 어떻게 생겨났는지, 인간은 어디서 유래했는지에 대해서 전혀 언급하지 않았다. 그는 나중에 결국 신앙을 포기하긴 했지만, 『종의 기원』 두 번째 판부터는 책의 마지막 단락에 '창조자에 의해by the Creator' 소수의 생명이 창조되었다고 적어 넣기도 했다. 신에 의해 소수의 생명체들이 아마도 진화라는 방식을 통해 무한히 다양한 생명체로 변모해갈 수 있도록 만들어졌을 것이라는 의견을 피력했다. 그는 오해를 피하기 위해 적절한 용어와 설득 방법을 찾아 10년이 넘는 기간 동안 다섯 차례나 개정판을 냈다. 불필요한 분쟁이 일어날 소지가 있는 토론회에는 한 번도 모습을 드러내지 않았다. 그는 누구보다도 소신 있는 학자였지만, 누구보다도 소심한 혁명가이기도 했다.

진화라는 개념의 오랜 역사

다윈보다 거의 천 년이나 앞서 진화론을 주장한 사람이 있다. 이라크의 문인이자 과학자였던 알 자히즈 Al-Jahiz(776~869)이다. 그가 쓴 『동물에 관한 책 Kitab Al-Hayawan』에는 350종이 넘는 동물이 소개되고 있는데, 그는 여기서 동물들이 생존경쟁과 자연선택에 의해 변화하는 과정을 설명했다. 놀랍게도 다윈이 말했던 것과 거의 똑같다. 다음의 대목이 특히 눈에 띤다.

진화가 일어나는 과정을 자연선택으로 설명한 찰스 다윈(월터 윌리엄 아울레스, 1875).
다윈은 1859년 오늘날 인류 역사에 가장 큰 영향을 미친 『종의 기원』을 발표했다. 그는 진화론을 처음으로 제창한 사람이 아니라 이전부터 관찰되고 있었던 진화의 증거들을 설득력 있게 설명할 메커니즘을 주장한 사람이다. 그것은 자연선택과 적자생존이었으며, 다윈의 이러한 주장은 당시 유럽 사회에 큰 충격을 주었다.

이라크의 문인이자 과학자 알 자히즈가 쓴 『동물에 관한 책』의 삽화.

알 자히즈는 '눈이 튀어나온 사람'이라는 뜻이다. 그는 8세기경 350여 종의 동물을 소개하는 백과사전 『동물에 관한 책』을 썼는데, 여기에는 다윈의 진화론과 놀랍도록 유사한 추론이 담겨 있다. 그의 사상은 후대 무슬림 사상가들에게도 큰 영향을 미쳤다.

동물들은 생존을 위해 애를 쓴다. 자원을 확보하고 다른 동물들에게 잡아먹히지 않으며, 번식을 하려고 투쟁하는 것이다. 이 과정에서 동물은 환경적인 요인 때문에 새로운 특징을 발전시키게 된다. 이 특징 덕에 동물은 새로운 종이 된다. 그리고 번식을 통해 이 특징은 후손에게도 대물림된다.

13세기 이슬람의 천문학자 알 투시 Nasir Al-Din Al-Tusi(1201~74)도 그의 저서 『나시리의 윤리학 *Nasirean Ethics*』에서 진화 개념을 설명했다. 그는 생명이 혼돈으로부터 질서를 찾아가면서 생겨났고, 어떤 생물은 성공적으로 살아남고 다른 생물은 실패해 사라져버렸다고 썼다.

생명이 진화할지도 모른다는 생각은 동양 사상에서도 발견된다. 중국 도가사상의 대표적인 철학자 장자莊子(BC 369?~286)는 생명이 변화할 수 있음을 암시했다. 도교에서는 생물 종이 다윈이 말했던 '생존투쟁'과 유사한 방식으로 끝없이 변화를 겪는다고 말한다. 서로 먹고 먹히는 관계의 균형이 없다면 자연은 모든 자원을 잃어버리고 붕괴할 것이라고 보았다. 이처럼 현자들이 일찍이 간파했던 진화의 낌새는 어째서 발전하지 못하고 역사 속에 묻히게 되었을까? 이를 뒷받침할 증거를 제시하기가 마땅치 않았기 때문일 것이다.

진화가 실제로 일어난다는 믿을 만한 첫 번째 증거는 화석이었다. 화석은 현재 지구에 살고 있는 생명체가 옛날에 살았던 생명체와 같지 않다는 것을 보여주었다. 1665년 로버트 훅 Robert Hooke(1635~1703)은 자신이 발명한 현미경으로 모든 작은 것들을 확대 관찰하고 묘사하여 당대 베스트셀러가 된 『마이크로그라피아 Micrographia』를 썼다. 그는 여러 가지 화석을 면밀히 관찰하고는 과거의 생물이 현재의 것과 완전히 달랐다는 결론을 내렸다.

진화에 대한 의심을 본격적으로 이론화하기 위해서는 종species에 대한 확실한 개념이 필요했다. 진화란 궁극적으로 하나의 종이 다른 종으로 바뀌는 것을 의미하기 때문이다. 스웨덴의 식물학자 린네는 1735년 『자연의 체계 Systema Naturae』를 집필하여 여러 생명체들에 새로운 분류 체계를 도입했다. 그는 '이명법 binomial nomenclature'을 이용해 모든 동식물에 라틴어로 된 이중의 학명을 부여했다. 사자의 학명은 '판테라 레오 Panthera leo', 표범은 '판테라 파르두스 Panthera pardus'가 되었다. 인간이 '호모 사피엔스 Homo sapiens'라는 학명을 얻게 된 것도 이때였다. 인간을 동물의 한 종류로 분류한 린네의 시도가 당시 큰 논란을 불러일으킨 것은 말할 필요도 없다.

『자연의 체계』(1735)를 쓰고 이명법을 도입한 린네 (알렉산데르 로슬린, 1775).

생물을 체계적으로 분류하고 종을 엄격하게 구분하려 노력했던 린네마저도 분류학적 문제가 크다는 사실을 인지했으며, 변종과 잡종이 점점 더 많이 관찰됨에 따라 종이 변화할지도 모른다고 생각했다.

대항해시대 the age of discovery를 지나며 수많은 지리상의 발견과 탐험이 있었고, 이에 새로운 생물종들을 대거 발견했다. 린네가 확립한 분류체계 속에 새로 발견한 종들을 집어넣으려는 시도는 번번이 실패했다. (린네는 정체를 알 수 없는 작은 생명체들을 묶어 '카오스 chaos'라는 이름의 그룹으로 따로 모아놓아야 했다.) 경계가 모호한 생명체들이 너무나 많았다. 분류학적인 문제가 점점 쌓여갔다. 사람들은 종과 종 사이의 구별이 엄격하지 못하다고 느꼈고, 종이 정말로 불변의 개념인지도 확신하지 못하게 되었다. 생물이 시간이 흐름에 따라 혹은 지역에 따라 조금씩 변할지도 모른다는 생각이 종의 변화, 즉 진화에 대한 의심을 부추긴 것이다.

진화의 의미도 진화한다
―

진화라는 용어를 생물학에 처음 도입한 사람은 스위스의 박물학자 샤를 보네 Charles Bonnet(1720~93)였다. 보네는 종의 체계를 확립한 린네와 같은 시대의 사람이었다. 그는 1762년 저서 『조직체에 관한 생각 Considérations sur les Corps Organisés』에서 처음 '진화'라는 용어를 사용했는데, 아이러니한 사실은 그가 "종은 불변하며, 종을 창조한 것은 하느님"이라고 믿었다는 것이다. 종이 변하지 않는다고 생각하면서 동시에 진화라는 개념을 쓴다는 것이 과연 가능한 일이었을까?

처음 쓰이기 시작했을 때 '진화 evolution'라는 용어는 지금의 의미와는 완전히 달랐다. 진화는 '글이 적혀 있는 두루마리를 펼친다'는 뜻을 가진 라틴어 'evolutionem'에서 유래했다. 이것은 '미리 정해져 있는 어떤 현상이나 사실이 드러나거나 성취된다'는 것을 의미한다는 점에서 오늘날 우리가 쓰고 있는 진화의 뜻과 완전히 다르다. 오히려 배아 embryo 상태에서 일어나는 신체 각 기관의 '발생 development'이라는 의미와 더 가깝다. 이미 오래전 오류로 드러난 '전성설 preformationism'을 떠올리게도 한다. 전성설은 러시아의 마트료시카 인형처럼 미래에 태어날 후손이 조상의 몸속에 완성된 형태로 이미 모두 들어 있다고 보는 견해이다.

안 그래도 오해받는 것을 극히 싫어하던 다윈은 자연선택 이론을 설명하는 데 있어 '진화'라는 말을 쓰기를 꺼렸다. 실제로 『종의 기원』에는 그 말이 단 한 차례도 나오지 않았다. '진화'는 초판이 나온 지 13년 만인 6판에 가서야 비로소 등장한다.

영국 사회가 다윈의 진화론으로 한참 떠들썩하던 1865년 멘델 Gregor Johann Mendel(1822~84)은 체코공화국의 한 수도원 뜰에서 수행한 유전에 관한 실험 결과를 논문에 발표했다. 그가 완두콩 유전에 관한 기본적인 법칙들을 발견한 이래로 유전에 관여하는 핵심적인 물질, 즉 '유전자'는 모든 생명현상을 해석하고 이해하는 데 중심적인 위치를 차지하게 되었다. 멘델의 유전법칙Mendelian inheritance에 따르면 유전자들은 그 속성이 결코 변하거나 사라지지 않고 후손에게 고스란히 전달된다. 한 세대에서 외관상 어떤 형질phenotype이 사라진 것처럼 보이다가도, 그다음 세대에서 그것이 다시 나타남을 발견할 수 있다.

만약 멘델의 이론대로 유전자가 후손에게 전해지면서 전혀 변하지 않는다면, 동시대에 나왔던 다윈의 진화 이론은 설득력을 잃게 된다. 다윈의 주장은 완전히 사장될 수도 있었다. 왜냐하면 세대를 거듭해도 유전자가 변하지 않기 때문에 자연선택이 일어날 만한 개체 간의 차이, 즉 '변이'가 생겨날 수 없기 때문이다. 다윈 자신도 실제로 변이가 어떻게 일어나게 되는지에 대해서는 정확히 설명하지 못했다.

다행히도 20세기 초에 이르러 유전자에 '돌연변이'라는 현상이 일어난다는 사실이 식물과 동물에서 각각 밝혀졌다. 1901년에는 휘호 더 프리스Hugo Marie de Vries(1848~1935)가 달맞이꽃에서, 그리고 1910년에는 토머스 모건Thomas Hunt Morgan(1866~1945)이 초파리에서 차례로 돌연변이를 발견한 것이다. 이 돌연변이에 의해서 유전자는 대를 거듭할수록 조금씩 변형되고, 이에 기존과 완전히 다른 형질이 생겨날 수 있음이 밝혀졌다. 추락할 위기였던 다윈의 진화론은 뒤늦게 날개를 달게 된다. 이렇게 현대 유전학의 지원사격을 받은 다윈의 진화론을 '신新다윈주의neo-Darwinism' 이론이라 부른다. 이는 오늘날 현대 진화론의 토대로

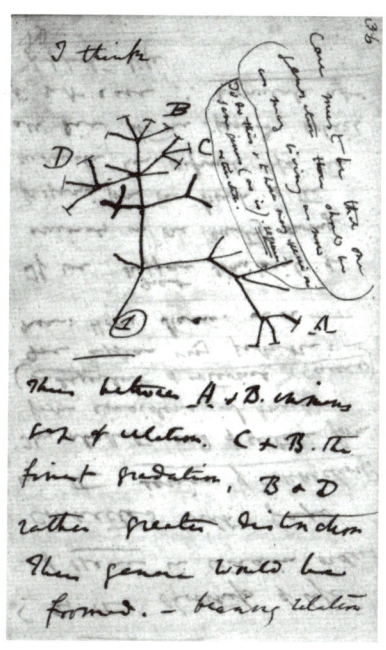
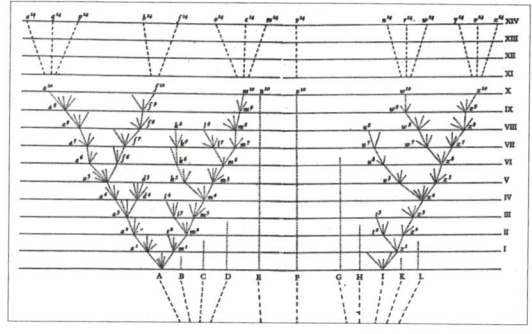

다윈이 처음 생각했던 생명의 나무 아이디어 스케치(왼쪽)와 『종의 기원』에 실린 생명의 나무 삽화(위).

다윈은 "B"라고 이름 붙인 작은 노트에 진화에 관한 그의 아이디어를 스케치해두었다. 많은 생명체가 공통 조상으로부터 갈라져 진화해 왔음을 나뭇가지의 형태로 표현했다. 다윈은 『종의 기원』에 실린 생명의 나무 삽화에서 가로로 그려진 직선 I~XIV의 각 단계가 각각 1,000세대의 유전을 상징한다고 말했다. 또한 생명의 나무가 11개의 주요 계통(A~L)에서 출발하고 있음을 보여준다.

받아들여지고 있다.

다윈이 진화의 메커니즘을 설파한 이래로 150년 동안 축적된 연구 결과를 통해 신다윈주의 이론은 다음 네 가지 결론을 얻었다. 첫째, 진화는 실제로 일어난다. 따라서 현재의 종은 과거에 살았던 다른 종들의 후손이다. 둘째, 진화에 의한 변종은 점진적인 유전적 변화를 통해 일어난다. 셋째, 생명의 새로운 형태는 나무에서 가지가 뻗어나가는 것처럼 하나의 계통이 둘 또는 그 이상으로 갈라짐으로써 생긴다. 즉 '생명의 나무 tree of life'의 수많은 가지 끝에 위치한 다양한 생물종들은 하나의 '공통조상 common ancestor'에서 시작했다. 넷째, 진화는 대부분 자연선택을 통해 일어난다. 이 모든 주장이 언제나 옳다고 할 수는 없겠지만, 우리는 이를 하나하나 입증할 증거들을 차곡차곡 손에 넣어왔다.

진화는 또 다른 진화를 부른다

우리는 흔히 생명이 있기 전에 자연환경이라는 것이 먼저 존재한다고 가정한다. 그러나 사실은 생명이 없다면 환경이라는 개념도 있을 수 없다. 뜨거움과 습함, 어두움, 시끄러움 같은 개념들은 그것을 인지하고 측정할 감각기관이 없이는 아무런 의미도 가지지 못한다. 환경이란 그것을 인식할 생명이 없으면 아무것도 아니라는 뜻이다. 아무도 없는 숲에서 방금 커다란 나무 한 그루가 '쿵' 하고 쓰러졌다고 해보자. 나무가 쓰러질 때 큰 소리가 났을까? 그렇지 않다. 소리는 전혀 없었을 것이다. 왜냐하면 소리를 듣는 존재가 없다면 아무런 소리도 나지 않기 때문이다. 정말이다. 만약 뭔가가 있었다면 그것은 소리가 아니라 공기의 급격한 움직임과 땅의 흔들림에 불과할 것이다. 오로지 생명만이 환경을 인식하고 또한 그것에 의미를 부여할 수 있다. 그렇다면 생명의 진화란 환경에 의해서만 일어나는 일방적이고 수동적인 것만은 아니다.

한 생물 집단의 진화는 환경을 적극적으로 변화시키고, 이어 이와 관련된 다른 생물 집단의 진화를 유발할 수 있다. 이것을 '공진화coevolution'라고 부른다. 시카고대학교의 진화생물학자 리 밴 밸런Leigh Van Valen(1935~2010)은 생태계의 쫓고 쫓기는 경쟁과 평형 관계의 유지를 묘사하기 위해 루이스 캐럴Lewis Carroll(1832~98)의 소설 『거울 나라의 앨리스Through the Looking Glass』의 한 대목을 인용했다.

바로 그 순간 앨리스와 여왕은 갑자기 달리기 시작했다. 나중에 생각해보니 앨리스는 어떻게 하다가 달리기 시작했는지 자기도 전혀 알 수가 없었다. 여왕은 달리면서 "빨리! 더 빨리!"라고 외쳤지만 앨리스는 그 이상은 빨리 달릴 수가 없었다. 그런데 정말 이상하게도 나무와 주변의 다른 것들이 전혀 바뀌지가 않았다. 아무리 빨리 달려도 앨리스와 여왕은 주변의 아무것도 앞서 지나가지 못했다. (…)

"말도 안돼. 계속 이 나무 아래에 있었던 거야! 모든 게 아까와 똑같아요!"

"당연하지. 그럼 어떨 거라고 생각했느냐?" 여왕이 말했다.

"제가 사는 곳에서는 오랫동안 빨리 달리고 나면 보통 다른 곳에 도착해요." 앨리스는 여전히 약간 헐떡이면서 말했다.

"정말 느린 나라구나! 여기서는 같은 장소에 있으려면 할 수 있는 한 최선을 다해 뛰어야만 하지. 만약 다른 곳에 가고 싶으면 적어도 두 배는 더 빨리 달려야 하고!"

밸런은 진화에 있어 '유성생식 sexual reproduction'이라는 탁월한 전략을 강조하고 싶었다. 유성생식이란 기생 생물의 침입과 공격에 효과적으로 저항하기 위해 숙주 생물이 취하는 전략 중 하나로 발전한 것이라고 보았다. 유성생식을 하는 고등생물은 자손을 만들 때 서로 다른 두 가지 성이 접합함으로써 유전자가 섞이게 되는데, 이 때문에 무성생식을 하는 생물에 비해 훨씬 빠르고 효과적으로 유전적 다양성을 얻는다. 그리하여 유성생식은 기생 생물에 대응할 수 있는 면역성을 빠른 시간 내에 성공적으로 확보할 수 있게 한다.

기생 생물은 대부분 단세포생물이므로 아주 빠르게 변화한다. 숙

시카고대학교의 진화생물학자 리 밴 밸런(위)과
루이스 캐럴의 『거울 나라의 앨리스』(1871)에 실린 삽화.
앨리스와 붉은 여왕이 나누는 대화는 생태계 내에서 일어나는 생명체 간의 쫓고 쫓기는 경쟁과 평형 관계를 묘사하는 데 종종 사용된다.

주 개체군도 이처럼 빠르게 대응한다면 감염을 피해 살아남을 수 있게 된다. 밸런은 성이 분화하게 된 이유를 설명하기 위해 앨리스가 붉은 여왕과 함께 아주 빠르게 달리면서도 전혀 앞으로 나아가지 못해 당황하는 장면을 비유로 든 것이다. 이후 그의 주장은 '붉은 여왕 가설 Red Queen hypothesis'로 알려지게 되었다.

공진화는 우리 주위에서 쉽게 찾아볼 수 있다. 꽃은 번식을 위해 꿀로 나비를 유혹하고, 나비가 버둥거려 머리와 다리에 꽃가루를 더 잘 묻히도록 꿀샘을 더욱 깊게 만든다. 그러면 나비는 깊어진 꿀샘에서 꿀을 쉽게 얻을 수 있도록 대롱을 더 길게 만든다. 꿀샘이 깊어진 만큼 대롱도 점점 더 길어진다. 앨리스가 달리는 만큼 주변 환경도 똑같은 속도로 앨리스를 따라잡는 것이다.

사람에게 병원균의 감염이 일어나면 항생제를 사용해 치료할 수 있다. 그러나 곧 돌연변이가 생겨 항생제의 효과를 피할 수 있게 된 병원균이 새로 나타난다. 그러면 사람들은 진화된 세균을 물리치기 위해 더 강력한 항생제를 개발해 투여한다. 잠시 효과가 있는 듯했지만, 시간이 지나면 이로부터 다시 돌연변이를 통해 살아남은 개체가 생겨난다. 공진화가 몇 번 반복되면 어떤 항생제도 듣지 않는 강력한 슈퍼박테리아 superbacteria가 탄생하게 된다. 세계보건기구 World Health Organization: WHO는 현재 전 세계적으로 새 항생제 개발이 늦어지면서 슈퍼박테리아를 막을 대응책이 사실상 없다며 그 심각성을 경고하고 있는 실정이다. 진화는 모든 곳에서 일어나고 있다.

진화를 대하는 우리의 자세: 쿨하거나 신중하거나

다윈의 자연선택 이론이 오늘날 생명의 모습을 가장 잘 설명하는 이론임에는 틀림없다. 그러나 앞으로도 내내 생명의 기원과 종 다양성을 설명하는 최종 이론으로 군림할지는 알 수 없다. 탄탄했던 뉴턴의 고전역학이 250년이 지나 약점이 간파되고 아인슈타인의 상대성이론으로 교체될 줄 누가 알았을까. 그러나 훗날 누군가 다윈의 이론을 대체할 더 강력한 증거를 들이민다 하더라도 생물이 진화한다는 사실만큼은 변하지 않는다.

진화는 사실이다. 과거에도 일어났고, 지금도 일어나고 있다. 앞으로도 계속 일어날 것이 거의 확실하다. 유전학자 도브잔스키Theodosius Dobzhansky(1900~75)가 일찍이 "진화의 관점을 떠나서는 생물학에서 어떤 것도 의미를 갖지 못한다"라고 선언했듯, 진화는 생물학의 모든 것이다. 하지만 우리는 '진화'라는 말을 쓸 때 주의해야 한다. 다윈 자신도 이 말을 쓰는 데 필요 이상으로 노심초사했음을 보지 않았는가. 다윈의 시대뿐 아니라 지금도 진화의 의미는 너무나도 다양해서 학술적인 용도로 쓸 때조차 그 의미를 명확히 밝히지 않으면 언제든 오해를 불러일으킬 수 있다. 이를테면 우리가 지금껏 다룬 진화의 이야기는 모두 '생물학적' 진화였다. 지금까지 논의한 진화론은 생명의 '다양성'을 설명하는 이론이지 생명의 '기원'을 설명하는 것은 아니었다. 그것은 '화학적' 진화에 해당하며, 우리는 그것이 추론일 뿐이지 확인된 이론이 아님을 앞에서 이미 논의했다. 현재로서는 진화란 생물에게만 적용할 수 있는 개념이다. 그것은 변이와 선택에 의해 결정되는 문제이기 때문이다.

진화를 사상이나 인간의 심리, 혹은 사회현상에 폭넓게 적용하려는 시도에 대해서는 특히 더 신중해야 한다. 다윈주의는 마르크스주의와 어떤 면에서 궁합이 잘 맞는다. 엄밀히 말하자면 마르크스Karl Marx (1818~83)의 역사 이론이 다윈의 진화론을 모방한 것이겠지만, 마르크스는 『자본론Das Kapital』을 쓰고 한 권을 다윈에게 헌정하고자 했다. 다윈의 자연선택과 적자생존 이론을 사회와 역사의 흐름에 적용해 과학적 사회주의를 주창하고는 그가 다윈에게 진심 어린 감사를 표하고 싶어했다는 사실은 잘 알려져 있다. 다윈은 그런 시도를 기꺼워하지 않았을 것이다. 여기서 더 아이러니한 것은 다윈주의가 자본주의를 정당화하는 데도 훌륭한 근거로 작용한다는 점이다. 독점자본주의를 추구한 서구의 거대 자본가들은 다윈주의를 적극 환영했다.

도킨스는 다윈주의 사상을 확장해 보다 더 넓은 세계관 전체를 지칭하는 데 사용하고자 '보편적 다윈주의universal Darwinism'라는 용어를 만들기도 했다. 진화론을 생물학의 영역을 넘어 종교적 신념과 문화 현상까지 설명하는 데 적용하고 싶었던 것이다. 이처럼 진화의 논리와 합리성은 매우 훌륭해서, 원하는 곳에 가져다 쓰고 싶지 않은 사람은 없을 것이다. 다윈이 지금까지 혹 살아 있었다 하더라도 그는 사람들의 시야에서 사라져 더 투명인간처럼 지내고 싶어하지 않았을까 싶다.

진화는 항상 변이를 통해 이전에도 없었고 이후에도 없을, 유일무이하고 예측불허의 새로운 생명을 만들어낸다는 점에서 '창조'나 마찬가지다. 이것은 창조자조차 어떤 생명이 만들어질지 알 수 없는 창조와도 같다. 유전학자 스티브 존스Steve Jones(1944~)는 이를 두고 "진화란 어디로 가게 될지도 모른 채 미래를 향해 몸을 뒤로 돌려 거꾸로 걷는 것이다"라고 멋지게 표현한 바 있다. 스티븐 제이 굴드는 『원더풀 라이프 *Wonderful Life*』에서 진화의 예측 불가능성에 대해 이렇게 적었다.

나는 그 실험을 '생명이라는 테이프 재생하기 replaying life's tape'라고 부른다. 되감기 버튼을 누르고 실제로 일어난 모든 일을 완전히 지웠다는 것을 확인한 다음에 여러분은 과거의 어떤 시대나 장소로 간다. (…) 그런 다음 진화의 테이프를 다시 재생해서 반복되는 과정들이 원본과 동일한지 여부를 확인하는 것이다. 만약 매번 테이프를 재생할 때마다 그 과정이 진화의 실제 경로와 거의 비슷하다면 실제로 일어났던 일들은 매번 발생할 것이라는 결론을 내려야 할 것이다. 그러나 여러 차례 재생 실험들의 결과가 모두 다르고, 동시에 실제 생물의 역사에서 있을 법한 상황과 마찬가지로 전혀 다른 결과가 나온다면 어떻게 될 것인가?

이것은 실제 실험이 아니라 머릿속으로 하는 '사고실험 thought experiment'에 불과하지만, 굴드 자신도 진화의 결과가 매번 같으리라고는 상상하지 못했다. 우리와 같은 호모 사피엔스는 두 번 다시 생겨나지 못할지도 모른다는 말이다. 진화는 우연히 일어나며, 생명체들을 매번 새롭게 창조하는 행위와 딱히 다르지 않다.

진화는 종교적 신념과 양립할 수 있을까

창조라는 단어가 나온 김에 종교적 관점과 관련하여 더 이야기하고픈 부분이 있다. 진화에 대한 믿음이 반드시 신에 대한 믿음과 대립하는 것은 아니라는 점이다. 또한 진화가 증명되었다고 해서 신이 없다고 결론 지을 수 있는 것도 아니다. 프란체스코 교황 Papa Francesco(1936~)은 2014년 바티칸 연설에서 진화와 빅뱅이론이 신이 우주와 세계를 창조했다는 내용과 배치되지 않는다고 말했다. 자연의 진화는 창조의 개념과 충돌하지 않는데, 그것은 진화가 일어나려면 먼저 존재들이 어떻게든 창조되어야 한다는 사실을 강조한 것이다. 사람들은 종교와 과학을 흔히 갈등과 대립의 틀로 바라보는 데 익숙해져 있다. 그러나 그것은 절대적인 구도가 아니고 언제든지 해석에 따라 달라질 수 있는 문제이다.

많은 이들이 간과하는 중요한 사실 중 하나는, 과학연구의 대상이 '자연'과 그것을 설명하는 '자연적인 원인'에 한정된다는 점이다. 초자연적인 현상을 설명할 때는 그것이 자연적인 원인으로 이해되고 분석될 수 있는 한에서만 과학의 타당한 탐구대상이 될 수 있다. 따라서 진화론이나 빅뱅이론과 같은 과학적 연구결과의 결론을 가지고 '신이 있다' 혹은 '없다'라는 결론을 내리는 것은 적절하지 못하다고 본다.

최초의 생명이 어떻게 생겨났느냐의 문제는 생명의 진화와 전혀 관계없는 일이다. 진화는 과학이지만 최초의 생명에 대한 이론은 추측이자 믿음이다. 이런 면에서 진화론은 창조론과 상호 모순적이지 않다. 최선의 설명으로서의 추론이 언제나 과학적인 것은 아니다. 최선의 추론이 믿음이 되는 경우도 종종 있다. 가정으로 시작했다가 확신으로 끝나는 것은 신앙인의 믿음보다 더 맹목적일 수 있다.

진화과정에서 인간의 뇌가 특별히 도덕적이거나 온순하게 되게끔 발전했을 리 없다. 지적인 판단과 자유의지가 가능해진 순간 인간은 자신의 생존과 이익을 위해 최선을 다해 싸웠을 것이다. 도킨스의 주장대로 모두가 이기적인 존재가 되어 '만인의 만인에 대한 투쟁 Bellum omnium contra omnes'이 매일같이 반복되었을 것이다. 이렇게 정글 같은 세계에 선의의 규칙을 세운 것이 철학이며 종교이다. 진리를 추구하고자 하는 이런 노력들은 기본적으로 분쟁과 문제를 해결하기 위해 생겨난 것이다. 필요하기에 만들어졌고, 유익하기에 남아 있다. 오늘날 과학이 종교를 내쫓기 위해 혈안이 되어 있는 일부의 분위기는 이해하기 어렵다.

『고백록 Confessiones』을 쓴 성 아우구스티누스 Saint Augustine(354~430)는 매우 명석하고 존경받는 기독교의 성직자이자 신학자였다. 그는 「창세기」에 나오는 창조 이야기를 문자 그대로 해석할 경우 문제가 발생할 수 있음을 깨달았다. 그래서 『성경』을 문자 그대로 풀이하는 축자적 해석이 논리적으로 맞지 않거나 이성과 충돌을 일으킨다면 은유나 우화로 해석해야 한다고 말했다. 이것은 현대 진화론의 견해와 공존하고자 하는 종교인들이 참고하면 좋을 유연한 자세가 아닌가 싶다.

오랜 시간 종교가 그래왔듯, 진화의 과학도 우리에게 하나의 세계관을 제시할 수 있다. 세상이 어떻게 생겨났는지, 그리고 우리 인간은 어떠한 존재인지 등에 대해서 진화가 말해주는 바가 분명히 있을 것이다. 하지만 과학은 인간에게 진보나 행복을 약속하지는 못한다. 우리가 어떻게 살아야 할 것인지도 말해주지 못한다.

과학이 논리적으로 보이는가? 그것은 우리가 과학에다 논리의 옷을 입혀놓았기 때문이다. 진화는 사실이며 논리적이지만 그것이 우리 삶의 문제를 다루지 못하는 한 사람들의 마음을 움직일 수 없다. 우연히 생겨난 데다 의미도 알 수 없는 인생을 살아가면서, 그저 즐겁고 풍요롭게 살 수만 있다면 그걸로 충분하다고 생각할 사람은 없을 것이다. 과학적 방법론에 의한 인간 이해가 현재로서는 불완전할 수밖에 없음을 겸손히 인정하고, 더 의미 있게 살아갈 수 있는 법을 다채롭게 모색하려는 자세가 우리에게 더 필요하지 않을까.

제2부
우리는 누구인가

6장

생명에 우열이 있는가?

프랜시스 골턴과
올더스 헉슬리가 말하는 생명

소크라테스	그런데 결혼을 어떻게 하도록 해야 신성하고 유익해질까 고민이네. 자네라면 어떻게 하겠나, 글라우콘. 자넨 집에 사냥개도 키우는 모양이니 이 문제에 대해 일가견이 있을 줄 믿네. 교미나 생식에 대해 관심을 가져본 적이 있나?
글라우콘	어떻게 말입니까?
소크라테스	예를 들어 자네 집의 동물들이 모두 혈통 좋거나 우수한 체질을 갖추고 있진 않을 것 아닌가? 그런데 만약 자네가 우수한 새끼를 원한다면 짝짓기를 어떻게 시키겠는가?
글라우콘	가장 우수하고 성숙한 놈들끼리 짝을 짓도록 배려합니다.
소크라테스	그래야겠지. 그것이 우수한 혈통을 유지하는 길일 테니까. 그러한 원리는 인간에게도 그대로 적용될 걸세.
글라우콘	같은 원리가 통용될 겁니다.
소크라테스	그러나 우리의 경우엔 약간의 술책이 필요하네. 그래서 통치자라면 능숙한 의사처럼 약물을 투여해야 하지. 허위와 기만이라는 이름의 약물을.
글라우콘	무슨 말씀이신지요?
소크라테스	우수한 자는 우수한 자끼리 관계 맺게 하고 열등한 자는 열등한 자끼리 관계 맺게 하자는 것이 우리의 전략이었네. 국민들의 질적 수준을 향상시키자면 말일세. 그런데 이러한 전략은 통치자만의 기밀이어야 하네. 그렇지 않으면 상당한 반감을 불러올 걸세.
글라우콘	사실입니다.

플라톤 Plato, 「국가 Politeia」

DNA 이중 나선 구조를 발견한 제임스 왓슨은 그 공로를 인정받아 노벨상을 수상하고 하버드대학교의 교수로 부임하는 등 성공가도를 달렸다. 그는 곧 세계 최고의 생명과학 연구소인 콜드스프링하버연구소_{Cold Spring Harbor Laboratory: CSHL}의 소장으로 임명되었으며, 미국 국립보건원_{National Institutes of Health: NIH} 산하 인간게놈연구센터의 초대 소장이 되어 인간 유전체 염기서열 해독 프로젝트_{Human Genome Project: HGP}를 지휘하는 중책도 맡아 수행했다. 그러나 그는 2007년 그의 세 번째 회고록 『지루한 사람과 어울리지 마라_{Avoid Boring People}』를 낸 직후 언론과 인터뷰하던 중 실언을 해 곤경에 빠졌다. 흑인들은 타 인종보다 유전자가 열등해 지능이 낮다는 발언을 했던 것이다. 그는 이 사건으로 연구소의 소장직을 즉시 내려놓아야 했다. 강단에서도 퇴출되고 수많은 강연이 취소되었다. 과학계의 '페르소나 논 그라타_{Persona non grata}'(환영받지 못하는 사람)

가 된 그는 2014년 생활고 끝에 50여 년 전 받은 소중한 노벨상을 경매에 내놓아야 했다.

또 다른 노벨상 수상자 팀 헌트Tim Hunt(1943~)는 지난 2015년 우리나라에서 열린 세계과학기자대회에 초청되어 강연을 했다가 성차별 논란에 휩싸였다. 다음과 같이 여성 과학자를 비하하듯 던진 농담이 문제였다. "내가 생각하는 여자에 대한 문제를 말씀드리지요. 여자들이 연구실에 있으면 세 가지 문제가 생깁니다. 첫째, 남자들이 여자들을 사랑하게 됩니다. 둘째, 여자들도 남자들을 사랑하게 되지요. 셋째, 여자들은 비판이라도 받게 되면 울기만 합니다. 여자를 실험실에 두는 것은 좋지 않은 일인지도 모릅니다." 팀 헌트는 이 발언으로 런던대학교 명예교수직을 불명예스럽게 사임해야 했다.

지난 세기에 일어난 일이 아니다. 유전자에 대한 해묵은 오해들이 속속 교정되고 있는 최근에도 이런 불상사는 꾸준히 일어난다. 노벨상을 수상할 정도로 누구보다 유전학에 정통한 전문가들이 왜 이런 수준 이하의 발언을 하는 것일까? 인종과 성의 구분을 만드는 유전적 차이가 결국 지능과 인격의 차이로까지 이어질 수 있다는 생각을 누구나 무의식 중에 하고 있음을 말해준다.

최고의 과학 저널 『네이처Nature』와 『사이언스Science』에서 편집자로 일했던 니콜라스 웨이드Nicholas Wade(1942~)는 2014년 펴낸 『문제적 상속A Troublesome Inheritance』에서 각 민족의 문화적 차이를 유전자 차이에서 찾는다. 세계의 화약고인 중동의 호전성을 통제할 수 없는 것은 부족민 유전자 때문이라고 본다. 중국이 혁신하지 못하는 것은 순응 유전자 때문이고, 영국에서 산업혁명이 시작된 것은 생산성 유전자 때문이라는 것이다. 일견 그럴싸하다. 정말 그럴 가능성이 조금이라도 있는 걸까?

우리의 정체성을 유전자의 탓으로 돌리는 것은 위험한 일이다. 그럼에도 우리는 너무 쉽게 그런 판단을 내린다. 축구선수가 자신의 팀에는 '승리의 DNA'가 새겨져 있으니 절대 지지 않는다고 목소리를 높인다든가, 끔찍한 연쇄살인을 저지른 사이코패스psychopath를 보고 그에게는 '범죄 유전자'가 있는 게 틀림없다고 믿는다. 오바마Barack Hussein Obama(1961~) 대통령은 "인종차별은 우리 DNA의 일부"라고 말한 적도 있다. 이런 표현들을 통해 우리는 자신도 모르게 유전자 자체에 절대적인 정체성을 부과하는 셈이다. 심지어 유전자가 정확히 무엇인지 많은 이들이 제대로 이해하고 있는 것 같지도 않다.

방탄소년단BTS의 노래 중에 「DNA」가 굉장한 인기를 끌었는데, 거기에는 이런 내용의 가사가 있다. "첫눈에 널 알아보게 됐어. 내가 찾던 사람이 바로 너라는 걸 내 혈관 속 DNA가 말해주고 있어. 이 모든 건 우연이 아니라 운명이니까." 이것이 바로 '유전자 결정론genetic determinism'이다. 물론 노랫말에 쓰이는 표현의 시적 허용을 감안해야겠지만, 은유든 직설이든 DNA에 너무 많은 가치와 정체성을 부여하는 것은 우리가 물질에 의해 이미 운명 지어진 존재일 뿐이라는 믿음을 만들기 쉽다. 이런 믿음은 은연중에 어떤 유전자는 우월하며, 어떤 유전자는 열등하다는 식의 가치 판단으로 이어질 수 있다.

우생학을 창안한 인류학자 프랜시스 골턴(구스타프 그레프, 1882).
골턴은 이래즈머스 다윈의 외손자였으며, 찰스 다윈은 그의 배다른 외사촌 형이었다. 그는 인류의 발전을 위해서는 부적격자의 생존을 줄이고 적격자의 출생을 장려할 필요가 있다고 주장했다. 골턴은 처음으로 우생학이라는 용어를 사용했다.

우생학은 어떻게 생겨났을까

유전자가 가진 '가치'에 대해 이야기를 하자면 자연스레 우생학優生學이 떠오른다. 우생학은 영국에서 탄생했다. 1883년에 인류학자 프랜시스 골턴Francis Galton(1822~1911)이 맨 처음 이름 붙인 학문이다. 영국에서 우생학이 주목받았던 것은 당시 "해가 지지 않는 나라"라고 불렸던 대영제국의 세력이 갑자기 약해진 것과 관련이 크다. 세계적인 명성을 누렸던 영국 군대가 19세기 말 보어전쟁Boer Wars과 같은 해외 식민지 쟁탈전에서 졸전을 거듭하면서, 영국 사회가 점차 쇠퇴하고 있는 게 아니냐는 불안이 감지된 것이다. 영국이 과거의 위상을 되찾기 위해서는 젊은 인구에 어떤 질적인 변화가 필요하다는 인식이 생겨났는데, 우생학은 이에 명쾌한 답을 주는 학문으로 받아들여졌다. 맹목적이고 호전적이며 편협한 애국주의를 뜻하는 쇼비니즘chauvinism과 징고이즘jingoism이 결탁해 우생학의 길을 활짝 열어준 셈이다.

그보다 약 30년 전에 찰스 다윈은 '자연선택'이라는 메커니즘에 따라 환경에 더 잘 적응하는 동식물이 살아남는다고 주장했다. 다윈의 배다른 외사촌 동생이었던 골턴은 다윈의 주장에 동의하면서도 이를 인간에게 적용하는 데는 어려움이 있다고 보았다. 냉혹한 자연계와 달리 인간 사회에는 인간이 병약해지더라도 살 수 있게끔 도와주는 여러 가지 인도적인 제도들이 존재하기 때문이다. 골턴은 '유전적 개량hereditary improvement'이라는 아이디어를 처음 공개한 1873년 논문에서 이렇게 썼다.

약자를 돕고 병든 사람을 동정하는 것을 자비롭고 따뜻한 마음이 넘쳐

나는 자연스러운 모습이라고 여기는 것은 당연하다. 그렇지만 근면하게 국가를 위하는 삶을 준비하는 것이 무엇보다 가장 고귀한 행동이라는 생각이 틀린 것도 아니다. 또한 연약한 체질을 가진 사람이 대자연의 법칙에 의해 파멸할 운명의 혈통을 낳지 않도록 독신 생활을 하는 것이 동족에게 가장 실용적으로 자비를 베푸는 일라고 생각하는 것 역시 틀리지 않다. 연약한 체질 혹은 비천한 천성을 가진 사람들을 배척하거나, 근면하고 고귀하며 사교적인 사람들끼리 결혼하려는 노력들은 고귀한 임무처럼 칭송받게 될지도 모른다.

골턴은 더 강한 자가 살아남는 게 아니라 도태되어 마땅한 약자나 불구자, 그리고 소수자들이 살아남게 되는 '역선택negative selection'에 대해 우려를 표했던 것이다. 약자와 병자가 많이 살아남는다면 사회는 점차 병약해지고 퇴화할 것이었다. 이처럼 우생학은 처음부터 어떤 특정 집단의 이익을 위한 도구로 불합리하게 시작된 것이 아니었다. 사회적인 필요에 따라 사회 전체 구성원들의 적극적인 동의로 시작되었다. 우수한 자는 우수한 자끼리 관계 맺게 하고 열등한 자는 열등한 자끼리 관계 맺게 해 국민의 질적 향상을 꾀하자는 플라톤의 오래된 비밀 전략이 공공연히 설득력을 얻게 된 것이다.

우생학을 의미하는 영어 'eugenics'에서 'eu'는 그리스어로 '좋다', '뛰어나다'라는 뜻이며, 'genics'는 '태생'이라는 의미를 가진 'genos'에서 유래했다. 그러니까 우생학은 '태생적으로 우월한 사람을 만드는 학문'이다. 이 단어는 19세기 말부터 서구에서 사용되기 시작해서, 우생학기록사무국Eugenics Record Office이 창설되고 우생학교육협회Eugenics Education Society가 설립된 20세기 초부터 대중에게 널리 알려지기 시작했다. 그 당시 태어난 남자아이들에게 '유진Eugene'이라는 이름을 즐겨 붙이게 된 이유도 여기에 있다. 몇 년 전 「미스터 션샤인」이라는 드라마가 선풍적인 인기를 끌었다. 주인공의 이름이 '유진 초이'였던 것을 기억할 것이다. 이것은 특정 이름이 널리 유행하던 당시의 분위기를 잘 반영한 하나의 예라 할 수 있다.

1912년 찰스 다윈의 넷째 아들 레너드 다윈Leonard Darwin(1850~1943)을 회장으로, 영국의 총리 처칠Winston Churchill(1874~1965)을 명예 부회장으로 한 제1회 국제우생학대회가 런던에서 열렸다. 전임 총리였던 아서 밸푸어Arthur Balfour(1848~1930)도 협회 회원 자격으로 참석했다. 우생학은 명확한 유전 이론이 확립되지 않았는데도 사회 지도층과 대중적 차원에서 함께 사회적으로 응용하고 실천했던 보기 드문 과학적 이념이었다.

우생학이 만든 흑역사

역사상 우생학의 가장 끔찍했던 결과로서 독일의 나치 정권이 시행했던 인종청소가 주로 언급된다. 그러나 이것은 사실 미국에서 먼저 실행되고 있었던 우생학 실천 계획을 똑같이 베낀 것에 불과하다. 미국에서는 일찌감치 우생학 연구센터가 세워졌고, 찰스 대븐포트Charles Davenport(1866~1944)를 중심으로 우생학이 첨단 과학으로 유행하고 있었다. 영국에서 독립할 때부터 이미 많은 흑인을 강제 이주시켰던 미국은

19세기 말 이래 유색인종의 이민을 많이 받아들이기 시작하면서 인종 문제로 큰 어려움을 겪고 있었다. 정치적·경제적 권력을 가지고 있던 앵글로색슨Anglo-Saxons족은 타 인종의 수가 점점 많아지면서 자신들을 보호하기 위한 논리가 필요하다고 느꼈다.

미국은 독일보다 앞선 1926년에 단종법斷種法을 제정해 범죄자, 정신이상자, 동성애자, 알코올 중독자, 그리고 심각한 유전병 환자들에게 강제로 불임수술을 시행했다. 이 정책은 당시 프랭클린 루스벨트Franklin Delano Roosevelt(1882~1945) 대통령과 여성 운동가 마거릿 생어Margaret Sanger(1879~1966)와 같은 진보 개혁주의자들의 전폭적인 지지를 받았다. 이것은 흑인 차별법과 혹독한 이민법을 제정하는 원인이 되기도 했다. 실제로 단종법의 대상자들은 갈수록 대부분 젊은 흑인 여성으로 국한되어갔다.

가장 유명한 일화는 '벅 대 벨Buck v. Bell' 사건이다. 어머니가 정신박약자였던 캐리 벅Carrie Buck(1906~83)은 어린 나이에 다른 가정으로 입양되었고, 거기서 17세에 원치 않은 임신을 하게 되었다. 그녀는 성폭행을 당했다고 주장했지만, 양부모는 그녀를 어머니와 함께 지적장애인 수용소로 보낸다. 수용소 측은 그녀의 집안이 3대에 걸쳐 저능하다고 주장하며 버지니아주의 단종법에 따라 강제 불임수술을 시도했고, 이 논란은 법정까지 올라갔다. 벅과 당시 수용소장인 존 벨의 이름을 따 소송 명칭이 붙여졌다. 결국 미국 연방대법원은 단종법에 대해 8대 1로 합헌 판결을 내렸고, 벅은 패소하고 만다. 이는 단종법 시행이 미국 전역으로 번져나가게 된 결정적인 계기가 되었다.

놀라운 것은 사회복지가 가장 훌륭하다고 여겨지는 덴마크, 노르웨

'벅 대 벨' 사건(1927)의 희생자인 딸 캐리 벅과 어머니 엠마 벅.
정신박약자 수용소에 갇힌 어머니에게 보내진 딸 캐리 벅의 불임수술 논란은 법정까지 올라가 '벅 대 벨'이라는 소송명이 붙여졌다. 결국 벅은 버지니아주 단종법의 첫 희생자가 되었다.

이, 스웨덴과 같은 북유럽의 선진국에서도 1970년대까지 이른바 '부적격자들'의 강제 불임수술이 국민 보건정책의 일환으로 버젓이 자행되었다는 사실이다. 강제 불임수술 관련 조항이 담긴 일본의 우생보호법은 무려 1996년까지 유지되기도 했다. 우리의 일반적인 생각과는 달리 잘 사는 나라일수록, 복지국가일수록 우생학과 높은 친화성을 보인다. 국민의 건강을 철저하게 관리하고 사회를 최적화하기 위한 복지국가의 이상은 우생학의 꾐에서 결코 자유롭지 못하다. '우생학은 나쁜 것'이라는 단순한 도식으로는 우생학의 본질을 정확히 이해하기 어렵다.

우생학에 대한 대중적인 호응은 당대 지식인들의 열성적인 지지에 힘입은 바 컸다. 스탠퍼드대학교 초대 총장이었던 조던David Starr Jordan(1851~1931)과 하버드대학교 총장 로웰Abbott Lawrence Lowell(1856~1943)은 우생학을 적극 후원했고, 이에 미국 대부분의 대학에서 우생학 수업을

유대인 홀로코스트를 자행한 아돌프 히틀러. 그는 유대인 족보를 만들어 조금이라도 유대인의 피가 섞인 사람은 무조건 잡아들여 말살하려는 정책을 노골적으로 시행했다. 사회적 약자가 민족의 우수성에 악영향을 끼친다고 믿어 장애인과 동성애자도 학살의 대상으로 삼았다. 이러한 만행의 끔찍한 실체가 드러나자 우생학에 대한 진지한 반성이 일어났다.

차례로 개설했다. 영향력 있는 작가 웰스 Herbert George Wells(1866~1946)와 버나드 쇼는 소설과 희곡을 통해 우생학적 사고를 대중화하는 데 큰 공을 세웠다. '철강왕' 카네기 Andrew Carnegie(1835~1919)와 '석유왕' 록펠러 John Davison Rockefeller(1839~1937)의 재단은 우생학 연구에 엄청난 자금을 지원했다. '씨리얼의 왕' 켈로그 John Harvey Kellogg(1852~1943)는 '인종개량 재단'이라는 더 노골적인 이름을 내걸고 우생학 운동을 후원한 것으로 유명하다.

우생학에 우호적이었던 사람들의 태도가 변하게 된 것은 제2차 세계대전이 끝나고 나치 독일의 만행이 온 천하에 알려지면서부터였다.

히틀러 Adolf Hitler(1889~1945)는 1933년 권력을 거머쥔 후 즉시 단종법을 시행하였고, 인종위생 운동의 명목으로 약 40만 명이 강제 불임수술을 당했다. 그러나 이는 후에 수백만 명의 무고한 희생을 낳은 홀로코스트 Holocaust의 그림자에 가려 거의 문제삼지도 못했다. 히틀러는 자서전 『나의 투쟁 Mein Kampf』에서 유전적으로 열등하다는 이유로 유대인을 태생적으로 '살 가치가 없는 생명 Lebensunwertes Leben'이라고 표현했다. 그는 학살을 정당화하기 위해 이를 나치즘의 위대한 사명을 완수하는 '최종적 해결 Final Solution'이라 불렀다. 종전 후 뉘른베르크 전범 재판 Nuremberg trials에서 나치 측근의 피고인들이 미국의 단종법과 '벅 대 벨' 소송을 인용하며 자신들의 행위를 변명하려는 모습은 가관이었다.

사회진화론에서 민족개조론까지

사회진화론 Social Darwinism은 19세기 말 무렵 사회학자 허버트 스펜서가 처음 사용한 개념이다. 찰스 다윈이 주장한 생물학적 진화론을 바탕으로 사회의 변화와 발전 단계를 해석하려는 견해를 의미한다. 스펜서는 이렇게 다윈으로부터 큰 영향을 받았지만, 거꾸로 다윈도 스펜서에게 도움을 받았다. 다윈은 『종의 기원』 5판에서부터는 스펜서가 고안한 '적자생존'이라는 용어를 쓰기 시작했고, 인간의 심리학적 진화를 설명하기 위해 그의 이론에 의존하기도 했다.

사회진화론은 20세기 전반기까지 영국과 독일에서 크게 유행했다. 서구 강대국에서 주로 식민지 확장과 군사력 강화를 정당화하는 데 이용되었고, 상위 계급의 강력한 지배 이데올로기로도 환영받았다. 이 이론에 따르면 사회도 생물처럼 적자생존의 원칙에 의거, 투쟁을 통해 더 강한 자가 약한 자를 지배하는 것이 당연하기 때문이다.

사회진화론은 일본을 거쳐 조선에까지 들어왔다. 특히 조선 말 개화파에 큰 영향을 미쳤는데, 그들에게 사회의 진화는 절대적 진리였다. 이런 이유로 그들은 일본을 근대화의 본보기로 삼고 의존하게 되었다. 서구식 근대화를 가장 먼저 도입하고 제국주의까지 받아들인 일본은 아시아에서 유일하게 제대로 발전하고 있는 국가였던 것이다. 1922년 잡지『개벽開闢』에 실린 이광수李光洙의「민족개조론民族改造論」은 그런 상황에서 씌어졌다. 조선은 일본보다 열등한 민족이니 지배를 받는 게 당연하다고 생각했고, 친일을 통해 우리 민족의 문화를 바꿔서라도 실력을 키워야 한다는 논리를 펼쳤다. 다윈의 진화론은 다음 세기 극동의 한 힘없는 나라까지 찾아가 친일 논리로 둔갑하기에 이르렀다.

진화에는 방향이 없다. 당연히 도달해야 하는 목표도 없다. 사회진화론은 분명히 '진화'라는 개념을 채택했지만, 실제로는 이상적인 방향으로 '진보'하는 사회를 추구했다. 과학이라는 탈을 쓰고 인류 사회의 생존경쟁을 부추기는 수단을 제공했다. 지난 세기의 이야기가 아니다. 인공지능 알파고가 이세돌에게 판정승을 거두고 커제 9단까지 완파하자 언론들은 일제히 입을 모아 찬사를 보냈다. 알파고가 끝없이 '진화'하고 있다며 말이다. 우리 손안의 휴대폰도 거의 몇 달에 한 번꼴로 '진화'한다. 카메라 화소는 높아지고 두께는 얇아진다. 눈처럼 생긴 렌즈도 두 개가 달린 지 얼마 안 되었는데 최근에는 세 개, 곧 다섯 개짜리로 진화할 예정이란다. 우리는 지금도 여전히 '진화'라는 단어를 '진보'의 의미로 사용하고 있다. 그리고 진보라는 개념은 언제나 '선善'의 의미로 받아들여진다.

다윈은 진화를 결코 진보의 의미로 생각한 적이 없다. 하지만 과학과 문명이 발달하면 자연선택의 작용을 억제해 병약한 '부적격자'의 생존이 유리해지고, 생물학적으로 공동체에 바람직하지 않은 결과를 초래할 수 있다고 보았다는 점에서 골턴과 의견을 같이했다. 그렇다고 다윈이 우생학에 찬성한 것은 아니다. 그는 골턴에게 보낸 한 편지에서 "우생학의 목표는 위대하지만, 그 계획은 실현 불가능하다"라고 지적한 바 있다. 인류의 운명이 생물학적인 요인만으로 결정될 수는 없다고 본 것이다.

우생학은 정말 나쁜가?

우생학은 정말 나쁜 걸까? 왜 나쁜 걸까? 강제로 불임수술을 받게 했던 그 강제성 때문일까? 특정 민족을 대상으로 우열을 가리려는 배타성 때문일까? 다수의 판단으로 소수의 운명을 결정하려던 집단성 때문일까? 만약 강제성도, 배타성도, 집단성도 없다면 어떨까? 과학 기술의 엄밀함을 빌려 개인에게 안전한 선택권을 주는 것이다. 예를 들어 산모가 출산 전에 정밀 진단을 통해서 유전 장애를 가진 태아를 발견했을 때 '자발적으로' 중절을 선택할 수 있도록 한다면 어떨까?

맞다. 우리는 이미 그렇게 하고 있다. 국가 권력에 의해서 강제로 하는 것이 아니라 소비자의 선호에 따라 자발적으로 하고 있다. 개인이 어떤 선택을 내리든 그것을 나쁘다고 평가하지는 못할 것이다. 그렇다면 우리의 자유로운 선택의 밑바탕에 우생학적 사고가 깔려 있지 않다고 말할 수 있을까? 이런 선택은 '자발적 우생학 voluntary eugenics' 혹은 '개인주의적 우생학 individual eugenics'이라 불릴 만하다.

장애를 유발하는 이른바 '열등한' 유전자가 자손에게 전달되지 않도록 제거한다고 하자. 이런 행위가 나쁘지 않다고 한다면 이보다 심각하지 않은 질병은 어떨까? 질병을 일으키는 유전자를 치료해서 정상으로 만드는 것은 역시 괜찮을까? 아마 여기에도 반대하는 사람이 한 명도 없을 것이다. 그렇다면 이건 어떨까? 질병을 치료하는 김에 기왕이면 정상보다 더 우수한 형질을 가지도록 강화한다면?

예를 들어 어떤 태아에서 심각한 뇌 기형을 유발할 수 있는 유전자가 출산 전에 발견되었다. 의사에게 요청해서 유전자 조작을 통해 다행히 정상으로 돌려놓을 수 있었다고 하자. 태아의 유전자를 살짝 교정한 것이다. 그런데 마침 바로 그 옆에 있는 유전자를 봤더니 역시 살짝만 바꿔놓으면 IQ가 30만큼이나 더 높아질 수 있다는 걸 발견했다. (물론 IQ 유전자라는 것은 알려진 바가 전혀 없지만.) 그러면 과연 누가 그걸 바꾸고 싶지 않을까? '얼마면 되겠습니까?' 은밀하게 물어보게 되지 않을까.

이러한 선택은 단순히 개인의 양심과 윤리적 판단에 의해서만 이루어지지 않는다. 만약 출산 전 태아 진단을 무료화하거나 공공 비용으로 충당하여 장애아 출생을 예방할 수 있게 한다면, 여기에는 산모와 가족들의 부담을 줄여주는 것 이상의 냉혹한 경제 논리가 먹혀들어갈 수 있다. 장애아의 출생을 막을 수 있다면 장애인 보호와 관리, 시설 확충 등에 들어가는 사회적 비용을 절감할 수 있기 때문이다. 그러면 정부 차원에서도 이를 정책적으로 종용할 수 있는 근거가 마련된다.

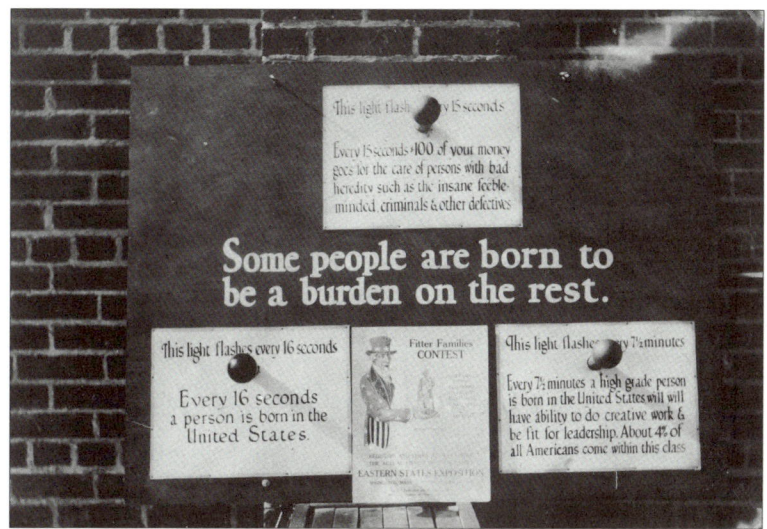

미국우생학회가 시민들에게 우생학의 중요성을 알리기 위해 공공장소에 붙인 포스터(1926).
1923년 설립된 미국우생학회는 전국 28개 주에 지부를 둔 거대한 조직이 되었으며, 우생학에 대한 지지를 끌어낼 목적으로 우량아 선발대회나 건강가족 경진대회 등 여러 대중적 행사를 개최하기도 했다. 우생학회의 입장을 말해주듯 포스터의 가운데 문구가 도발적이다. "어떤 사람은 다른 사람의 짐으로 태어난다."

  우생학이 유행하던 시기에 과학자들은 부끄럽게도 우생학 계획을 논리적으로 지지하는 연구결과들을 경쟁적으로 내놓았다. 정확도 높은 유전자 가위가 개발되어서 유전체 편집genome editing이 훨씬 더 쉬워진 오늘날은 어떨까? 정말 훌륭한 유전자가 따로 있고, 열등한 유전자가 따로 있어서 훌륭한 유전자를 찾아내 널리 전파하는 것이 과학의 사명이 되어야 마땅할까? 우리는 연예인들의 외모를 칭찬하기 위해 언론에서 아무렇지 않게 사용하는 '우월한 유전자'라든가 '급이 다른 태생'이라든가 하는 자극적인 말들도 비판적으로 바라볼 줄 알아야 한다. 유전자가 삶을 결정한다는 생각은 우생학으로 가는 지름길이다. 유전자 결정론은 생명의 평등한 가치를 부정한다.

우월한 유전자라는 허상

'우월한 유전자'나 '열등한 유전자'라는 개념은 완전한 허상이다. 특별한 환경이 만들어낸 임시적인 기준에 따른 것일 뿐이다. 우리의 혈액 속 헤모글로빈을 만드는 유전자를 예로 들 수 있다. 건강한 헤모글로빈을 구성하는 HBB 유전자의 염기서열 중 하나에 돌연변이가 생기면 '겸상적혈구빈혈증sickle cell anemia'이라는 아주 치명적인 증상을 일으킬 수 있다. 도넛 모양으로 둥글게 생겨야 할 적혈구가 길게 찌그러진 낫 모양으로 바뀐 탓에 적혈구가 쉽게 파괴되거나 혈관의 괴사를 일으키기 때문이다. 이렇게 돌연변이가 일어난 적혈구는 쉽게 말하면 '열등한 유전자' 때문에 생겼을 것이다.

하지만 이 유전자가 정말 열등한 것이라면 이 빈혈증을 갖고 있는 사람들은 자연선택에 따라 모두 일찍 죽어서 진작 사라졌어야 한다. 하지만 실상은 그렇지 않다. 이 겸상적혈구빈혈증을 가진 사람들은 현재 아프리카와 인도, 그리고 지중해 연안을 따라서 굉장히 많은 인구를 이루며 생존하고 있다. 이 지역은 놀랍게도 말라리아가 자주 발생하는 지역과 일치한다. 이 빈혈증을 가진 사람들은 세포 내부 환경이 변화되어서 말라리아의 공격에 강한 저항성을 가지기 때문이다. 그러니까 말라리아가 유행하는 환경에서는 돌연변이가 일어난 헤모글로빈 유전자가

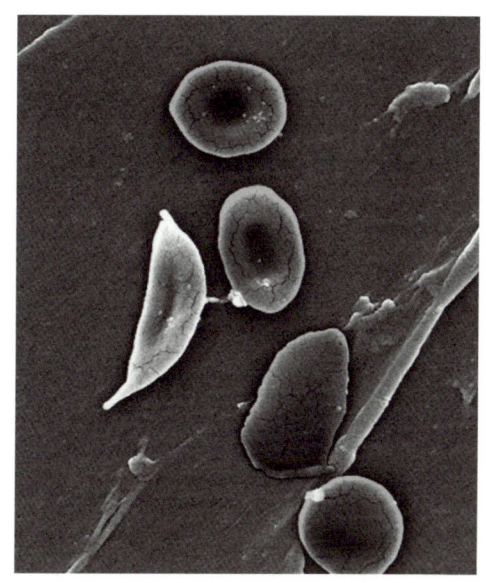

겸상적혈구빈혈증을 가진 환자에게서 발견되는 낫 모양의 적혈구.
유전자 이상에 의해 헤모글로빈 단백질의 아미노산 하나가 정상과 다르게 변형되면 악성 빈혈이 유발된다. 그런데 이 유전자 이상을 가진 사람은 말라리아에 저항성을 갖게 된다.

바로 '우월한 유전자'가 되는 셈이다.

사람의 피부색을 결정하는 유전자가 몇 가지 있다. 그중에 SLC24A5 유전자는 염기 하나의 차이로 밝은 피부색과 어두운 피부색을 만드는 돌연변이가 일어난다고 알려져 있다. 유전자의 특정 위치에 A를 가진 경우는 밝은 피부색을, G를 가진 경우는 어두운 피부색을 나타내게 된다. 북반구 고위도의 추운 지방에 사는 사람들은 A를 가져야만 햇빛을 더 많이 흡수하여 생존에 필요한 비타민 D를 충분히 합성할 수 있다. 적도 지방에 사는 사람들은 과도한 태양광으로부터 피해를 입지 않으려면 피부가 어두울수록 유리하므로 G를 가진 사람들이 더 많이 생존하게 되었다. 한쪽에서 불리한 유전자는 다른 쪽에서는 유리한 유전자가 된다.

유전자를 가지고 특정 민족이나 집단의 성격을 설명하려는 논의도

꾸준히 있어왔다. 그러나 여기에는 논리적이지 못한 허점이 자주 발견된다. 만약 1930년대에 독일인과 유대인의 성격을 유전적으로 구분하려 했다면, 독일인은 폭력적이거나 전쟁을 좋아하고 유대인은 평화를 사랑하는 유전적 성향이 있다고 보았을 것이다. 그러나 21세기에 들어와서는 정반대가 되었다. 이스라엘이 중동지역에서 얼마나 호전적인 민족인지 오늘날 모르는 사람은 없다. 민족 전체의 유전적 형질이 바뀌기에는 100년이라는 세월은 그리 길지 않다.

우리는 유전자에 대한 운명론적인 사고를 경계해야 한다. 우월함과 열등함이 유전자에 의해 결정된다고 본다면 정자와 난자가 만나 수태가 일어나는 축복의 순간은 러시안 룰렛Russian roulette 게임의 방아쇠를 당기는 순간과 다를 바가 없다. 유전자gene와 그들이 모인 유전체genome는 현미경적인 존재이지만, 우리 자신과 미래를 바라보는 망원경이기도 하다. 만약 이 망원경의 렌즈가 왜곡되어 있다면 우리는 스스로를 제대로 바라볼 수 없으며 우리의 인생 전체도 긍정적으로 설계되기 어렵다.

일본유전학회는 최근 '우성優性'과 '열성劣性'으로 표현해왔던 유전형질을 각각 '현성顯性', 즉 '드러난 성질'과 '잠성潛性', 즉 '잠재된 성질'로 새롭게 표현하기로 결정했다. '우월함'과 '열등함'을 연상시키는 두 단어가 오해와 편견을 일으킬 수 있음을 인정한 것이다. 실제로 멘델의 유전법칙을 설명할 때 등장하는 우성과 열성은 유전자 자체의 우월을 의미하는 것이 아니라 표현형질로 나타나는 데 얼마나 크게 영향을 미치는가를 의미한다. 오래된 전통을 바꾸기로 한 것은 결코 쉬운 결정이 아니었겠지만, 이는 앞으로 틀림없이 실보다 득이 많은 훌륭한 시도라 본다.

진화에는 정말 방향이 없을까

다윈의 '진화론'에서 '진'자는 한자로 '나아갈 진進'이다. 이 글자는 어찌 보면 '앞을 보고 전진한다'는 의미를 갖는 것처럼 보인다. 즉 진화에 어떤 방향이 정해져 있는 듯한 오해를 낳을 수 있다. 진화론자들은 진화에 방향이 없다고 입을 모은다. 당연히 목적이나 목표 또한 있을 수 없다고 말한다. 그런 이유라면 차라리 '갈 지之'자를 써서 '지화론'이라고 하는 게 더 낫지 않았나 싶다.

하지만 엄밀히 말하면 진화는 완전히 무작위적인 것이 아니며, 예측 불가능하지도 않다. 왜냐하면 진화의 원동력은 '생존하려는 욕구'에서 나오기 때문이다. 진화란 자신이 가지고 있는 남다른 유전적 요소를 가지고 주어진 환경에서 생존하기 위해 최선을 다함으로써 이루어진다. 그러니까 환경을 조절한다면 얼마든지 진화의 방향을 조절할 수도 있다는 뜻이다.

다윈과 월리스는 자연선택에 의해 진화가 일어난다는 점에 의견을 같이했다. 그러나 한 가지 문제에 대해서는 합의점을 찾지 못했다. 다윈은 모든 생명체가 동일하게 자연선택에 따라 진화해왔다고 보았지만, 월리스는 다른 동물과는 달리 인간의 정신적 능력의 발달은 자연선택에 의해서만 이루어지지 않았을 거라고 보았다. 뭔가 다른 요인이 있었을 거라는 주장이다. 월리스는 어떤 초자연적인 존재의 의도적인 개입을 염두에 두었다. 그것이 신일지 아닐지 우리는 전혀 알 수 없다. 그러나 인간의 지적 능력은 마치 신과도 겨룰 수 있을 정도로 무서운 창의성을 지니고 있다는 점에서 평범한 자연과 비교했을 때 충분히 이질적이다.

13세기에 쓰인 일본 문학 『헤이케 이야기平家物語』에는 비극이 하나 실려 있다. 일본의 천황이자 헤이케平家 사무라이 일파의 명목상 지도자였던 일곱 살 소년 안토쿠安德가 숙적인 겐지 일파와의 해전에서 패해 죽은 이야기이다. 적에게 포로로 잡혀갈 수 없었던 어린 천황은 할머니 니이二位尼의 품에 안긴 채 바다 아래로 가라앉는 운명을 택했다. 오랜 세월이 흘러 그 해전이 있었던 곳에서 게를 잡으니 등딱지에 섬뜩하게도 과거 비극의 주인공이었던 사무라이의 얼굴이 선명히 그려져 있다고 한다. 어부들은 이런 게가 잡히면 비극을 기리는 의미에서 잡아먹지 않고 다시 놓아준다고 한다. 사무라이의 얼굴을 한 게는 시간이 갈수록 점점 더 많이 잡혔다. 무슨 일이 일어난 걸까? 사람들이 그 게를 차마 먹지 못하고 바다로 돌려보냈기 때문에 점점 더 많이 생존하게 된 것이다. 이것은 자연선택이 아니라 자연을 상대로 한 인위선택의 한 예이다.

최근에도 인간의 욕심에서 비롯된 인위선택을 자주 목격하게 된다. 아프리카 모잠비크에서는 1977년부터 일어난 오랜 내전으로 국가 경제가 위태로워졌다. 내전이 길어지자 사람들은 부족한 군비를 조달하기 위해 코끼리를 밀렵해 상아를 팔아넘겼다. 15년의 내전을 거치면서 이 나라에 살던 2,500마리의 코끼리는 90퍼센트 이상이 희생되었고, 결국 200마리도 채 남지 못했다. 그런데 살아남은 코끼리에게도 예상치 못한 일이 일어났다. 새로 태어난 암컷 코끼리의 절반 이상이 상아가 없는 것이었다. 놀랍게도 코끼리들은 생존에 방해가 되는 상아를 포기했다.

진화에는 정말 방향이 없을까? 결코 그렇지 않다. '눈먼 시계공blind watchmaker'에 의해 일어나던 방향성 없는 진화는 사실상 끝났다. 이제 진화는 명백한 방향성을 가지게 되었다. 인간 때문이다. 자유의지와 의도를 가진 인간들이 자신도 모르는 사이 자연에 너무나 많이 간섭하고 있다. 자연선택은 아주 느리게 일어나고, 우리는 그것을 기다릴 정도로 인내심이 많지 않다. 대신에 그에 적응할 수 있는 도구를 만들고, 아예 환경을 바꿔버린다. 수천 년 동안 어떤 종의 동식물은 소중히 잘 키우고, 어떤 것들은 혐오하거나 두려워하여 죽여버렸다.

오늘날 자연이 가지고 있는 많은 특성들은 인간이 만든 것이다. 식물 육종가들은 이제 식물의 씨앗에 엑스선과 감마선을 조사한다. 돌연변이를 일으키는 속도를 더 높이기 위해서이다. 황금알을 더 빨리 얻기 위해 거위의 배를 가르고 있는 것은 아닐까. 봉준호 감독의 영화 「옥자Okja」에서 묘사한 것처럼, 유전자 변형을 일으켜 근육량을 키운 '슈퍼 돼지'를 만들어낸다. 비생산적인 가축들은 쓸모가 없으므로 점점 사라진다. 온통 콘크리트로 뒤덮여 흙바닥을 거의 볼 수 없는 도시의 후미진 도로 위에서 어느 날 바퀴 달린 동물을 만나게 되더라도 놀랄 필요는 없다. 인간이 만든 매끈한 포장도로에서 나고 자란 동물은 연약한 다리 대신 바퀴를 달고 태어나는 것이 더 편리하다는 사실을 깨닫게 될지도 모른다.

이제 인간은 환경의 변화를 따라 최적의 상태를 향해 더 이상 스스로 변이를 만들지 않는다. 오히려 인간은 약자를 구제하고 더불어 살기 위해 퇴화하기를 서슴지 않고 선택한다. 부적응자와 부적격자, 소수자를 향한 혐오와 배제는 이제 지탄받게 되었다. 우생학이란 이런 식으로 일어날지도 모를 퇴화에 대한 두려움에서 탄생한 것이다. 우생학은 본래 최선의 인류, 최고의 인류를 만들기 위한 훌륭한 아이디어였다. 그러나 이것이 실현될 가능성은 이제 없다. 우리는 무엇이 최선의 인간 형태인지 아직 알지 못하기 때문이다. 우리는 유전자를 향상시켜 진보를 이

우생학을 반대한 영국의 소설가 올더스 헉슬리.
그는 디스토피아 소설 『멋진 신세계』(1932)에서 생물학적 결정론으로 만들어진 미래 세계의 불행을 그렸다. 그의 친형 줄리언 헉슬리는 영국우생협회의 회장을 역임했다. 그의 할아버지는 '다윈의 불독'이라 불렸던 토머스 헉슬리였으며, 이복동생 앤드루 헉슬리는 1963년 노벨생리의학상을 받은 신경생물학자였다.

룰 수 있을 거라는 유전자 결정론을 신봉할 만큼 충분한 수의 유전자를 갖고 있지도, 그 유전자들을 온전히 이해하지도 못하고 있다. 이것이 우리의 모습이고, 이것이 바로 생물학이다. 우리는 어디로 가고 있는 걸까? 철학이 없는 생물학은 위험한 도구에 불과하다.

무엇이 인간다운 선택인가

올더스 헉슬리가 쓴 『멋진 신세계*Brave New World*』는 너무나도 유명한 디스토피아 소설이다. 이 책에서 모든 사람은 유전자 조작을 통해 계급에 따라 똑같이 디자인되어 태어난다. 주인공 야만인 존John the Savage은 완벽한 태생을 바라지 않고, 또한 모두 똑같이 완벽한 모습으로 살아가는 것도 거부한다. 그는 현대 과학기술 문명을 상징하는 총통 무스타파 몬드Mustapha Mond와의 대화 중 이른바 '불행해질 권리right to be unhappy'를 요구한다. 질병도 없고 노쇠함도 없이 인위적인 행복이 주어진 신세계의 질서에 저항하면서 서로 다를 권리를 달라고, 위험과 고통을 선택할 자유를 달라고 요청한다. 그는 태어난 사람과 만들어진 사람 중에 누가 더 인간다운지를 묻고 있는 것이다.

올더스 헉슬리에게는 일곱 살 터울의 친형 줄리언 헉슬리Julian Huxley(1887~1975)가 있었다. 그는 생물학을 전공한 지식인이자 작가였으며, 유네스코UNESCO 초대 사무총장을 지낸 유명인사였다. 영국우생협회British Eugenics Society의 회장을 역임하기도 했다. 동생은 우생학을 거부했지만 형은 우생학을 지지했다. 형은 자신이 내레이션을 맡은 우생협회의 선전 영화「인간의 유전 Heredity in Man」에서 이렇게 말했다. "장애인은 태어나지 않는 편이 자신을 위해서도 사회를 위해서도 더 나은 일이다." 그는 동생과는 반대의 길을 걸었다.

우생학은 사이비 과학으로 판명 난 과거의 흑역사가 아니라 여전히 우리 삶 속에 숨어 웅크리고 있는 동전의 양면과도 같다. 장애를 가지느니 태어나지 않는 편이 낫다고 생각하지 않을 사람이 얼마나 있을까? 기왕 태어난다면 우월하게 태어나는 것을 마다할 사람이 과연 있을까? 인권 침해라는 강제성이 아니라 개인의 자발적 선택과 자본주의 시장 논리를 따르는 자연스러운 조건이라면 어느 누가 더 우월해지고 싶지 않을까? 우리는 '진보'라든가 '복지', 또는 '자기 결정권'과 같은 명분으로 버젓이 권고되는 수많은 정책들이 과연 우리의 인간다움을 존중하는 선택인지 잘 구분할 수 있어야 한다.

『정의란 무엇인가 Justice: What's the Right Thing to Do?』라는 책으로 한국사회에 '정의' 열풍을 일으켰던 하버드대학교 정치철학 교수 마이클 샌델 Michael Joseph Sandel(1953~)을 기억할 것이다. 그는『완벽에 대한 반론 The Case against Perfection』이라는 또 다른 책을 썼는데, 그가 조지 부시 대통령 시절 대통령 직속 생명윤리위원회 President's Council on Bioethics에 참여해 연구했던 경험과 '윤리와 생명공학'이라는 주제로 강의한 내용을 담고 있다.

여기서 샌델은 생명이라는 존재를 '하늘에서 내려준 선물'이라는 인식을 갖고 바라볼 것을 호소한다. 그는 '하늘'이니 '선물'이니 하는 말을 종교적인 관점에서 쓰고 있는 것이 아니다. 우리에게 주어진 생명의 모습이 비록 우리가 기대하던 바가 아니었다 하더라도 그것을 운명적으로 받아들이겠다는 자세를 요청했다. 바로 그런 태도에서 생명을 조건 없이 받아들이고 사랑할 수 있는 성찰과 결단이 나올 수 있다는 것이다. 이는 올더스 헉슬리가 말한 '불행해질 권리'와도 맞닿아 있다.

생명이란 무엇일까를 생각해본다는 것은 단지 생물학이라는 과학의 한 분야에 대한 지식을 습득한다는 것을 의미하지 않는다. 그것은 삶을 대하는 하나의 방식을 선택하는 것이다.

7장

생명에 법칙이 있는가?

그레고어 멘델과
바버라 매클린톡이 말하는 생명

하지만 2×2=4는 어쨌거나 정말 참을 수 없는 것이다. 2×2=4는 내 생각으론 정말로 뻔뻔스러움의 극치일 따름이다. 2×2=4는 양손을 허리에 대고 젠체하듯 여러분을 바라보고 그렇게 여러분의 길을 가로막고 선 채 거드름을 피우며 침을 뱉는 것이다. 2×2=4가 훌륭한 녀석이라는 점에는 나도 동의하지만, 이것저것 다 칭찬할 바엔 2×2=5도 이따금씩은 정말 귀여운 녀석이 아닌가.

표도르 도스토옙스키|Fyodor Mikhailovich Dostoevsky, 「지하로부터의 수기|Notes from the Underground」

과학에는 수많은 법칙이 있다. 만유인력의 법칙, 케플러의 법칙, 열역학 법칙, 옴의 법칙, 질량 보존의 법칙, 보일의 법칙 등등. 그런데 이 가운데 대부분은 물리학 법칙이고, 일부는 화학 법칙이다. 생물학과 관련해서는 멘델의 유전법칙 정도뿐이다. 이 법칙들은 과연 얼마나 정확할까? 언제 어디서나 절대불변이기 때문에 법칙이라 불리는 걸까? 인간은 자연에 존재하는 법칙을 발견한 것일까, 아니면 발명한 것일까? 왜 무생물로 된 자연에는 법칙이 많은데 생명에는 법칙이 적을까? 여러 가지 궁금증이 생겨난다.

과학혁명기 이래로 여러 과학법칙이 많이 만들어졌던 19세기까지의 분위기와는 달리, 20세기에 들어와서는 법칙이라 불릴 만한 새로운 발견들이 부쩍 줄었다. 중요한 법칙들이 이미 다 발견되었기 때문일까? 그보다는 법칙을 바라보는 과학자들의 관점이 많이 달라졌다는 점을 이유로 들 수 있을 것이다. 아인슈타인의 '상대성 이론theory of relativity', 하이젠베르크의 '불확정성 원리uncertainty principle', '파울리Wolfgang Ernst Pauli(1900~58)의 배타 원리Pauli exclusion principle' 등과 같이 더 이상 '법칙'이라는 용어는 잘 쓰이지 않고, 대신 '이론theory'과 '원리principle'가 자주 쓰이고 있다. 우리가 잘 아는 진화론이나 양자 이론 등도 이런 경향을 따르고 있다.

물리학과 화학의 법칙은 전 우주적인 차원에서 성립하는 반면, 생물학 법칙이 있다면 그것은 이 '창백한 푸른 점pale blue dot' 위에 살고 있는 생명에 국한될 가능성이 있다. 혹 우주의 다른 곳에서 살고 있는 외계 생명체가 있다면, 그것은 우리가 아는 멘델의 법칙에 들어맞지 않는 전혀 다른 법칙에 의존할 수도 있다. 물리학과 화학의 법칙은 대부분 자연 현상으로부터 어떤 일정한 패턴을 찾아 수학적인 형태로 표현할 수 있는 것들이다. 그러나 다양한 생명을 대상으로 하는 생물학에는 정확한 수치나 관계식으로 묘사하기에는 패턴을 벗어나는 예외 사례가 너무나도 많기 때문에 법칙이라고 부르기 어렵다.

생물학에도 법칙이라 불리는 것들이 아주 없는 것은 아니다. 추운 지방에 사는 동물일수록 몸의 크기가 커지는 경향이 있다는 '베르그만Carl Bergmann(1814~65)의 법칙', 그리고 고위도에 살수록 열을 체내에 유지하기 위하여 몸의 말단 길이가 짧아지며 저위도에서는 반대로 길어진다는 '앨런Joel Asaph Allen(1838~1921)의 법칙'이 있다. 이와 비슷하게 고위도로 갈수록 온혈동물의 개체수가 감소한다는 '글로거Constantin Lambert Gloger(1803~63)의 법칙'도 알려져 있다. 그러나 이것들은 엄밀히 말하자면 생명의 법칙이라 보긴 어렵다. 이들은 생물체의 형태와 환경 사이의 상관관계에 해당한다. 수학적인 값으로 정확히 나타낼 수도 없다. 과연 생명만이 가지고 있는 법칙이 있을까?

우스갯소리이긴 하지만 정확한 수치로 표현되는 법칙이 있다. 바로 '5초의 법칙 five-second rule'이다. 음식을 실수로 땅에 떨어뜨렸을 때 5초 이내에 주워 먹으면 건강에 전혀 문제가 없다는 아주 반가운 법칙이다. 그런데 그게 사실일까? '5초의 법칙'을 실제 인터넷에서 검색해보면 놀랍게도 과학적 증거가 제시되었다는 기사가 수도 없이 뜬다. 영국 모 대학 미생물학 연구실에서 이 실험을 실제로 해보았고, 5초 안에 먹으면 박테리아의 감염이 거의 일어나지 않는다는 것을 증명했다는 것이다. '법칙'이라는 고상한 단어의 위상은 물론, 과학 자체의 신뢰도 이렇게 땅에 떨어지기 쉽다. 혹시 모르겠다. 5초 내에 집어 올리면 못 믿을 과학도 다시 살려낼 수 있을지.

우리는 이번 장에서 생명에만 존재한다고 여겨지는 몇 가지 규칙에 대해 살펴보려 한다. 성 sex을 결정하는 방식, 유전 heredity이라는 현상, 개체로서의 지위와 가치를 부여하는 원리, 그리고 정상과 비정상의 경계를 결정짓는 모든 생물학적 기준에 과연 우리가 법칙이라고 부를 만한 요소가 있는지 생각해보기로 하자.

무엇이 성을 결정할까

2009년 베를린에서 열린 세계육상선수권대회는 뜻밖의 논란으로 떠들썩했다. 당시 18세에 불과했던 남아프리카공화국의 육상 선수 캐스

남아프리카 공화국의 육상 선수 캐스터 세메냐. 남성과 같은 외모와 뛰어난 육상 실력을 가진 세메냐는 2009년 베를린 세계육상선수권대회에 참가해 여자 800미터 종목에서 우승을 차지하며 논란의 중심에 섰다. 그녀는 2012년 런던 올림픽과 2016년 리우데자네이루 올림픽에서도 연달아 금메달을 획득했다. 그러나 성별 논란으로 인해 이후 출전이 금지되었다.

터 세메냐 Caster Semenya(1991~)가 그 주인공이었다. 그녀는 여자 800미터 경기에서 월등한 실력으로 금메달을 따냈다. 그런데 여자선수라기에는 너무 우람한 체격, 중저음의 목소리, 수염 난 듯한 각진 턱 등으로 인해 경쟁 선수들로부터 의혹을 받았다. 성별 논란이 끊이지 않아 그녀는 결국 성 판별 검사를 받아야 했다. 검사 결과 외부 생식기는 정상적인 여성으로 보였지만 난소와 자궁이 없었고, 놀랍게도 몸속에서 고환이 발견되었다.

세메냐는 남성호르몬인 테스토스테론 testosterone 수치가 일반 여성보다 3배나 높았는데 이는 안드로젠 불감성 증후군 androgen insensitivity syndrome: AIS으로 인한 성 분화 장애 때문인 것으로 밝혀졌다. 여성이라 하기도 어렵고, 그렇다고 남성도 아닌 세메냐의 여자경기 출전 자격에 대한 논란이 거셌다. 하지만 인위적인 조작이 아니라 생물학적인 문제였기 때문에 당시 메달을 박탈하거나 출전 정지 등의 징계는 없었다. 인권 문제로 이슈화될 수 있어서인지 IOC는 오히려 같은 증상의 환자들이 출전할 수 있도록 대회 규정을 변경하기까지 했다. 세메냐는 이후 2011년 대구 세계육상대회와 2012년 런던 올림픽에도 출전했으나 각각 은메달에 그쳤다. 이후 언론은 다시 그녀를 괴롭히지 않았다. 역시 2등은 아무도 기억해주지 않는 법일까.

그러나 2016년 리우데자네이루 올림픽에 출전해 다시 금메달을 따내고, 2012년 대회의 우승자가 금지약물 복용으로 메달을 박탈당하는 바람에 뒤늦게 세메냐가 금메달을 차지하게 되면서 다시금 언론의 집중포화를 받았다. 어떤 해설위원은 여장남자라느니 트랜스젠더라느니 상식에 어긋나는 발언을 하기도 했다. 보이지 않는 음지에 조용히 있으면 문제 삼지 않지만 두각을 나타내는 순간 세상은 이들의 아픈 곳을 더 긁어대지 못해 안달이다. 이에 국제 스포츠중재재판소는 운동능력을 높여주는 테스토스테론 수치가 일정 수준 이상으로 높은 선수는 여자 육상대회에 출전하지 못하도록 결정을 내리게 된다. 세메냐는 인위적으로 남성호르몬 수치를 낮추는 것을 거부했다. 따라서 국제대회에 더 이상 출전하지 못하게 되었다.

성을 결정하는 것은 무엇일까? 사회 문화적 성 역할 또는 성 정체성을 의미하는 젠더gender와 생물학적인 성을 의미하는 섹스sex의 차이가 크다는 것은 잘 알려져 있다. 그러나 개인의 생물학적 성만 따져보더라도 정체를 정확히 규정하기 어려운 다양한 간성intersex이 존재한다. XX 와 XY라는 성염색체의 조합에 따라 단순히 성이 결정된다고 생각하면 오산이다. Y 염색체 상에 존재하는 정소精巢, testis 결정 인자를 만드는 SRYsex-determining region of Y chromosome 유전자의 유무가 성을 결정하는 것만도 아니다. 정소의 발달이 정확히 유도되어야 하고, 정소에서 유래한 호르몬들이 적시에 발현되어야 한다. 또한 신체 각 부위에 존재하는 호르몬의 수용체가 적소에서 정확히 신호를 받아들여야만 한다. 성 발달이라는 길고도 험난한 여행길에서 단 한 번이라도 길을 벗어나면 남성도 여성도 아닌 다양한 형태의 '제3의 성'이 발생하게 된다. 유엔 보고서에 따르면 간성은 전체 인구의 약 1.7퍼센트에 달한다. 의외로 많은 사람들이 보이지 않는 곳에서 성 정체성 문제로 고통받고 있다.

사실 생명에 성이 있어야 한다는 법은 없다. 무성생식으로 지금껏 수많은 자손을 남긴 생물종들이 허다하다. 무엇이 성을 만들었을까? 생화학자 닉 레인Nick Lane(1967~)은 진화에 있어 성의 발명을 '지상 최대의 제비뽑기'라고 표현했다. 나름 훌륭한 자격을 갖춘 두 남녀가 만나 자식을 낳더라도 꼭 부모가 가진 장점들만 전달되리라는 보장은 없다. 뛰어난 두뇌와 외모를 모두 가진 자식을 갖고 싶어 아인슈타인에게 은밀히 프러포즈를 했다던 마릴린 먼로Marilyn Monroe(1926~62)의 이야기가 전해진다. 그러나 아인슈타인은 그 반대의 결과를 가져올 수도 있다며 바로 퇴짜를 놓았다던가. 아인슈타인의 냉정한 판단이 이해가 간다. 성은 유전자를 무작위로 뒤섞어 좋은 것마저 잃게 할 수도 있는 도박이나 다름없다. 그렇다면 생명은 왜 성을 선택해 불확실성을 감수한 걸까?

답은 바로 그 '불확실성'에 있다. 유성생식은 자신과 똑같은 자식을 복제하기보다 자신과 닮긴 했으나 많은 부분에서 다를 수밖에 없는 불확실성을 일부러 추구한 것이다. 이쯤 되면 성의 존재와 유성생식이라는 전략은 자신과 똑같은 자손을 널리 퍼뜨리려는 이기적 유전자의 야망에 손실을 입히는 악수惡手인지도 모른다. 그러나 이 모든 단점을 상쇄하는 충분한 하나의 장점 때문에 성의 분화가 추구되었다. 유전자 재조합으로 인해 어떤 자손이 나올지 알 수 없는 유성생식의 불확실성은 역설적으로 환경의 불리한 변화와 유해한 병균의 침입에 효과적으로 대응할 수 있는 '면역학적 다양성immunological diversity'을 만드는 가장 확실한 방법이다. 부모가 가졌던 유전적 약점들이 자손의 대에서 희석되면서 아킬레스건이 감춰진다. 이 장점 한 가지를 위해 유성생식을 만들어냈다 해도 과언이 아니다. 구애행위에 커다란 비용이 들고 과도한 경쟁으로 인해 희생이 따르기도 하며, 때로는 성의 완전한 분화에 실패해 간성이 만들어지는 곤욕을 치르면서도 많은 동물과 식물들이 이 길로 들어선 데는 이유가 있는 것이다.

일부 어류와 파충류는 알이 부화할 때 주위 온도가 얼마나 높으냐에 따라 암수가 결정되기도 한다. 중부 턱수염 도마뱀central bearded dragon은 유전적으로 수컷이더라도 발생 단계에서 섭씨 32도 이상의 온도에 노출되면 암컷이 된다. 북미산 악어American alligator는 주변 온도가 30도 이상이 되면 수컷이 된다. 어째서 이런 기상천외한 성별 결정 메커니즘이 작동하는 걸까? 지금처럼 지구 온난화 현상이 심해지면 언젠가 지구상의 파충류는 한쪽 성만 남게 될지도 모른다.

성이라는 것은 주어진 환경에 더 잘 적응하고자 짜낸 생명의 고육지책이었다. 그러나 성의 법칙은 생각보다 허술하다. 인간이라고 해서 다를 바 없다. 성별이라는 존재가 장점만 있는 것도 아니며, 성별의 결정이 합리적으로 이루어지는 것도 아니다. 세메냐에게 성별이란 혈중 테스토스테론의 농도에 의해 결정되는 것이었다. 자손을 남기지 못하고 사라지는 것이 더 이상 커다란 흠이 되지 않는 시대에 성별과 성 역할의 부조화로 인해 겪게 되는 고통은 부조리 그 자체이다. 누구도 자신의 성을 선택하지 않았듯 누구도 거기에 법칙을 부여하기 어렵다.

유전의 법칙은 과연 존재할까

당시에 많은 사람들이 그랬듯 찰스 다윈도 부모 양쪽의 형질이 자식의 몸에서 혼합되는 결과를 낳을 것이라 생각했다. 백인과 흑인이 결혼해 낳은 자식의 피부색은 중간 정도의 색을 가진 경우가 많다. 이런 경우라면 자연선택의 메커니즘이 작동하는 데 중요한 개체의 차이가 사라지고 자손들이 평준화될 가능성이 높으므로 진화가 일어나는 데 도움이 되지 않는다. 그러나 머리카락의 유전은 피부색과 조금 달라서, 검은 머리카락을 가진 아빠와 금발의 엄마가 결혼해 아이를 낳으면 갈색의 머리카락이 나오는 게 아니라 실제로는 대부분 검은 머리 혹은 금발 중 하나가 된다. 비슷한 시기 멘델이 발견한 유전법칙이 바로 이런 상황을 설명해준다. 그러나 이 경우에도 자연선택을 위한 다양한 변이가 생겨나지 않는다는 것은 마찬가지이다. 이러나저러나 다윈의 가설은 제대로 증명되지 못하고 타격을 입고 궁지에 몰리게 되었다.

오늘날 '멘델의 유전법칙Mendelian inheritance'은 생물학에서 가장 유명한 법칙으로 여전히 군림하고 있다. '현대 유전학의 아버지'라는 멘델의 위상도 흔들림이 없다. 지금도 대학생들이 배우는 생명과학 교과서에는 대부분 멘델의 유전학 실험이 다윈의 업적보다 먼저 소개된다. 그러나 멘델의 법칙은 생각보다 논란의 여지가 많다.

우선 멘델의 실험이 놀라운 점은 그가 전통적인 생물학적 기법으로 연구한 것이 아니라 '물리학적' 방법을 도입했다는 것이다. 그는 실제로 사제 시절 빈Vienna대학교에서 물리학을 공부했는데, 그때 마침 그의 스승은 유명한 수리 물리학자 크리스티안 도플러Christian Johann Doppler(1803~53)였다. 도플러는 병원 앰뷸런스가 사이렌을 시끄럽게 울리며 지나갈 때마다 우리가 떠올리는 바로 그 '도플러 효과Doppler effect'를 만든 장본인이다. 멘델은 도플러의 지도하에 논문을 쓸 정도의 물리학 전공자였다는 사실. 당시 그의 연구주제는 '과학적 연구를 위한 정량 분석의 원리'였다. 이것은 훗날 멘델의 법칙을 낳은 '신의 한 수'였음이 드러났다. 그는 완두콩을 세며 실험결과의 정량적 분석을 위해 통계학적 방법을 사용했던 것이다. 완두에는 시각적으로 잘 드러나는 독특한 성질들이 여럿 있어서 통계적으로 분석하기 용이했다.

멘델은 오랜 기간 자가 수분을 통해 특정 형질이 고정된 순종 완두를 얻었다. 이어 완두콩의 생김새(매끈한 모양 vs. 주름 모양, 노란색 vs. 녹색 등등)에 따라 완두를 분류하고, 각기 다른 특질을 가진 완두를 여러 조합으로 묶어 무려 225회에 달하는 인공교배를 실시했다. 이로부터 그는 1만 2,000종이 넘는 잡종을 얻었고, 가계도를 그리듯 각기 다른 일곱 가지 특질을 가진 자손의 분포를 모두 기록했다. 여러 조합의 교배를 반복하며 한 세대와 다음 세대의 차이를 통계 처리하기를 무려 7년 동안 반복했다. 식물 육종가들 중에서 이렇게 대규모로 엄밀하게 정량적인 실험을 했던 사람은 멘델 이전에는 아무도 없었다. 멘델은 분석 결과를 1865년 「식물 잡종에 관한 연구 Experiments on Plant Hybridization」라는 제목의 논문으로 발표했다.

멘델의 법칙은 이렇게 탄생했다. 제1법칙은 흔히 알려진 대로 '우열의 법칙 law of dominance'이라 불린다. 잡종 1세대에서 사라지는 형질은 열성에 해당한다는 것이다. 제2법칙은 '분리의 법칙 law of segregation'이다. 우성만이 발현된 잡종 1세대를 자가 수분하면 25퍼센트의 확률로 열성이 분리된다는 것이다. 제3법칙은 각 유전형질들이 유전되는 동안 서로에게 영향을 미치지 않는다는 '독립의 법칙 law of independent assortment'이다.

그러나 본래 멘델이 관찰한 형질은 총 15가지였지만 최종적으로 일곱 가지의 결과만을 발표했다는 사실이 후에 알려졌다. 관찰했던 절반 이상의 형질에서는 이렇다 할 규칙이 발견되지 않았던 것이다! 우연히 일곱 가지 형질만이 단일 유전자에 의해 결정되는 것이었고, 모두 다른 염색체 상에 존재하여 형질이 섞이지 않았음이 드러났다. 분리의 법칙은 완두콩에서만 발견되었다. 조팝나무나 강낭콩 같은 다른 종류의 식물을 가지고 수행한 실험에서는 이와 같은 유전법칙이 결코 재현되지 않았다. 분꽃이나 카네이션의 색깔은 우열 관계가 불분명해 중간 형질을 가진 잡종이 지속적으로 나온다. 사람의 ABO식 혈액형의 결정은 공동우성 co-dominance을 따른다. 멘델의 유전법칙은 법칙이라기엔 너무 예외적이다. 그가 이렇게 단순하고 깔끔한 법칙을 얻었던 것은 그저 운이 좋아 완두콩을 선택했기 때문이다. 그리고 거기서 마음에 드는 결과만

현대 유전학의 아버지 그레고어 멘델과 멘델의 교배실험에 사용된 완두콩.
멘델은 7년이라는 시간 동안 서로 다른 형질을 가진 완두로 200회가 넘는 교배를 실시해 1만 종이 넘는 잡종을 얻어냈다. 이후 정량적인 분석을 통해 훗날 '멘델의 유전법칙'이라 불리는 세 가지 법칙을 발견했다. 그러나 이 법칙들은 완두콩이 아닌 다른 생물종에서는 좀처럼 정확히 재현되지 않는다.

을 일부러 선별했기 때문이다.

그가 의도한 것은 아니었겠지만, 멘델의 유전법칙은 우리에게 '스위치 사고'식으로 유전학을 오해하게끔 하는 결과를 가져왔다. 키를 크게 만드는 유전자가 있으면 키가 커지고, 유방암 유전자를 가지고 있으면 유방암에 걸린다고 생각하는 것이다. 실제로는 단일 유전자에 의해 발생하는 질병은 전체 유전병 중 약 2퍼센트에 불과할 정도로 희귀하다. 대다수 질병은 일일이 파악하기 어려울 정도로 관련된 유전자가 많다. 유전자 하나의 작동 여부에 따라 형질이 결정되는 것이 아니라는 말이다. 게다가 어떤 형질을 만드는 유전적 영향력은 환경과의 상호작용을 충분히 고려해야만 제대로 파악할 수 있다. 멘델의 유전법칙은 시대에 뒤떨어진 '유전자 결정론'을 담고 있는 것이다.

생명은 언제부터 생명으로 인정받을까

정자와 난자가 만나 형성된 수정란은 착상 후 세포분열을 계속하다가 수정 후 8주를 경계로 배아 embryo에서 태아 fetus로 명칭이 바뀐다. 배아란 아직 신체 각 기관으로 발달을 시작하지 않은 미분화 상태의 세포 덩어리를 가리킨다. 이때의 세포들은 어떤 기관으로든 분화가 가능하기 때문에 줄기세포 stem cell라 불린다. 배아줄기세포는 성체의 손상된 조직을 치료하는 도구로 사용될 수도 있지만, 잠재적으로는 독립적인 생명체로 성장할 능력도 가지고 있기 때문에 하나의 생명으로 보느냐 보지 않느냐의 윤리적 갈등을 일으킬 소지가 있다.

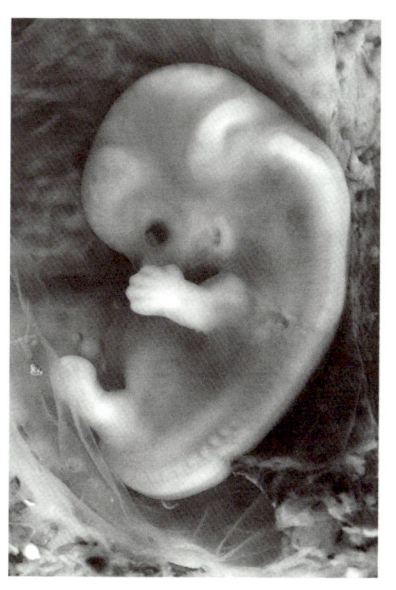

모체의 자궁 속에서 자라고 있는 배아의 모습.
배아는 수정 후 8주를 경계로 명칭이 태아로 바뀐다. 수정 후 11~12주까지는 모든 장기의 90퍼센트 이상이 발생하기 시작한다. 배아 시기에는 주요기관의 원시세포가 형성되고, 태아 시기에는 배아 때 만들어진 각 부분들이 발육하고 성장한다.

생명은 언제부터 생명이 될까? 정자와 난자가 만나 수정란이 만들어진 이래로 배아 혹은 태아는 어느 시점에서 인간으로서의 법적 혹은 도덕적 지위를 획득하게 될까? 우리나라에서는 기본적으로 태아의 몸 전체가 자궁 밖으로 빠져나오는 출생의 순간부터 독립된 인간의 법적 지위를 인정하는 편이다. 그러나 재산상속이나 손해배상청구 등에 있어서는 태아의 권리능력을 출생아와 동일하게 인정하기도 한다. 최근 과학기술의 발전으로 인간의 생물학적 발생과정에 대한 지식이 늘어가면서 그에 따라 법적 권리가 앞당겨지고 있는 추세이다.

도덕적 지위를 따지자면 어떤 이는 수정의 순간부터로 보기도 하고, 또 어떤 이는 수정란이 자궁에 착상해 모체와 연결된 직후가 옳다고 주장하기도 한다. 배아가 태아로 바뀌는 순간부터라야 인간으로 볼 수 있다고도 한다. 그러나 그게 정확히 언제인지 뱃속을 들여다보지 않고 어떻게 알겠는가! 기술이 더 발전하면 열어보지 않고도 명쾌하게 구분할 수 있는 날이 찾아올까?

이것은 대머리는 과연 머리카락이 몇 올 남았을 때부터 대머리라 부르는가의 문제와 다르지 않다. 이처럼 연속성을 가지는 어떤 개념에서 특정 시점이나 경계를 딱 잘라 규정하기가 쉽지 않음을 '무더기의 역설 sorites paradox'이라 부른다. 곡식 더미는 곡식 낱알이 몇 개 이상일 때부터 무더기라고 부를 수 있는가의 문제인 것이다. 인생은 생명을 얻는 첫날부터 잃는 마지막 날까지 모든 순간이 연속적이다. 과학이 발전할수록 인간이 언제 영혼을 갖게 되는지, 언제 감각을 느끼기 시작하는지, 어느 순간부터 인간으로서의 자격이 생기는지 구별하기는커녕 생명의 모든 순간은 구분할 수 없이 연속적이라는 사실만을 깨닫게 될 것이다.

인간의 법적 지위는 출생 이전으로 더 앞당겨지고 있는 데 반해 도덕적 지위는 늦춰지는 추세다. 우리나라에서는 2021년부터 낙태 처벌 조항이 사라졌다. 이후 개선 입법을 기다리는 상황이다. 국제인권법은 임신부가 원한다면 어떤 상황에서도 낙태를 허용해야 한다는 입장을 지지한다. 산모의 건강과 결정권은 무엇보다도 중요하며, 어떤 상황에서도 존중되어야 마땅하다. 그러나 이 경우 반대로 태아의 인권이 언제부터 시작되는가에 대한 오랜 논의는 수렁에 빠지게 된다.

필립 K. 딕 Philip Kindred Dick(1928~82)의 단편 SF 소설 「전前 인간 The Pre-Persons」에서는 인간에게 영혼이 생기는 나이를 열두 살로 설정한다. 대수 algebra와 같은 고등수학을 수행할 수 있는 능력이 생겼을 때 비로소 영혼이 자리 잡는 것이라는 법적 기준을 세운 것이다. 세계 인구가 9조명에 달하는 미래에 불필요한 인구수를 효과적으로 줄이기 위해 태아뿐 아니라 영혼이 아직 없다고 여겨지는 12세 미만의 아이들 ― 전 인간 ― 을 잡아다가 '뒤늦은 낙태'를 집행할 수 있도록 허용한다. 이처럼 임의로 경계를 설정하는 일은 사회 경제적 이유와 무관하지 않다.

    물론 배아나 태아가 온전한 인격체person가 될 가능성이 언제나 완전하지는 않다. 인간다움을 획득하는 순간이 언제인지도 지극히 모호하다. 그러나 그렇다고는 해도, '더 인간적인' 생명을 구하기 위해 '덜 인간적인' 생명을 희생하는 것을 정당화하기는 쉽지 않다. 다람쥐가 도토리를 먹어버린 사건을 폭풍우에 떡갈나무가 쓰러진 사건과 똑같이 취급할 수는 없다. 모든 떡갈나무는 도토리 시절이 있었지만, 모든 도토리가 다 떡갈나무로 성장하는 것은 아니기 때문이다. 사람의 경우도 비슷하게 생각할 수 있을까? 도토리를 잠재적인 떡갈나무로 볼 수 있듯이 배아나 태아도 '잠재적인' 인간으로 볼 수 있다고? 적절한 비유가 아니라고 생각할 수도 있다. 이처럼 생명이 언제 생명으로 인정받게 되는가의 딜레마는 해결하기 쉽지 않다. 이것은 관념이나 이론에 그치는 문제가 아니다. 우리의 정서와 도덕을 뒤흔들고 누군가의 운명과 생사를 좌우할 지극히 무겁고 현실적인 문제이다. 생명에 법칙이란 것이 있을까?

비정상은 어떻게 만들어질까

    물리학이나 화학에는 정상normal과 비정상abnormal이라는 개념이 없다. 이러한 구분은 오로지 생명에서만 의미를 가진다. 물리학 법칙은 건강한지 병들었는지에 따라 달라지지 않는다. 물리학은 야구공이 날아가 창문을 깨뜨렸을 때 깨진 유리 파편이 어디로 얼마나 흩어질지는 계산할 수 있어도 나중에 엄마한테 얼마나 심하게 혼날 것인가에는 관심이 없다. 바닥에 떨어진 물질이 먹을 수 있는 음식인지 배설물인지를 구분하는 가치는 물리학이나 화학에는 없다. 이는 오로지 생물학적 가치인 것이다. 정상이냐 비정상이냐의 개념은 생물학에서만 의미를 가지지만, 두 개념을 생물학적으로 정확히 구분하기란 사실 간단한 일이 아니다.

어쩌면 질병이라는 개념은 중세 교부철학에서 다루었던 '악惡'의 개념과 유사한 면이 있다. 초기 교부들은 악의 존재를 규정하는 데 문제를 겪었다. 신은 절대적으로 선하기 때문에 악을 만들어낸 적이 없고, 만들 수도 없다고 보았기 때문이다. 선한 신이 적극적인 의미로서의 악을 존재하게 한다는 것은 논리적으로 모순일 수밖에 없다. 이 문제를 해결한 것은 아우구스티누스Saint Augustine(354~430)였다. 그는 악을 '선의 결여privatio boni'라고 정의했다. 악에 소극적인 의미를 부여한 것이다. 질병도 '건강이 결여된 상태'로 소극적으로 정의할 수 있다. 그러나 문제가 해결된 것은 아니다. '건강한 상태'란 무엇을 말하는 걸까? 건강 역시 '질병이 없는 상태'로 소극적으로 이해될 수 있는 만큼 그 정확한 의미를 규정하기 쉽지 않다.

생리학자 베르나르는 질병에 대한 이러한 중세의 이원론적 태도를 거부했다. 그는 정상 상태와 병적인 상태가 하나의 연속한 스펙트럼 위에 존재한다고 보았다. 정상과 병리는 서로 동떨어진 개념이 아니고 양이 많고 적음의 차이일 뿐이라는 것이다. 따라서 모든 질병은 정상상태의 신체 기능을 이용해 얼마든지 생리학적으로 설명할 수 있다. 이 기준에 따르면 비정상은 정상의 평균값에서 얼마나 벗어나느냐에 따라 임의적으로 결정된다.

조르주 캉길렘 Georges Cangulihem(1904~95)은 『정상과 병리 Le Normal et le Pathologique』에서 이 문제를 심도 있게 다루었다. 그에 따르면 생명이라는 현상, 또는 질병이라는 현상은 순수하게 과학적인 사실로, 혹은 수치로 환원될 수 없다. 여기에는 '가치'의 문제가 개입되기 때문이다. (생명에 관한 모든 문제는 '가치'를 빼놓고는 다룰 수 없음을 우리는 이미 알고 있다.) 사람들이 신체의 이상에 대해 말하고 인식하기 시작하는 것은 그것이 통계적 일탈을 보일 때가 아니다. 해롭거나, 기능을 수행할 수 없거나, 고통을 유발하거나, 어쩌면 돌이킬 수 없을 것이라는 두려움이 생겨날 때이다. 이는 물리적인 방법으로 포착되지 않는다.

생명은 끊임없이 변화(진화)한다. 생명이 작은 변이에 의해 계속 변화한다면 변이에 의해 발생하는 모든 이상異常은 더 이상 이상한 것이 아니다. 생명체를 규정하는 본질들이 고정되어 있지 않은데 어떻게 생명체가 잘못되었다고 볼 수 있을까? 똑같은 환경과 주어진 조건에서 어떤 이가 수행할 수 없는 기능을 다른 이는 수행하며, 어떤 이가 느끼지 못하는 고통을 다른 이는 절절히 느낄 수 있는 것이다. 나에게 배설물에 불과한 것이 다른 생명에게는 훌륭한 음식이 된다. 이것이 생명의 연속성이며, 생명이 서로 연결되는 방식이다.

이는 앞서 언급한 '성'의 다양성 문제와도 연결된다. 간성은 잘못된 것이 아니다. '정상 normal'이라는 말을 '올바른 right'이라거나 '마땅히 그래야 할 ought to be'과 같은 의미로 사용할 수 없음을 우리는 알고 있다. 정상과 비정상의 관계는 낮과 밤의 관계와도 같다. 그 두 가지 상태는 누가 보아도 완전히 정반대이지만, 그 사이의 경계를 명확히 구분할 수 있는 사람은 아무도 없지 않은가. 정상과 비정상을 구분하는 '단일하고 진실한' 법칙은 없다. 다만 우리에게는 임시적이나마 '유용하고 현실적인' 경계선이 필요한 것이다.

생명에는 법칙이 없다: '느낌' 아니까

루이스 캐럴의 『이상한 나라의 앨리스 Alice's Adventures in Wonderland』에는 수수께끼 같은 체셔 고양이 Cheshire cat가 등장한다. 기이하게 찢어진 입으로 씨익 웃고 있는 이 고양이는 미소만 남긴 채 사라지는 버릇이 있다. 앨리스는 "미소 없는 고양이는 많이 봤지만 고양이 없는 미소는 처음"이라며 당황스러워한다. 생명을 연구하는 많은 사람들도 이와 비슷한 상황을 겪는다. 생명현상을 설명하는 물리화학적 메커니즘을 거의 다 이해했다고 생각했지만, 생명의 진짜 모습은 온데간데없고 허공 속에서 기분 나쁜 미소만이 자신을 내려다보고 있는 것이다.

생물학을 연구하면서 물리화학적 기전을 이해하는 일보다 생명을 전체적으로 바라보고 느끼는 일을 더 중요하게 생각했던 사람이 있다. 바로 옥수수 유전학자 바버라 매클린톡 Barbara McClintock(1902~92)이다. 그녀는 연구를 하면서 옥수수와 교감하는 데 집중한 나머지 다른 학자들과 소통이 제대로 되지 않아 학계에서 따돌림을 당했다. 소극적인 성격 탓에 그녀의 사적인 일화는 거의 알려지지 않았지만, 과학사회학자 이블린 폭스 켈러 Evelyn Fox Keller(1936~)의 노력으로 그녀의 감춰진 이야기가 『생명의 느낌 A Feeling for the Organism』이라는 전기에 담길 수 있었다.

    매클린톡은 1950년대 초 유전자의 한 단위가 통째로 엉뚱한 자리로 옮겨가는 '자리바꿈 transposition' 현상을 발견해 보고했다. 그녀는 옥수수의 노란색 낱알이 곳곳에서 예상치 못한 다양한 색깔로 바뀌는 것을 보고 유전자가 유전체 위에서 메뚜기처럼 마구 뛰어다닌다고 생각한 것이다. 그러나 아무도 그녀의 말을 진지하게 여기지 않았다. 이는 수십 년간 굳게 믿어왔던 유전자의 기본 개념과 정면으로 부딪치는 것이었다. 그녀는 아폴론의 저주를 받은 유전학계의 카산드라였다.

    매클린톡은 유전자의 기능뿐 아니라 그 구조도 생명체와의 긴밀한 상호작용에 의해 결정된다고 주장했다. 즉 옥수수의 유전자는 자신을 포함하고 있는 옥수수라는 유기체와 긴밀하게 상호 교감하며 움직인다는 뜻이었다. 이는 생명체가 생존 경험을 통해 환경으로부터 얻은 정보들을 유전자가 거꾸로 습득할 수도 있다는 급진적인 주장이기도 했다. 그리고 그것을 믿어야 하는 이유는 옥수수가 자신에게 그 사실을 직접 알려주었기 때문이라고 말했다. 그녀는 이처럼 당대에 널리 받아들여지던 분자생물학적 방법론과 설명 방식에 의거해 증거를 내민 것이 아니라, 자신만 이해할 수 있는 투박한 용어와 어찌 보면 신비주의처럼 보이는 무모한 추론을 통해 설명을 시도했다. 유전자를 구성하는 요소 중 한 군데만 잘못되어도 세포 전체가 위태로워질 수 있는 마당에 유전자가 세포와 교감해 이리저리 마구 뛰어다닌다니! 당시 분자생물학계를 지배했던 프랜시스 크릭의 '중심원리 central dogma'에 따르면 유전자는 모든 생명현상의 중심에 놓여 있으며, 단백질의 형태로 정보를 내보내 세포의 생사를 결정하는 유기체의 구심점이었다.

옥수수 유전자의 돌연변이를 연구해 전이인자를 발견한 바버라 매클린톡과 전이인자에 의해 다양한 색깔의 낱알을 가지게 된 옥수수.

매클린톡은 당대 유전학에서 널리 사용하는 주류 방법론에 얽매이지 않고 자유분방한 연구를 함으로써 학계로부터 인정을 받지 못했다. 그러나 그녀의 통찰은 마침내 중요한 발견을 이뤄냈으며, 1983년 노벨생리의학상으로 보상받았다.

그녀가 제안한 '도약 유전자 jumping gene', 즉 '전이인자 transposon'는 대부분의 생명체에 실제로 존재한다는 것이 훗날 밝혀졌고, 매클린톡은 30년이 지나서야 그 공로를 인정받아 노벨생리의학상을 받았다. 전이인자는 놀랍게도 인간의 유전체에도 엄청나게 많이 존재하고 있으며, 꾸준히 돌연변이를 일으키는 원인이 된다. 우리 유전체에는 'Alu 인자 element'라는 이름을 가진 반복서열만도 수백만 개가 흩어져 있는데, 모두 합치면 전체 유전체 크기의 10퍼센트를 차지한다. 또한 LINE1이라는 이름이 붙은 반복서열은 50만 개가 존재하는 것으로 알려져 있다. 이것은 웬만한 유전자보다도 큰 6,000여 개의 염기로 구성되어 있어서 모두 합치면 전체 유전체에서 무려 17퍼센트를 차지할 정도로 압도적이다.

이런 전이인자는 점점 더 많이 밝혀지고 있으며, 현재까지 사람이 가진 DNA 중 무려 45퍼센트 이상이 트랜스포존으로 구성되어 있다는 사실이 보고되었다. (매클린톡이 옥수수를 재료로 연구를 한 것은 탁월한 선택이었는데, 옥수수는 유전체의 90퍼센트가 트랜스포존인 것으로 드러났기 때문이다!) 아무 의미 없어 보이는 반복서열이 어째서 이렇게 많은 걸까? 우리나라에서 가장 큰 도서관인 국립중앙도서관에는 약 1,100만 권이라는 엄청난 장서가 소장되어 있다. 그런데 알고 보니 그중 약 500만 권이 똑같은 책이었다고 해보자. 과연 이 도서관이 좋은 도서관이라고 말할 수 있을까? 틀림없이 뭔가가 잘못되었다고 생각할 것이다.

전이인자는 멘델의 유전법칙을 초토화시키는 유전학계의 '앙팡 테리블 enfant terrible'이라 할 만하다. 이들은 끊임없이 자신을 복제해서 이곳저곳에 붙여 넣는 '복붙 유전자'라고 할 수 있는데, 이들이야말로 '이기적 유전자'라고 불려야 마땅하다. 인간의 유전체가 이토록 유동적이고 불안정한 물질로 가득하다는 사실은 어쩌면 두렵기까지 하다. 그러나 다행히 트랜스포존이 유전체 속에 숨어 있는 기생충마냥 악역만 담당하고 있는 것은 아닌 듯하다. 트랜스포존은 신경계의 발달 등 배아의 발생단계에서 꼭 필요한 역할을 한다는 연구결과들이 최근에 보고되었다. 전이인자들이 유전체의 거의 절반을 차지할 정도로 진화과정에서 선택적으로 살아남았다는 것은 틀림없이 인간에게 진화적인 이점이 있기 때문일 것이다.

매클린톡은 생명을 연구하는 학문의 본질에 대해 질문을 던지고, 개인과 집단의 상호관계와 교감에 대한 성찰을 요구한다. 매클린톡 자신도 다른 과학자들처럼 생명현상을 일으키는 어떤 법칙을 찾고자 노력했지만, 그녀는 오직 실험과 논리에만 의존하지 않았다. 그녀에게는 생명에 대한 '직감', 그리고 생명과의 '일체감' 같은 것이 더 중요했다. 생명은 이래야만 한다는, 혹은 생명은 이렇게 연구해야 한다는 법칙 같은 것이 정말 있을까? 생명에 대한 모든 질문의 답은 한 가지일까? 매클린톡은 그렇지 않다고 말한다.

생명에게 이 세상은 무엇일까: 누군가에겐 맞고 누군가에겐 틀리다

사르트르 Jean-Paul Sartre(1905~80)는 자서전 『말 Les Mots』에서 그가 세계를 만나고 인식한 것은 오로지 책을 통해서였다고 고백한다. 책을 읽으며 세상을 더 많이 알게 되었다는 뜻이 아니다. 말 그대로 사물의 직접적인 인식보다 문자를 통해 사색된 관념이 훨씬 더 현실적이었다는 의미다. 동물은 보다 다양한 방식으로 세상을 인식한다. 박쥐는 초음파로 세상의 모습을 그려내고, 개구리는 온통 회색으로 뒤덮인 세상을 본다. 개구리의 눈은 움직이지 않기 때문에 움직이지 않는 사물은 보지 못한다. 코앞에 파리가 앉아 있어도 알 수가 없다. 파리가 날아오르는 순간 그것의 움직임을 통해 파리를 인식하게 된다. 개구리에게 세상이란 움직이는 흑백화면인 것이다. 움직이지 않는 것은 세상이 아니며, 존재하지도 않는다.

움베르토 마투라나 Humberto Maturana(1928~2021)는 객관적 세계란 과학이 만들어낸 허상이라고 지적했다. 세상은 생명체가 감각하는 구성물에 지나지 않는다는 뜻이다. 세상은 모든 생명체에게 똑같은 모습으로 존재하는 객관적 실체일 수 없다. 사람이 보는 지구와 개구리가 보는 지구가 같을 수 없다. 식물에 만약 눈이 있다면 그들에겐 세상이 온통 핑크빛 마젠타 magenta 색으로 보일지도 모른다. 광합성에 필요한 빛은 오직 빨간색과 파란색뿐이기 때문이다. (식물은 쓸모없는 초록색을 반사해 내보낸다. 그래서 식물의 잎은 우리 눈에 초록색으로 보인다.) 박테리아가 인식하는 지구의 모습은 또 어떨까. 누가 그리는 지구가 가장 정확하고 '객관적인' 지구일까.

카뮈 Albert Camus(1913~60)는 『시지프 신화 *Le Mythe de Sisyphe*』에서 이렇게 말했다.

이해한다는 것은 무엇보다 먼저 통일한다는 것이다. 인간 정신의 깊은 욕구는 그것의 가장 진화된 방식에 있어서조차도 결국 인간이 세계 앞에서 느끼는 무의식적인 감정과 만난다. 그 감정은 바로 친숙함에 대한

LED 식물공장에서 자라는 잎은 검은색으로 보인다. LED 조명을 이용해 부가가치가 높은 식물을 밭이 아닌 실내에서 대량으로 재배할 수 있다. 농작물 특성에 맞춰 적색과 청색의 빛만을 쬐어주어도 성장을 촉진하는 데 충분하다.

요구이며 분명함에의 갈망이다. 인간의 입장에서 세계를 이해한다는 것은 그 세계를 인간적인 것으로 환원시켜서 거기에 인간의 낙인을 찍는 것이다. 고양이의 세계는 개미의 세계가 아니다. "모든 사고는 인간의 모습을 하고 있다"라는 자명한 이치는 바로 그런 의미다. 마찬가지로 현실을 이해하고자 하는 사람은 그 현실을 생각의 표현들로 환원시켜야 비로소 만족을 느낀다. 만약 이 세계도 인간처럼 사랑하고 괴로워할 수 있다고 인정할 수 있게만 된다면 인간은 안심할 것이다.

사람과 개구리, 식물, 그리고 박테리아가 똑같이 인식하는 객관적 실체라는 것은 없다. 모든 생명이 동의하는 하나의 세계란 가능하지 않은 것이다. 빨주노초파남보 일곱 가지 무지개 색을 보는 눈, 진동수 영역 20에서 2만 헤르츠Hz 사이의 소리, 다섯 가지 맛, 수십억 개의 감각 뉴런으로 느끼고 해석할 수 있는 촉감은 오로지 인간의 언어일 뿐 다른 생명체가 함께 공유할 수 있는 매체가 아니다. 「박쥐로 살아간다는 것은 어떤 느낌일까?What Is It Like to Be a Bat?」라는 논문을 써 주관적 경험의 객관화 가능성을 타진했던 토머스 네이글Thomas Nagel(1937~)이 떠오른다. 물론 그 역시 그것이 결코 가능하다고 보지 않았다.

우리가 과학의 이름으로 표현하는 세계는 우리만 인식할 수 있는 우물 속 작은 세계에 불과하다. '인간의 얼굴을 한' 생물학은 좋은 의미로 들리지만은 않는다. 마투라나는 모든 생명체는 자신이 가진 고유한 감각 체계에 의해 서로 다른 환경, 서로 다른 세상을 창조한다고 말했다.

2,000년 넘게 세계를 지배한 서구의 철학과 과학은 세상을 구성하는 물질을 객관적인 실체로 상정하고, 그 물질의 본질이 무엇인지 알아내기 위해 더 이상 쪼갤 수 없을 때까지 물질을 쪼개고 또 쪼갰다. 물질의 기초를 이루는 궁극의 입자를 발견해낸다면 세상의 모든 존재를 이해할 수 있을 것이란 환원주의reductionism의 믿음을 굳게 지켜왔다. 그러나 모네Claude Monet(1840~1926)가 「인상, 해돋이Impression, soleil levant」라는 작품을 그릴 때 사용했던 물감의 원료와 독특한 붓 터치의 기술, 그리고 안료에 반사된 빛의 파장을 세밀히 분석하고 이해한다고 해서, 이 그림이 지닌 인상주의impressionism의 효시로서의 의미와 예술적 중요성을 제대로 포착했다고 말할 수는 없다. 이것이 환원주의의 한계임은 더 강조하지 않아도 좋을 것이다.

원자를 쪼개 알아낸 양성자, 중성자, 전자라는 존재, 그리고 그들을 더 쪼개 발견한 십여 개의 소립자들. 그들의 존재를 아무리 다시 짜맞춰 보아도 물질의 성질은 이해되지 않고 세상의 모습은 포착되지 않는다. 소립자들 사이의 빈 공간은 우주만큼이나 크고 허무하다. 무량無量의 입자들이 만드는 공간의 의미를 생각하다 보면 존재의 무상함마저 감돈다. 우리가 이해하고 있는 물질은 무엇일까? 그 물질로 구성되었다는 생명은 과연 무엇일까?

오늘날 환원주의의 믿음을 따라 분자 수준에서 생명의 신비를 읽어내는 연구방법은 사실상 생물학 고유의 방식이라기보다는 변형된 모습의 고전 물리학이라 할 수 있다. 매클린톡은 "과학을 대하는 서양식 사고는 생명을 이해하는 인간의 능력을 오히려 제한시키는 방법"이 아닌지 우려된다고 고백하기도 했다. 그녀에게 생명이란 특정 생물을 떠올리게 하는 것이 아니라 '살아 있음'의 총칭이며, 나일 수도 있는 모든 대상을 뜻하는 이름이었다.

우리는 우리가 인식할 수 있는 세상의 한계를 알아야 한다. 우리가 밝혀낸 생명의 원리가 모든 생명에게 적용될 수 없음을 인정해야 한다. 생명이 가진 창발성이란 도통 이해가 되지 않는 녀석이라서, 2 곱하기 2는 항상 4가 아니라, 5나 6이 될 수도 있음을 우리는 번번이 목격하고 있지 않은가. 법칙이라는 것에 얽매이기에는 생명은 너무나 경이롭다.

8장

생명을 결정하는 것은 본성인가?

스티븐 핑커와
매트 리들리가 말하는 생명

윈스턴, 자네는 우리가 삶의 모든 단계를 통제하고 있다는 사실을 잊었는가? 자네는 인간의 본성이라는 것이 실제로 존재해서 우리가 하는 일에 대해 분개하고 우리에게 항거할 것으로 착각하고 있군 그래. 그러나 인간의 본성마저도 우리가 만들어낸 작품이라네. 인간이란 한없이 순응적인 존재야. 이러한 사실에 동의하지 않는다면 자네는 혹시 프롤이나 노예들이 들고 일어나 우리의 체제를 전복해줄 것으로 여전히 기대하고 있는 것인가? 그런 망상은 이제 버리게. 그들은 동물 같은 존재에 불과해. 세상을 바꿀 저력 따윈 결코 갖고 있지 않다네.

조지 오웰George Orwell, 「1984」

몇 년 전 초등학교를 다니던 아들에게 약간 지저분하긴 하지만 꽤 흥미로운 선택 문제를 낸 적이 있다. "꼭 한 가지를 먹어야만 한다면 너는 '똥 맛 카레'를 먹겠니, '카레 맛 똥'을 먹겠니?" 당시 꽤 유행했던 넌센스 퀴즈 같은 질문이었다. 이 질문은 어떤 선택을 해도 난감해지는 최악의 상황을 희화하며 쓰는 우스갯소리이기도 하다.

아들은 '카레 맛 똥'을 선택했다. 왜냐고 물으니 "맛이 좋잖아요"라는 간단한 답이 돌아왔다. 나는 의아했다. 맛이야 좋든 어떻든 그것은 결국 똥 아닌가. 나라면 '똥 맛 카레'를 먹겠다고 했다. 그것은 카레이니까. 고통스런 맛을 조금만 참아낸다면 어쨌든 나는 몸에 좋은 카레를 먹는 것 아니겠는가. 웃자고 하는 농담이었지만 나는 이내 진지해지기 시작했다. 음식의 본질이란 어디에 있는 것일까? 맛에 있는 것일까, 재료에 있는 것일까? 그렇다면 사물의 본질을 결정하는 것은 무엇일까?

이를테면 이런 질문과도 같다. 호박에 검은 줄을 긋는다고 수박이 될까? 초록색 껍질에 검은색 줄이 그어져 있다 해도 먹어보았을 때 호박 맛이면 수박이 아니라 호박이라 해야 할 것이다. 맛이 호박이면 호박인 것이다. 맛은 본질을 형성함에 있어 실제로 중요하다. 그런데 만약 카레가 똥 맛이라면 그것은 대체 무엇이란 말인가.

지저분한 이야기이니 너무 오래 하지 않기로 하자. 하지만 지금 무슨 이야기를 하려는 것인지 눈치 챘으리라 생각한다. 바로 생명의 본질을 결정하는 것이 무엇이냐는 것이다. 해리 포터는 어린 나이에 이모와 이모부에 맡겨져 평범하게 자랐다. 해리의 친부모는 마법사였는데 그가 아기였을 때 볼드모트에게 살해당하고 말았다. 해리에게 마법사의 피가 흐른다는 사실은 철저히 비밀에 부쳐졌다. 하지만 '마법사로서의 본질'은 감춰지지 않았다. 해리는 자기도 모르게 마법을 부리는 모습을 발견하고는 스스로 놀란다. 해리의 본질은 어디에 숨어 있었을까? 누구나 부모에게 물려받은 유전자를 떠올릴 것이다.

마크 트웨인 Mark Twain(1835~1910)의 소설 『왕자와 거지 *The prince and the Pauper*』에는 서로 옷을 바꿔 입은 왕자와 거지가 나온다. 왕자의 옷을 입었어도 거지는 거지이다. 그러나 거지가 자신의 신분을 밝히려 해도 아무도 그의 말을 믿지 않는다. 거지의 옷을 입은 왕자는 도둑으로 몰려 감옥살이를 하는 등 그야말로 죽을 고생을 겪는다. 마지막에 가서 왕자를 왕자로 믿게 해준 결정적인 단서는 다름 아닌 옥새의 행방이었다. 왕자는 사라진 옥새가 어디에 있는지 알고 있는 유일한 사람이었다. 이 경우 왕자의 본질은 왕자로서 보고 들었던 경험만이 결정할 수 있는 것이다.

생명의 본질을 결정하는 것은 타고난 본성일까, 아니면 양육일까?

인간에게 영향을 미치는 본성과 양육 간 상호관계는 또 어떨까? 이들은 상호배타적인 제로섬 게임zero-sum game의 관계일까, 아니면 서로 소통하며 시너지를 창출할 수 있는 협력적 관계일까?

본성이냐 양육이냐

'본성nature이냐 양육nurture이냐'의 논쟁은 마치 고대 그리스의 '피시스physis(자연)냐 노모스nomos(법과 관습)냐'의 논쟁과도 흡사하다. 즉 인간 존재의 어떤 부분이 선천적인지 혹은 후천적인지에 대한 문제이다. 이는 근대에 와서는 '합리론rationalism이냐 경험론empiricism이냐'의 논의와도 맞닿아 있다. 사람의 어떤 성질이 타고난 것이냐 아니면 길러진 것이냐의 문제는 이름만 달리했을 뿐, 아주 오래 전부터 항상 논란거리였다. 이에 비교될 수 있는 아주 최근의 개념을 이용해 말한다면 '유전자냐 환경이냐'의 논쟁 정도가 될 것이다.

이 논쟁을 본격적으로 대중화시킨 사람은 바로 영국의 인류학자 프랜시스 골턴이다. 앞서 언급했듯이, 골턴은 '우생학eugenics'이라는 용어를 만들어낼 정도로 유전적 우수성을 연구하는 데 관심이 많았다. 1904년 런던대학교에서 '물리적, 정신적으로 후대 종족의 질 향상을 위한 사회적 통제를 위한 연구'라는 주제로 우생학 연구를 진행했다.

골턴은 지문이라든가 신체 특정 부분의 형태나 크기를 계측하는 기술biometrics로 범죄자를 가려내는 법을 개발했고, 이름난 가문의 가계도pedigree를 조사해서 천재성과 유전적 내력의 관련성을 주장한『유전적 천재*Hereditary Genius*』라는 책을 써 발표하기도 했다. 이 과정에서 그는 백분율percentile, 분위수quartile, 표준편차standard deviation 등의 통계적 개념과 용어를 만들어서 통계학을 체계적으로 발전시켰다는 평가를 받는다.

골턴은 '본성과 양육nature and nurture'이라는 용어를 자신의 책에서 처음 사용한 사람으로 알려져 있는데, 실제로 두 단어가 대구對句가 잘 맞아 입에 착 붙는다며 좋아했다고 한다. 그는 이 두 단어를 양자택일을 해야만 하는 정반대의 두 개념으로 인식되게끔 만들었다. 물론 골턴은 다윈의 영향을 받아 인간의 본성이 무엇보다도 절대적이라고 보았다. 그는 "과학적 천재란 만들어지는 게 아니라 태어나는 것"이라고 주장했다. 그것을 입증할 방법으로 그는 "천재성이 유전에서 비롯된다는 사실은 어떤 뛰어난 사람의 친척 중에 탁월한 사람이 얼마나 많은지"를 보면 된다고 했다. 골턴의 추산에 따르면, 예술이나 과학에 재능이 있는 사람과 가까운 친척관계인 사람은 그렇지 않은 사람에 비해 같은 재능을 지닐 확률이 약 500배나 높았다.

골턴과 비슷한 시기에 활동하던 미국의 심리학자 윌리엄 제임스William James(1842~1910)도 1890년에 펴낸 『심리학 원리*Principles of Psychology*』에서 사람의 마음도 다윈의 이론대로 생물학적 적응을 통해 진화되었다고 주장했다. 경험이 아니라 선천적으로 타고난 본능이 다른 동물보다 우월하기 때문에 인간이 동물보다 더 지능적일 수 있다는 것이었다. 제임스의 본능 이론은 전 시대까지 유행하던 경험론에 도전장을 던졌다. 당시 진화론의 파급력이 분야를 가릴 것 없이 대단했음을 보여준다.

하지만 20세기 초반에 훈련을 통해 성격을 바꿀 수 있다는 파블로프Ivan Petrovich Pavlov(1849~1936)의 조건반사 이론과, 어릴 적 경험에 의한 무의식이 훗날 행동에 큰 영향을 준다는 프로이트 Sigmund Freud (1856~1939)의 이론이 인기를 끌면서, 거꾸로 학습과 양육이 인간 행동에 영향을 미치는 결정적인 요인으로 주목받기도 했다. 이처럼 인간을 바라보는 두 가지 관점인 환경결정론과 유전결정론은 양극단을 시계추처럼 오가며 20세기 내내 인류 역사에 커다란 족적을 남기게 된다.

사회개조론 vs. 생물학적 결정론

"극과 극은 통한다 Extremes meet"라고 했던가. 인간의 본성은 환경에 의해 완전히 바뀔 수 있다는 극단적인 믿음과, 인간의 사회적 행동도 결국 유전자에 의해 좌우된다는 정반대 주장에는 꼭 빼닮은 점이 있다. 인류에 씻을 수 없는 비극을 가져왔다는 것이다. 20세기 초 공산주의는 환경결정론 environmentalism을 바탕으로 한 사회개조론을 표방해 혁명을 일으켰으며, 독일의 나치 정권은 생물학적 결정론 biological determinism을 열등한 민족을 제거하고 아리안족의 우수성을 찬양하기 위한 이데올로기로 사용했다. 인간을 올바르게 설명하고자 하는 순진한 의도로 출발한 이론이 결국 인간을 통제하고자 하는 도구로 변질되었다. 어느 쪽 이론이 옳은지와 무관하게, 양극단으로 내닫는 광신은 놀랍도록 닮은 결과를 만들 수 있다.

미국의 유전학이 다윈의 진화론을 적극 따랐던 것과 달리 구 소련에서는 트로핌 리센코 Trofim Lysenko(1898~1976)의 주도로 적응과 개조의 개념을 지지하는 라마르크식 유전학이 진행되고 있었다. 리센코는 육종

스탈린의 총애를 받았던 러시아의 유전학자 트로핌 리센코.
용불용설을 지지한 리센코는 정치적인 이유로 구 소련에 막대한 영향력을 행사했으나, 잘못된 유전학 이론을 밀어붙이는 바람에 소련의 농업을 수십 년 후퇴시킨 장본인이 되었다.

학을 연구하면서 작물의 '춘화처리春化處理'를 한 세대만 해두면 그다음부터는 문제없이 잘 자란다고 확신했다. 즉 겨울 품종인 밀과 보리의 '습관'을 개조하면 얼마든지 봄 품종으로 전환할 수 있다고 생각한 것이다. 이는 한 유기체가 일생동안 획득한 특성이 그 후손에게 전달된다는 라마르크의 '획득형질의 유전'을 따르는 것이었다. 이는 사실이 아니었지만 소련 정부의 입맛에는 딱 맞는 주장이었다. 사상의 주입과 선전을 통해 변증법적으로 공산주의적 인간을 만들어낼 수 있다는 당의 기조를 과학적으로도 정당화할 수 있는 기회였기 때문이다. 그들은 '용불용설用不用說'을 기린의 목 대신 인간의 정신에 적용하려 했다.

스탈린Joseph Vissarionovich Stalin(1878~1953)은 반反마르크스주의적 유전학을 금지하고, 중고등학교는 물론 대학교의 교과과정에서 완전히 삭

제했다. 리센코는 영국에서 정통 유전학을 전공한 소련 농업과학아카데미의 소장 니콜라이 바빌로프 Nikolay Vavilov(1887~1943)를 반동분자로 매도해 숙청하는 데 단단히 한몫을 했으며, 이후 스탈린의 총애를 등에 업고 소련의 농업계와 과학계의 정점으로 올라섰다. 그의 주장에 반박하는 사람은 살해되었다. 스탈린 시대 어용학자가 된 리센코는 결국 공산주의 국가들의 농업에 엄청난 손해를 끼쳤다. 소련이 집단농장 체제로 전환하던 시기에 그의 엉터리 이론이 대규모로 적용되기 시작했고, 이때 공교롭게도 수차례의 대기근이 겹쳤다. 이후 소련의 농업은 나락으로 떨어졌고, 수백만 명이 굶어 죽었다. 소련은 1980년대에 이르기까지 이 비극에서 회복되지 못했다. 이는 과학이 어떻게 이데올로기에 종속되며 권력에 의해 왜곡될 수 있는지를 보여주는 대표적인 사례였다.

우생학적 아이디어를 신봉해 유대인을 제거하려 했던 히틀러가 얼마나 끔찍한 인류의 비극을 가져왔는지는 이미 살펴보았다. 타고난 생물학적 조건으로 인간의 우열을 따지고 차별하려는 움직임이 국가의 공상적 이상주의와 손잡을 때 어떤 모습의 사회가 만들어질까? 그것은 유토피아를 꿈꾸었던 플라톤이 대화편 『국가 *Politeia*』에서 잘 보여주고 있다. 그는 소크라테스 Socrates(BC 470~399)의 입을 빌려 다음과 같이 말했다.

우리는 시민들에게 너희는 모두 형제이지만 신은 너희를 서로 다르게 만들었다는 것을 말할 것이다. 너희들 중 일부는 통치할 능력을 가지고 있고, 그러한 능력을 부여받는 과정에서 금을 섞어주었다. 그러므로 이들은 가장 존경받아야 할 사람들이다. 또한 이들을 돕는 보조자가 될 사람들에게는 은이 섞였고, 농사꾼과 장인들에게는 철과 구리를 섞어주었다. 이렇게 해서 너희들 모두는 동족의 관계이며, 너희들은 계속 자신과 흡사한 종의 아이를 낳을 것이다. (…) 신탁은 철이나 구리의 인간이 나라의 수호자가 되면 그 나라가 망한다고 말한다. 이것은 하나의 이야기이다. 이런 이야기를 시민들이 믿게 할 수 있는가?

소크라테스는 이미 이러한 유토피아를 만드는 것이 불가능하며, 자신이 거짓을 꾸미고 있음을 알고 있었다. 『열린사회와 그 적들The Open Society and Its Enemies』을 쓴 과학철학자 칼 포퍼Karl Raimund Popper(1902~94)는 엘리트 선민의식을 가지고 전체주의의 원형을 만들어낸 플라톤을 비판했다. 그는 플라톤이 꿈꾼 유토피아를 이성과 자유를 부정하는 '닫힌 사회'의 원조라고 여겼다. 이것이 얼마나 교묘하게 짜인 허구 사회인지를 고발한 것이다. 만약 자신이 상상했던 철인이 2,000년이라는 긴 시간을 뛰어넘어 훗날 히틀러의 모습으로 현현한 것을 보았다면 플라톤은 어떤 생각이 들었을까.

홀로코스트의 악몽을 겪은 후 행동과학자들은 유전과 행동 사이의 관계를 찾기 꺼리고 환경결정론으로 많이 돌아섰다. 스키너Burrhus Frederic Skinner(1904~90)의 행동주의behaviorism 학습이론이 유행하고 어린 시절의 양육이 중요하다는 관점이 우세해진 것도 그런 분위기를 반영한 결과로 볼 수 있다. 인간의 본성이라는 개념은 위험한 것으로 여겨지게 되었다. 양육은 정말 인간의 본성을 바꿀 수 있을까?

양육이 본성을 바꿀 수 있을까

문화인류학의 선구자 보아스Franz Uri Boas(1858~1942)는 문화가 인간의 본성을 바꿀 수 있다고 강조했다. 그는 평등주의적 시각을 가지고 인종 분류의 부당함을 호소해 미국의 인종관을 바꾼 학자라는 평가를 받는다. 사회학자 뒤르켐Émile Durkheim(1858~1917)은 사람의 타고난 생물학적 본성으로 사회적 현상을 설명할 수는 없다고 주장했다. 그는 도덕을 개인이 사회화되는 데 가장 중요한 규율 중 하나로 보았다. 도덕성을 심어주는 교육을 통해 인간의 본성을 만들어나갈 수 있다는 존 로크John Locke(1632~1704)의 '빈 서판 tabula rasa' 개념을 지지했다. 인간의 가장 중요한 본성 중 하나인 성 정체성은 어떨까? 성 정체성은 양육 환경에 의해 형성되는 것일까?

성 심리학자 존 머니John William Money(1921~2006)는 '성 역할'이라는 의미로 '젠더gender'라는 용어를 처음 사용한 인물이다. 그는 성 역할이 생물학적으로 타고난 본능에 의해 결정되는 게 아니라 어린 시절의 경험과 양육의 산물이라고 주장했다. 그는 1955년 간성의 생식기를 갖고 태어난 131명의 소아를 대상으로 한 연구를 통해 '성 심리의 중립성' 이론을 발표했다. 아기들의 성 정체성은 생후 약 18개월까지의 경험을 토대로 생성된다는 것이었다. 이를 바탕으로 그는 비정상적인 성기를 갖고 태어난 아이들을 여성으로 바꾸는 수술을 시행했다.

그 희생자 중 하나가 데이비드 라이머David Reimer(1965~2004)였다. 데이비드의 원래 이름은 브루스Bruce였다. 그는 남자 일란성 쌍둥이 중 형으로 태어났는데, 아기 때 포경수술을 받다가 의사의 실수로 성기가 완전히 타버리는 사고를 당한다. 성기 재건 수술이 불가능해지자 브루스의 부모는 당시 명성을 구가하던 존 머니를 찾아간다. 그는 아이를 성전환 수술을 통해 여자아이로 바꿨고, 부모에게 철저한 함구 속에 여성으로 키울 것을 권했다. 브루스는 브렌다Brenda라는 새 이름을 얻었다. 머니는 1972년 브렌다가 여성으로 훌륭하게 키워졌음을 보고하며 자신의 이론이 타당함을 입증하는 성공사례로 홍보하기에 이른다. 모든 유전적 조건이 동일한 일란성 쌍둥이 중 하나를 양육에 의해 다른 성별로 바꿔 키울 수 있었다는 결과는 언론과 학계 모두가 깜짝 놀랄 만한 엄청난 소식이었다.

수많은 의사와 심리학자뿐 아니라 여권 운동가들에게도 큰 영향을 미친 이 사례는 1995년 BBC 방송의 폭로로 성공이 아니라 사기극이었음이 세상에 알려졌다. 브렌다는 여성으로 결코 행복하게 살아가지 못했다. 굵직한 목소리와 수염, 남성적인 성 정체성으로 사춘기를 고통스럽게 보낸 브렌다는 남성으로 살고 싶다며 번민한다. 그의 부모가 더 이상 거짓을 감추지 못하고 사실을 털어놓자 그는 이름을 다시 데이비드로 바꾸고 에스트로겐estrogen 치료를 중단했으며, 지체 없이 남성으로 바로잡는 성전환 수술을 받았다. 여러 부작용과 편견으로 고통스런 나날을 보내다가 성인이 된 이후 한 미혼모와 극적으로 결혼할 수 있었다. 그러나 험난한 결혼생활은 금세 파경에 이르렀고, 그는 결국 39세의 나이에 권총 자살로 비극적인 삶을 마감했다. 머니는 끝까지 이에 대해 사과하거나 잘못을 시인하지 않았다.

이 비극은 『이상한 나라의 브렌다 As Nature Made Him』라는 제목의 책으로 소개된 바 있다. 데이비드 라이머뿐 아니라 머니의 권유로 어린 시

성전환 수술의 희생자 데이비드 라이머의 어린시절과 성인이 된 후의 모습(위).
1966년 최초의 성 전환 수술을 집도한 존 머니 박사(아래).

존 머니는 성 역할을 의미하는 '젠더'라는 용어를 가장 먼저 사용한 사람으로 알려져 있다. 그의 성 정체성 가설은 데이비드 라이머 사건으로 인해 잘못되었음이 드러났다.

절 여성으로 전환한 사람들 대부분이 심리적 문제를 겪다 자의로 다시 남성으로 돌아갔다. 많은 행동유전학자들은 이 이야기를 타고난 유전적 본성은 바뀌지 않는다는 증거로 사용한다. 진화심리학자 스티븐 핑커 Steven Pinker(1954~)도 그의 책 『빈 서판 The Blank Slate』에서 이 일화를 소개하면서 남녀 아이들이 생식기만 다를 뿐 똑같이 태어나며 그 밖의 모든 차이는 사회가 아이들을 어떻게 대하느냐에 달려 있다는 이론에는 신빙성이 없다고 못 박았다.

본성을 강조하기 어려운 이유

톨스토이 Lev Tolstoy(1828~1910)의 소설 『안나 카레니나 Anna Karenina』는 이 유명한 첫 구절로 시작된다. "모든 행복한 가정은 서로 닮았고, 불행한 가정은 제각각 나름으로 불행하다." 그러나 진화심리학자가 봤을 때 이 구절은 틀렸다. 그들은 모든 불행한 가족이 겪는 불행의 씨앗이 대부분 하나의 원인에서 나온다고 말할 것이다. 그것은 바로 유전자에 담긴 본성이다.

핑커는 『빈 서판』에서 본성이 아니라 양육이 절대적으로 중요하다는 오랜 오해를 낳은 장본인은 다름 아닌 루소 Jean-Jacques Rousseau(1712~78)라고 고발한다. 루소는 모든 아이들을 '고상한 야만인 noble savage'으로 규정했다. 욕심 없이 평화롭게 잘 살던 부시맨 부족에게 하늘에서 떨어진 콜라병 하나 때문에 시기와 다툼이 생겨난 것처럼, '빈 서판'처럼 깨끗한 아이들의 본성이 문명이라는 양육을 만나 활짝 피어나거나 아니면 반대로 타락해버릴 수 있다는 것이다. 핑커는 이렇게 계몽시대 이후 근대 사회를 지배해온 '빈 서판' 이론을 뒤엎기 위해 논증을 시도한다.

핑커는 신경과학, 행동유전학, 그리고 진화심리학적 연구결과를 증거로 본성의 중요성을 다각적으로 설명했다. 일란성 쌍둥이와 이란성 쌍둥이의 뇌와 행동을 비교해본 결과, 지능이나 성향, 폭력적 충동과 정신병적 기질 등 거의 대부분의 형질이 유전적 차이에서 비롯되었음을 확인했다고 주장한다. 또한 보편적인 마음은 다원주의적 진화의 경쟁을 통해 형성된 것이라고 보았다. 즉 인간의 도덕적 관념, 문화적 자율성, 정치적 성향 모두 자연선택적으로 획득한 본성에서 비롯되었다는 뜻이다. 이는 대부분 1970년대 '사회생물학 논쟁 The sociobiology debate'을 촉발했던 에드워드 윌슨 Edward Osborne Wilson(1929~2021)의 주장을 적극 변호하는 내용이다.

1975년 윌슨이 그의 책 『사회생물학 Sociobiology』에서 진화론을 이용해 인간의 사회적 행동을 설명할 수 있다고 주장했을 때, 자극적인 내용을 선호하는 언론 매체는 쌍수를 들어 환영했다. 대중적으로도 비상한 관심을 얻었다. 그러나 같은 학교의 진화생물학자 리처드 르윈틴 Richard Charles Lewontin(1929~2021)과 스티븐 제이 굴드는 과학적 타당성이 의심된다는 부정적인 의견을 피력하며 강하게 비판했다. 이들은 또한 계급, 인종, 성별에 따른 일부 집단의 특권을 유전적으로 정당화한다며 사회생물학의 주장을 '우생학적 사고의 부활'에 가까운 도발로 보았다. 르윈틴은 사회주의적 생물학 이론을 전개한 것으로 유명한데, 이 때문에 '마르크스주의 유전학자'라고도 불린다. 그는 사회생물학에 반대하는 다른 두 저자와 함께 『우리 유전자 안에 없다 Not in Our Genes』를 썼다.

진화심리학자 스티븐 핑커.
핑커는 2002년에 쓴 『빈 서판』에서 지적 능력과 폭력성을 포함한 모든 인간성은 환경적 요인에 의해 후천적으로 습득된다는 존 로크의 '빈 서판' 가설에 반론을 폈다. 그는 자연 선택적으로 획득한 인간 본성의 중요성을 다각적으로 설명했다.

실제로 핑커가 『빈 서판』을 쓴 목적은 논쟁의 역사에서 자신의 진영에 있는 학자들, 즉 윌슨과 도킨스, 그리고 『강간의 자연사 *A Natural History of Rape*』를 쓴 랜디 손힐Randy Thornhill(1944~)을 편들고, 반대편에 서 있는 르원틴과 굴드의 주장을 비판하려는 의도임이 명백히 드러난다. 핑커는 마르크스와 좌파 운동에 이용된 빈 서판과 양육 이론을 비난했다. 그러나 나치즘에 악용된 인간 본성의 생물학적 개념에 대해서는 다음과 같이 극구 변호한다.

개념이란 나치가 악용했다고 해서 틀리거나 사악해지지 않는다. 역사가 로버트 리처즈는 나치와 진화생물학이 관련되어 있다는 가정에 대해 "그렇게 막연한 유사성들이 중요하다면, 단두대로 끌려가지 않을 사람이 없을 것"이라 썼다. 사실 나치가 악용했던 개념들을 검열하기 시작한다면 우리는 진화와 유전학으로 인간 행동을 설명하는 것 이상의 훨씬 많은 것을 포기해야 한다. 아예 진화와 대량 학살에 대한 연구 자체를 검열해야 할 것이다.

아우슈비츠와 홀로코스트 이후 유전학자들은 당연히 우생학이라는 용어 자체를 꺼리게 되었다. 미국우생학회는 1968년 기관 학술지 『계간季刊 우생학』을 『사회생물학』으로 개칭했다. 1972년에는 학회의 명칭도 '사회생물학 연구학회'로 완전히 바꿨다. 그러나 이름만 바꿀 것이 아니라, 사회생물학에서 주장하는 바가 실제로 우생학적 사고와 얼마나 차별화되었는지, 또한 얼마나 탄탄한 과학적 토대에서 진행되고 있는지 수시로 돌아보고 점검할 필요가 있다.

실제로 생물학적 결정론이라는 이데올로기를 지나치게 비난한다면 본성이라는 개념이 갖는 과학적 중요성조차 외면될 소지가 있다. 그러나 사회생물학을 바라보는 학계의 조심스러움과 대중적 우려가 어떤 것인지 잘 알고 있다면 불필요한 과장과 지식의 도발적 적용은 지양해야 할 것이다.

유전자로만 보면 인간은 제3의 침팬지

민간 개인기업을 설립해 인간 게놈 프로젝트를 주도했던 미국의 생물학자 크레이그 벤터는 2001년 사람의 유전자 수가 예상과 달리 3만 개 정도밖에 되지 않는다는 결과를 받아들고 적잖이 당황했다. 언론과의 인터뷰에서 그는 생물학적 결정론은 옳지 않으며, 양육과 환경이 인간을 만드는 결정적인 요인이라고 말했다. 인간의 본성과 인류의 무한한 다양성이 유전자 속에 모두 들어 있다고 생각하기에는 유전자 수가 턱없이 적다고 보았기 때문이다. 굴드도 인간의 유전자 수가 예상보다 훨씬 적다는 사실을 두고 『뉴욕 타임스 The New York Times』에 기고한 글에서 이는 거의 모든 생물학적 연구를 지배하는 '환원주의'에 종식을 고하는 부고라고 말했다.

하지만 그들의 판단이 옳다고 보기에는 미심쩍은 부분이 있다. 과연 유전자 수가 얼마나 많아야 인간의 본성이 유전적으로 결정되어 있다고 할 수 있을까? 벤터는 애초에 사람의 유전자 수가 10만 개가량 될 것으로 예상했다. 3만 개와 10만 개의 차이는 본성의 중요성을 판가름하

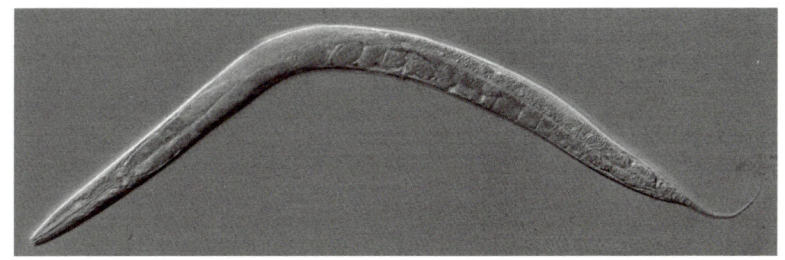

예쁜꼬마선충. 토양에서 썩은 과일이나 식물을 먹고 사는 예쁜꼬마선충은 선형동물의 일종으로 몸의 길이가 1밀리미터밖에 되지 않는다. 이 선충은 다세포생물 중에서 가장 먼저 유전체 염기서열이 밝혀졌는데, 놀랍게도 인간과 거의 비슷한 수의 유전자를 가지고 있는 것이 알려졌다.

기에 그리 큰 차이가 되지 못한다. 쌀의 유전자 수는 약 5만 개, 밀의 유전자 수는 약 12만 개에 달한다. 식물의 경우 보통 동물보다 유전자 수가 훨씬 더 많은데, 그렇다고 해서 식물이 동물보다 더 고등하다거나 더 많은 본성을 가진 자유로운 존재라고 보는 사람은 없을 것이다.

사람의 유전자 수는 재검토를 통해 최종 2만 개 정도에 불과한 것으로 최근 밝혀졌다. 이는 생쥐mouse(3만 개)보다도 더 적고, 몸의 길이가 1밀리미터에 불과한 예쁜꼬마선충*Caenorhabditis elegans*(1만 9,000개)과 비슷한 수준이다. 유전자 수의 많고 적음이 생명체의 가치나 수준을 결정하는 기준이 되지 못함을 알 수 있다. 보다 중요한 것은 유전자 네트워크의 조합, 유전자 발현 조절 방식의 복잡성이나 민감성일 수도 있다.

인간과 유전적으로 가장 가깝고 유전자 수도 거의 비슷한 것으로 알려진 침팬지는 인간과의 유전체 염기서열의 유사성이 98.5퍼센트에 달한다. 차이는 단지 1.5퍼센트에 불과하다. 이런 이유로 『총, 균, 쇠 *Guns, Germs, and Steel*』를 쓴 재러드 다이아몬드 Jared Mason Diamond(1937~)는 만약 외계인이 인간을 본다면 망설이지 않고 인간을 '제3의 침팬지 종'으로 분류할 것이라고 말했다. 여기서 '1.5퍼센트의 차이'라는 것은 정확히 무엇을 의미할까? 2만 개에 달하는 유전자 중 1.5퍼센트에 해당하는 300개의 유전자가 인간에게는 있고 침팬지에게는 없다는 말일까? 아니면 인간과 침팬지가 가지고 있는 유전자의 수와 종류는 대부분 동일하지만 그 유전자들의 세부 염기서열이 1.5퍼센트만큼 차이가 난다는 말일까? 둘 다 아니다. 진실은 둘 사이 어딘가에 놓여 있다. 실제로 인간과 침팬지 둘 중 한쪽에만 특별히 존재하는 유전자는 그리 많지 않다. 인간과 침팬지의 차이를 만든 결정적인 단서가 분명히 이 유전자들 속에 숨어 있을 거라 믿는다면 실망하기 쉬울 것이다.

사람의 염색체는 23쌍으로 되어 있지만, 다른 모든 유인원은 24쌍이다. 진화 과정에서 중간 크기의 유인원 염색체 두 개가 하나로 합쳐져 인간의 조상에서 2번 염색체가 형성된 것으로 보고 있다. 이것은 인간과 유인원 사이의 가장 큰 유전적 차이라고 볼 수 있는데, 유전자는 거의 대부분 유사하지만 염색체의 수가 다르기 때문에 인간과 유인원은 공통의 자손을 낳을 수 없다. 혹 교잡 hybridization에 성공해 잡종을 낳더라도 말과 당나귀 사이에서 나온 노새처럼 생식력이 없을 것임에 틀림없다.

이렇게 전체적인 유전적 유사성에도 불구하고, 인간과 유인원은 언어와 행동, 인지능력 면에서 뚜렷한 차이를 보인다. 부인할 수 없는 존재론적 불연속성이 존재하는 것이다. 그간의 유전체 연구를 통해서도 인간 특유의 '인간성humanity'이나 '인간다움humanness'이 나타나는 생물학적 이유는 아직 알아내지 못했다. 이쯤 되면 인간을 인간답게 만드는 것으로는 양육과 환경적 요인이 더 중요하다고 볼 수 있을지도 모른다. 그러나 침팬지를 교육시켜 인간을 흉내 내도록 하는 것은 거의 불가능하다는 사실이 잘 알려져 있다.

마찬가지로 인간도 어릴 때부터 인간 사회에 적절히 노출되지 않으면 인간다워질 수 없다. 인도의 시골 마을에서 늑대의 무리로부터 구출된 두 소녀의 실화는 유명하다. 구출 당시 각각 8세와 5세 되었던 두 소녀는 유전자와 생김새는 (당연히) 사람이었지만 늑대처럼 울부짖었고, 사람답게 사는 법을 끝내 배우지 못했다. 언어도 제대로 익히지 못하고 웃는 표정을 짓지도 못했다. 한 아이는 우울해하다 금세 죽었고, 다른 한 아이도 10년을 넘기지 못하고 죽었다. 이들을 돌보았던 사람들은 이 아이들이 결코 사람답게 느껴지지 않았다고 한다. 본성이 유전자에서 오는 것만은 아니라는 증거이다.

유전자는 우리를 어디까지 결정할까

유전자가 키나 몸무게, 대사율metabolic rate과 같이 우리 몸의 형태와 기능을 결정한다는 것을 의심하는 사람은 없을 것이다. 그러나 유전자가 우리의 심리와 행동을 결정짓는다고 하면 늑대소녀의 예에서 볼 수 있듯 그 말을 완전히 신뢰하기는 쉽지 않다. 그럼에도 불구하고 실제로 타고난 기질이나 습성의 개념을 무시할 수는 없다. 유전이 인간의 행동에 결정적인 역할을 한다는 주장에 대해서는 회의적일지라도, 유전자가 많은 행동을 조절하는 데 관여한다는 사실은 반박하기 어렵다.

인간의 성격이나 행동을 좌우하는 심리적인 형질은 대부분 유전력이 있다. 잘 연구된 예를 하나 들면, DRD4 유전자는 스릴을 좇는 모험적인 성격과 관련이 있다. 이 유전자는 뇌가 쾌감을 느껴 동기를 유발하도록 하는 도파민 수용체dopamine receptor를 만든다. 사람마다 이 유전자 내부에 있는 48개의 염기서열의 반복 정도가 다른데, 반복 횟수가 많을수록 더 강한 자극을 원하게 된다.

MAOA 유전자는 만족감이나 행복감과 관련되어 있다. 이는 마음을 편안하게 해주는 세로토닌serotonin의 시냅스 내 농도를 조절해주는 효소를 만든다. 여기에 돌연변이가 생긴 변형체는 분노감이나 폭력성이 커지는 원인이 될 수 있다. 대중의 관심을 끌기 좋아하는 언론매체는 DRD4와 MAOA에 각각 '바람둥이 유전자'와 '범죄 유전자'라는 자극적인 이름을 붙여 기사를 내기도 했다. (심지어 범죄의 10퍼센트는 이 유전자에 영향을 받는다는 위험한 발언까지 서슴지 않았다!) 언론과 마찬가지로 행동유전학자들도 보통 이런 몇 안 되는 특정 유전자들에만 초점을 맞춰 분석하기 십상이다. 하지만 실제로 성격과 관련된 대부분의 유전자들은 수백 수천 개의 유전자 변이가 복합적으로 작용하고 있어 상관관계의 추적이 생각만큼 쉽지 않다.

정신에도 유전적 원인이 있다는 증거가 많다. 자폐증autism, 조현병schizophrenia, 알코올 중독alcoholism 등 많은 정신질환이 유전의 영향을 받는다. 헌팅턴 무도병Huntington's disease은 발병에 관여하는 단일 유전자가 명확히 알려진 몇 안 되는 중추신경질환에 해당한다. HTT 유전자에서 CAG 염기서열이 특정 수 이상 반복되면 거의 예외 없이 발병한다. 그러나 이렇게 발병 원인이 명확히 알려진 유전질환은 대단히 드물다.

내가 자주 심각하게 우울해지는 것은 이 유전자 때문일까? 내가 친구들로부터 '금사빠(금세 사랑에 빠진다)'라는 소리를 종종 듣는 것도 타고난 유전자 탓은 아닐까? 문화심리학자 스티븐 하이네Steven J. Heine(1966~)는 『유전자는 우리를 어디까지 결정할 수 있나*DNA is Not Destiny*』에서 유전자를 본질로 생각하는 사고방식은 위험하다고 말한다. 인간의 마음은 근본적으로 겉으로 나타난 현상에 대해 끊임없이 이유를 찾고 설명하고자 하는 욕구를 가지고 있다. 운명을 결정하는 본질을 알고 싶어 하는 사람들에게 과거에는 별자리가 가장 설득력 있는 정보였다면, 현대에는 유전자가 그 자리를 꿰차고 있는 것이다. 유전자가 삶을 결정한다는 사고는 언제든 극단적인 결론으로 이어질 수 있다. 유전자에 대한 본질주의적 사고가 지금처럼 인기를 누리는 한 우생학에 대한 묘한 끌림은 절대로 사라지지 않을 것이다.

본성과 양육, 결국 더 중요한 것은

굴드는 『인간에 대한 오해*The Mismeasure of Man*』에서 생물학적 결정론을 만들어내는 서구의 뿌리 깊은 네 가지 철학적 오류로 환원주의reductionism, 물화reification, 이분법dichotomization, 계층화hierarchy를 들었다. 이는 각각 복잡한 현상을 최소한의 결정론적 요소로 환원해 분석하려는 것, 추상적인 개념을 정량적인 물질로 설명하려는 것, 연속적인 실체를 둘로 엄격히 분할하려는 것, 그리고 모든 가치를 서열화하려는 자세를 의미한다. 인간을 만드는 것이 본성인지 양육인지 명확하게 구분하려는 시도는 위의 네 가지 모든 오류에 해당하는 것이라 볼 수 있다. 굴드는 본성이냐 양육이냐의 논쟁이 세상에 존재하는 가장 못난 이분법 중 상위 3위 내에 들 정도로 쓸모없는 논쟁이라고 말하기도 했다.

사실 사람들의 관심사는 보통 본성과 양육이, 즉 유전자와 환경이 한 사람의 운명을 결정할 확률이 각각 몇 퍼센트인지 구체적인 수치로 나타낼 수 있느냐이다. 기왕이면 별 의미 없는 50대 50이라는 결론보다는 어느 한쪽이 극히 우세한 90대 10 이상의 결론이 나올 때라야 많은 이들이 비상한 관심을 보일 것이다. 마치 운전하다 접촉사고를 당했을 때 애매한 쌍방과실보다는 잘잘못을 확실히 가려 상대방에게 책임을 더 많이 지우는 것이 억울함을 달래는 가장 좋은 방법이듯이. 그러나 이 문제에 대해 르원틴은 이렇게 말한다.

두 사람이 벽을 세우기 위해 벽돌을 쌓고 있다면, 각자 쌓은 벽돌 수를 세어서 각자의 기여도를 꽤 정확히 측정할 수 있다. 그렇지만 한 명은 회반죽을 하고 있고 다른 한 명은 벽돌을 쌓아 올리고 있다고 하자. 만일 그렇다면 벽돌과 회반죽의 양을 측정해서 각각의 정량적인 기여도를 판단하는 것은 어리석은 일이다.

르원틴은 '삼중 나선 triple helix'이라는 표현을 쓰기도 했다. 이중 나선은 선천적이고 유전적인 요소를 의미한다면, 나머지 한 개의 나선은 환경으로 통칭되는 비유전적 요인을 의미하는 것이다. 이는 환경이 생명체의 발생과 진화 과정에 끼치는 영향이 크다는 것을 은유적으로 나타낸 것이다. 유전자에만 집중된 기존의 분자생물학적 연구 방식의 한계를 지적한 것이기도 하다. 이러한 지적은 후에 후성유전학이 등장하는 데 지적인 자극이 되었다.

역사학자 카Edward Hallett Carr(1892~1982)는 역사란 "과거와 현재의 끊임없는 대화"라고 했다. 역사란 과거에 일어난 사실만이 아니고, 현재 학자들의 분석과 해석만으로 만들어지는 것도 아니라는 것이다. 인간의 모습도 이와 비슷하다. 인간의 모습은 유전자와 환경의 끊임없는 대화가 만들어낸 것이라 할 수 있을 것이다. 타고난 유전자만으로는 부족하며, 환경적 요인만으로도 어림없는 일이다.

출생 이후 첫 5년 동안 인간의 정서적 기질이 형성된다고 한 프로이트의 주장대로 인생 초기의 경험이 인간이 살면서 맺는 모든 상호관계에 형태를 부여하고 지속적인 영향을 준다는 사실은 매우 중요하다. 또한 인생 초기뿐 아니라 인생 전반에 걸쳐 학습한 내용으로 우리의 '빈 서판'을 채워나갈 수 있다고 주장한 행동주의 심리학자 존 왓슨John Broadus Watson(1878~1958)의 말대로 우리가 성인이 된 이후에도 새로운 것을 배울 때마다 뇌의 형태가 끊임없이 개조된다는 사실이 뇌 과학 연구를 통해 새롭게 밝혀지고 있다.

매트 리들리Matt Ridley(1958~)는 『본성과 양육Nature via Nurture』에서 인간의 행동이 본성과 양육 측면에서 모두 설명되어야 한다고 말한다. 누구나 할 수 있는 당연한 말인데도 그 말이 그렇게도 하기 어렵다. 사람들에게는 과학은 수치로 말해야 한다는 무언의 압박감이 있는 모양이다. 그렇다고 해서 리들리의 말이 '중용의 덕'을 취하겠다는 의미는 아니다. 그는 '본성 대 양육nature vs. nurture'의 논쟁이 아니라 '양육을 통한 본성nature via nurture' 논쟁으로 바꾸어야 한다는 적극적인 의견을 피력한다.

유전적으로 보면 거의 복제인간이나 마찬가지인 일란성 쌍둥이들

과학저술가 매트 리들리.
그는 2004년에 출판한 『본성과 양육』(2004)에서 인간의 행동이 본성과 양육 측면에서 모두 설명되어야 한다고 주장했다. '본성 대 양육'이라는 오랜 대립구도를 폐기하고 '양육을 통한 본성'의 관점에서 인간을 이해해야 한다는 대안을 제시했다.

도 행동이나 성격이 완전히 같지는 않다. 질병에 걸리는 것도 매번 같을 수야 없지 않겠는가. 그들의 일부가 똑같은 음식을 좋아하고 비슷한 스타일의 배우자를 만난다는 점에 사람들은 깜짝 놀란다. 그러나 한 명은 트와이스Twice를 좋아하고 다른 한 명은 블랙핑크Blackpink를 좋아한다고 말했을 때 사람들은 그런 차이를 애써 기억하려 하지 않는다.

일란성 쌍둥이가 왜 거의 모든 면에서 똑같지는 않은지 우리는 이제 후성유전학epigenetics적 지식이 쌓이면서 조금씩 이해해가고 있는 중이다. 쌍둥이의 유전자는 동일하지만, 그들이 처한 환경에 따라 한 사람의 유전자는 켜지고 다른 하나의 유전자는 꺼질 수 있다. 그들이 접하는 음식, 공해, 스트레스 등의 차이는 특정 유전자의 발현 여부를 크게 바꿀 수 있고, 이렇게 만들어진 차이는 두세 대 후의 자손에게까지 영향을 미칠 수도 있다.

언어 구사 능력은 유전적 자질이다. 그러나 주위에 대화를 나눌 사람이 아무도 없다면 언어구사 능력은 아무 소용이 없다. 이를 보고 매트 리들리는 말한다. "본성은 오직 양육을 통해서만 역할을 펼칠 수 있다. 본성은 오직 사람들이 자신의 욕구를 만족시킬 환경적 영향을 조금씩 찾아내도록 만들 때만 역할을 펼칠 수 있다." 다시 말하면 "유전자는 압제자가 아니라 조력자이며, 신이 아니라 톱니바퀴와 같은 존재"라는 뜻이다. 비만 연구자 조지 브레이George A. Bray(1931~)는 유전자와 환경의 관계를 다음과 같이 멋지게 표현했다 "유전자가 장전된 총이라면, 방아쇠를 당기는 것은 환경이다Genes load the gun, and the environment pulls the trigger." 유전자는 환경과 힘을 합쳐야만 인간의 운명을 개척해 나갈 수 있다.

『동물과의 대화 Animals in Translation』를 쓴 동물행동학자 템플 그랜딘 Temple Grandin(1947~)은 어린 시절 자폐증을 앓고 있다고 진단받았지만 이를 극복하고 훗날 세계적인 학자가 되었고, 『타임스 The Times』가 선정한 '가장 영향력 있는 인물 100인'에도 이름을 올렸다. 그녀는 TED 강연에 출연해 "세상에는 모든 종류의 마음이 필요하다 The world needs all kinds of minds"라고 강조했다. 우리는 매사에 성실한 사람과 지독히 게으른 사람 사이에서, 철두철미하게 계산적인 사람과 무엇이든 넉넉하게 다 퍼주려는 사람 사이에서, 그리고 공감 능력이 풍부한 사람과 사이코패스 사이에서 모든 이들과 함께 더불어 살아가야 한다.

9장

생명은 이기적인가?

윌리엄 해밀턴과
표트르 크로포트킨이 말하는 생명

각각의 동물은 성숙하면 완전히 독립하며, 자연 상태에서는 다른 동물의 원조가 필요하지 않다. 그러나 인간은 항상 동료의 도움이 필요한데, 이것을 오직 동료의 자비에만 기대하는 것은 불가능하다. 이렇게 하는 것보다는 오히려 자기의 이익을 위해 동료의 이기심을 자극하고 자기의 요망 사항을 들어주는 것이 그들 자신의 이익이 된다는 것을 보여주는 것이 훨씬 낫다. 타인에게 어떤 종류의 거래를 제의하는 사람은 누구든지 그렇게 하려고 한다. 내가 원하는 것을 나에게 주면, 너는 네가 원하는 것을 가지게 될 거라는 것이 이러한 모든 제의가 의미하는 바다. 그리고 이러한 방법으로 우리는 우리에게 필요한 호의의 대부분을 상호간에 얻어낸다. 우리가 매일 식사를 마련할 수 있는 것은 정육점 주인, 양조장 주인, 빵집 주인의 자비에 의한 것이 아니라 자기 자신의 이익에 대한 그들의 관심 때문이다. 우리는 그들의 자비심에 호소하지 않고 그들의 이기심에 호소하며, 그들에게 우리 자신의 필요를 말하지 않고 그들의 이익을 이야기한다.

애덤 스미스 Adam Smith, 「국부론 *The Wealth of Nations*」

요즘 뉴스를 보다 보면 종종 우리를 놀라게 하는 장면이 나온다. 길에서 누가 쓰러졌거나 봉변을 당하고 있는데, 사람들이 그저 멀찍이서 바라만 보거나 못 본 척 지나가는 모습이다. 공연히 끼어들었다가 안 좋은 일에 휘말리거나, 선의로 도와주려 했다가도 되레 오해를 사는 경우가 있어 꺼리는 것이다. 굳이 내가 나서지 않더라도 저 많은 사람 중에는 도와줄 이가 분명히 있으리라는 믿음 때문일까? 우리 사회가 갈수록 타인의 불행이나 범죄 당한 일에 무관심하고 각박해지고 있음을 말해주는 듯하다. 사람들이 최근 들어 부쩍 이기적이게 된 걸까, 아니면 원래 그랬던 걸까?

심리학에서는 이렇게 주위에 사람이 많을수록 어려움에 처한 이를 돕지 않게 되는 현상을 '방관자 효과 bystander effect' 또는 '제노비스 신드롬 Genovese syndrome'이라 한다. 1960년대 뉴욕에서 일어난 살인강도 사건 때문에 붙여진 이름이다. 제노비스라는 여성이 새벽에 자기 집을 침입한 강도와 30분 넘게 사투를 벌였으나, 아무도 그녀를 구하러 오거나 경찰에 신고하지도 않아 결국 살해당하고 말았다. 나중에 탐문 조사를 해보니 당시 동네에서 큰 소란이 있었음을 알고도 아무런 조치도 취하지 않은 집이 40가구가 넘었다는 사실이 밝혀졌다.

사회심리학자 엘리자베스 던Elizabeth Dunn(1978~)은 간단한 실험을 통해 사람들이 자신을 위해 돈을 쓸 때보다 타인을 위해 쓸 때 더 행복감을 느낀다는 연구결과를 발표했다. 한 그룹의 사람들에게 20달러를 주면서 자신을 위해 쓰라고 하고, 다른 그룹에는 같은 돈을 주고 타인을 위해 쓰라고 했다. 나중에 두 그룹을 만나 행복도를 조사해보니 후자의 사람들이 언제나 더 큰 행복감을 느꼈다는 것이다.

그러나 실험에 참여한 사람들에게 20달러를 제공했으니 행복해질 수 있었던 게 아닐까? 만약 자기 돈으로 타인을 도우라고 했으면 어땠을까? 다들 그만큼 행복해했을지는 알 수 없다. 오늘날 아무 대가도 바라지 않는 선행은 뉴스에나 나올 만한 드문 일이 되었다. 그리고 위에서 소개한 경우를 포함해 많은 심리학 실험은 그 방법과 결과 해석에서 과학적이지 못하다는 지적을 받기도 한다.

우리 사회에서 이타적인 행위는 이렇게 드물 수밖에 없을까? 착한 사마리아인good Samaritan 이야기는 정말 『성경』에나 있는 것일까? 사람들에게 가르치고 본을 보여서 이타적인 마음을 심어줄 수는 없을까? 아들러Alfred Adler(1870~1937)는 인간에게 건강한 특성이 있다면 그것은 '사회적 관심social interest'이라고 말했다. 인간의 이러한 특성은 어디에서 비롯될까? 일반 심리학과는 달리 인간의 사회적 행동을 설명하는 데 있어 생물학적인 요인을 먼저 찾아내려 노력하는 것이 바로 '사회생물학socio-biology'이다. 그리고 '진화심리학evolutionary psychology'은 여기에서 파생된 새로운 학문이라고 할 수 있다.

이타주의는 어디에서 왔을까

다윈의 적자생존 이론에 크게 감명받은 토머스 헉슬리Thomas Henry Huxley(1825~95)는 "자연이란 이기적인 생명체들이 벌이는 냉혹한 투쟁의 장"이라고 말했다. 극심한 경쟁을 강조한 다윈주의적 생명관은 빅토리아 시대 영국 사회의 분위기가 반영된 탓일 수도 있다. 그러나 이는 자연을 '만인의 만인에 대한 투쟁Bellum omnium contra omnes' 상태로 인식한 토머스 홉스Thomas Hobbes(1588~1679), 그리고 빈민 인구의 증가를 적극적으로 억제해야 한다고 했던 토머스 맬서스Tomas Robert Malthus(1766~1834)의 고전적 주장을 사상적 기초로 한다. 이 '토머스 삼총사'는 인간의 본성이 근본적으로 개인주의적이며 이기적일 수밖에 없다는 생각을 공유했다.

무정부주의자로 유명한 러시아 제국의 지리학자 표트르 크로포트킨Pyotr Alekseyevich Kropotkin(1842~1921)은 그와 반대되는 생각을 가지고 있었다. 그 역시 다윈의 진화론을 잘 알고 있었으나, 자신은 자연에서 경쟁을 찾아보기가 어려웠다고 말했다. 그는 시베리아와 같이 혹독한 환경에서는 생물들이 오히려 협력하는 경우가 더 많다는 사실에 주목했다. 크로포트킨은 『만물은 서로 돕는다Mutual Aid: A Factor of Evolution』에서 '생존을 위한 투쟁'이 늘 서로에게 최선의 이익을 가져다주지 않으며, 개인

러시아 제국의 철학자이자 과학자, 또한 무정부주의자로도 유명한 표트르 크로포트킨.

크로포트킨은 당시 서유럽에서 널리 인정받던 허버트 스펜서의 적자생존 이론에 반기를 들고, 모든 만물은 서로 돕는다는 '상호부조론'을 발표해 크게 주목받았다. 그는 개인과 집단이 함께 발전할 수 있는 최고의 방법은 이타주의에서 나오는 상호협력이라고 주장했다.

과 집단이 함께 발전할 수 있는 최고의 방법은 이타주의에서 나오는 '상호협력mutual aid'에 있다고 주장했다. 그는 아나키즘anarchism의 선구자로 꼽히는 윌리엄 고드윈William Godwin(1756~1836)과 루소, 그리고 고대 그리스의 플라톤처럼 인간은 원래 선하고 이타적으로 태어났으나 사회와 문명이 인간을 타락시켰다고 보는 전통을 따랐다.

다윈도 집단을 이루고 사는 개미나 꿀벌 사회에서 일개미나 일벌이 각각 여왕개미와 여왕벌을 위해 헌신하며 스스로 번식을 자제하는 자연스러운 희생이 존재하는 것을 보고 자신의 자연선택 이론이 무너지는 건 아닐까 노심초사했다. 실제로 '진眞사회성eusocial 곤충'이라 불리는 개미와 꿀벌은 자연에서 같은 종 내 협력의 중요성을 가장 잘 보여주는 예라 할 수 있다. 다윈은 어째서 자연에 이타주의가 존재하는지를 끝내 설명하지 못하고 세상을 떠났다.

다윈이 죽은 지 80년도 더 지난 1960년대 중반에 이르러 유전학자들이 실마리를 풀기 시작했다. 이타주의의 기원은 다름 아닌 '이기심'이라는 다소 아이러니한 주장이 나온 것이다. 개미의 행동을 연구한 곤충학자 윌리엄 해밀턴William Donald Hamilton(1936~2000)은 성공적인 번식이란 스스로 직접 남긴 자손의 수뿐 아니라, 자신과 비슷한 유전자를 공유하는 혈연자의 생존에 얼마나 영향을 미쳤는가로 평가될 수 있다는 '친족선택kin selection' 이론을 주장했다. 즉 자신과 유전적으로 가까운 친족과 인척에게 이타적으로 대하려는 행동은 자신과 닮은 유전자를 퍼뜨리려는 시도에서 나온다는 것이다. 이타주의의 진화를 설명하는 자연선택적 메커니즘을 제공한 셈이다. 해밀턴은 "이타주의는 결국 유전자의 이기심이 표출된 것일 뿐"이라고 주장했다. 그러니까 일개미의 충성과 이타적 행동은 유전자의 입장에서는 이기주의의 다른 형태일 뿐이지 그리 대단한 희생은 아니라는 뜻이다. 이 이론은 에드워드 윌슨의 강력한 지지를 받았으며, 1976년 도킨스가 쓴 『이기적 유전자』에 의해 구체화되면서 커다란 대중적 관심을 끌게 된다.

학계에서는 이기적 유전자 개념과 이타주의의 역설 문제로 격론이 일어났다. 생물학적 이타주의는 도덕적 형이상학에서 말하는 이타주의와는 다르다. 나의 행위로 인해 내가 아닌 다른 존재의 생존과 증식에 도움이 되느냐를 의미한다. 그럼에도 이타주의라는 찬사를 받을 만한 성향이 유전자의 이해관계에 의해 만들어졌다는 주장은 과학사에서 가장 불온한 사상이라 할 만하다. 인간의 선의와 도덕성의 가치를 땅에 떨어뜨리는 주장을 해서 과연 우리가 얻을 게 무엇이란 말인가.

영국의 진화생물학자 윌리엄 해밀턴.
그는 '포괄 적합도(inclusive fitness)'라는 개념을 따르는 '친족선택 이론'을 통해 이타주의를 유전자에 기초해 설명했다. 이것은 도킨스의 책 『이기적 유전자』에 이론적 기반을 제공했다고 평가받는다.

죄수의 딜레마가 불러온 딜레마

'죄수의 딜레마prisoner's dilemma'라는 유명한 비非제로섬 게임non zero-sum game 이론이 있다. 존 내시John Forbes Nash, Jr.(1928~2015)의 균형 이론을 설명하는 데 즐겨 사용되는 하나의 예이다. 상황은 다음과 같다. 함께 범죄를 저지르고 따로 수감된 두 죄수가 있다. 그들은 경찰의 심문에서 공범 혐의를 인정하느냐 안 하느냐에 따라 형량이 다르게 결정된다. 두 죄수 모두 끝까지 혐의를 부인하면 둘 다 1년 형을 받는 데 그친다. 그리고 모두 혐의를 인정하면 5년 형을 받는다. 그러나 둘 중 하나만 혐의를 인정하면 인정한 죄수는 즉시 풀려나고, 홀로 혐의를 부인한 죄수는 10년 형을 받는 최악의 상황을 맞이한다.

둘 다 배신의 유혹을 떨쳐내고 끝까지 협력하여 혐의를 부인할 경우 죄수들은 나쁘지 않은 결과를 얻는다. 그러나 두 사람 모두 상대방이 자신을 배신하고 이기적인 행위를 할 가능성을 염두에 둬야 하므로 마냥 협력할 수는 없다. 자신만 끝까지 혐의를 부인한다면 상대방만 좋은 일을 시키는 셈이기 때문이다. 이에 둘 다 상대를 의심하면서 이기적인 선택을 할 경우 협력할 때보다 훨씬 나쁜 결과를 받아들게 된다.

이 상황은 두 죄수가 모두 이타적으로 생각할 때만 서로에게 도움이 되도록 설정한 것이다. 따라서 진화과정에서 인간이 어떻게 서로 협력하게 되었는가를 설명하는 데 종종 이용된다. 그러나 사람들은 보통 이기적이기 때문에 (또한 상대방이 이기적으로 행동할 것을 우려하기 때문에) 상대방의 의사를 명확히 알기 전에는 쉽게 협력하려 하지 않는다. 만약 자연에서 살아남기 위해 경쟁한다는 진화 이론과 인간은 본질적으로 이기적이라는 생각을 인간 사회에 그대로 적용한다면 '죄수의 딜레마' 게임에서는 언제나 최악의 상황을 피할 수 없게 된다. 그러므로 사람들이 무한 경쟁과 이기적인 판단이 인간 사회에 언제나 좋은 결과를 가져오지 못한다는 것을 깨닫게 되면서 '이타적 협력'이라는 개념이 점차 진화했다는 것이다. 만약 사회생활을 하면서 죄수의 딜레마 같은 상황이 반복적으로 찾아온다면 사람들은 점점 협력하지 않을 수 없음을 알게 될 것이다. 이 죄수의 딜레마 이론은 본래 경제학 분야에서 발전했지만, 유전학자 존 메이너드 스미스John Maynard Smith(1920~2004)가 인간의 협력 메커니즘을 설명하기 위해 진화생물학에 차용하면서 많은 생물학자들의 연구 대상이 되었다.

그러나 이런 식으로 인간의 이타주의가 진화하게 되었다는 설명은 어딘가 모순적이다. 이는 오히려 사람들이 이기적으로 행동하다가 수차례 낭패를 보면서 자신의 선택을 개선해가는 과정을 설명하는 데 더 적합해 보인다. 타고난 본능에 따라 협력하게 된다기보다는 경험과 학습을 통해 협력의 필요성을 배우게 된다고 보는 게 더 이치에 맞다. 즉 협력이라는 개념은 전통적인 의미의 유전적 진화에 의해 획득되는 것이 아니라는 말이다.

진화심리학에서는 이처럼 인간이 협력하게 되는 경우를 보고 대부분 '적자생존이 진화적으로 호혜주의reciprocity를 선택한 것'이라고 결론 내린다. 그렇다면 이는 호혜주의의 자세가 어느샌가 유전자에 새겨졌다는 뜻일까? 그것보다는 경험으로 호혜주의의 장점을 배우게 되었다는 것이 훨씬 더 설득력 있지 않을까? 혼자서 매머드를 잡으려 하는 것은 무모하고도 위험한 일이다. 혼자서 큰 동물을 잡아 서늘한 동굴 안에 보

죄수의 딜레마 게임을 창안한 존 내시. 미국의 수학자 내시는 밀레니엄 문제 중 하나인 리만 가설을 풀다가 조현병을 앓게 된 것으로 유명하다. 그의 생애를 토대로 전기 영화 「뷰티풀 마인드」(2001)가 만들어졌다. 그는 1994년에 노벨경제학상을 받았다.

관해놓고 몇 달에 걸쳐 혼자 똑같은 고기만 지겹도록 먹는 것보다는, 여럿이 함께 잡은 뒤 고기를 사람 수대로 적당히 나누어 먹고 또 사냥을 함께 나가는 것이 훨씬 더 효율적이다. 이는 유전자에 새겨놓지 않아도 경험으로 배울 수 있는 일이다. 은혜를 쉽게 잊고 이기적으로 행동하는 사람은 누구의 신뢰도 받을 수 없다는 사실을 굳이 DNA에 기록해둘 필요는 없다. 언어가 생기고 글자가 만들어진 뒤로 우리의 태도와 양식이 적자생존에 좌우될 필요는 없어진 것이다.

　　죄수의 딜레마 이론에서 또 한 가지 아쉬움이 있다면 상호협력과 이타적인 결정에 대한 대가가 이기적인 결정을 내릴 때 얻을 대가에 비해 부족하게 정해놓았다는 점이다. 이것은 인간이 이기적일 때 가장 큰 이득을 얻는다는 걸 암암리에 기정사실로 못 박아 두고 시작하는 셈이 아닌가? 아무런 대가를 바라지 않고 이타적인 선택을 했을 때 가장 큰 이득이 돌아가도록 (즉 이기적인 선택을 했을 때 결국 손해가 크도록) 딜레마의 조건을 다시 설정해놓는다면 어떨까. 그것이 바로 진정한 교육이며 진화적 이기심을 끊어낼 유일한 방법이 아닐까. 우리는 사실 누구나 대가를 바라지 않는 이타심을 실질적으로 가장 높이 평가하며 칭송하지 않는가.

복잡한 사회 속 다양한 조건과 자유의지에 따른 결정을 간단한 게임으로 환원해 설명하려는 시도가 성공적일지는 확실하지 않다. 그리 호평을 받지도 못하는 것 같다. 실제 대부분의 게임에서 협력에 실패하는 결과가 반복되기 때문이다. 실제로 우리에게는 이타적인 사람일수록 억울하게 손해보며 산다는 생각이 만연해 있지 않은가. 그렇다면 사람들은 자신에게 이득이 되지 않으면 결코 서로 돕지 않는 걸까? 대가 없는 선의의 행동은 정말 기대할 수 없을까? 결코 그렇지 않다.

이기적 유전자라는 참을 수 없는 모호함

이기심이 자연선택에 유리하다는 것을 설명하기 위해 어떤 사람들은 애덤 스미스Adam Smith(1723~90)를 인용하기도 한다. 『국부론 *The Wealth of Nations*』에서 그는 국가를 부유하게 만드는 요인은 국민 개개인의 애국심이나 공명심 때문이 아니고, 각자가 스스로 먹고살기 위해 최선을 다하기 때문이라고 분석했다. 사람들이 빵과 고기를 먹을 수 있는 것은 빵집 주인과 푸줏간 주인의 자비로운 마음 때문이 아니라 그들의 이기심 때문이라는 뜻이다. 개인의 이기심이 모여 이타적 결과를 가져온다는 것이다. 그러나 욕심을 부려 과도한 이익을 보려 하거나 불법적인 행위를 한 것이 아니라 단지 먹고살기 위해 스스로 열심히 일하는 것을 '이기적'이라고 해석하는 것은 석연치 않은 데가 있다. 더욱이 이 상황을 이기적 유전자가 이타적 행위를 하는 이유를 설명하는 데 가져다 쓴다는 것도 적절한 인용이라고 보기 어렵다.

물론 『국부론』이 씌어진 후에야 비로소 '경제학' 개념이 생겨난 것처럼, 『이기적 유전자』가 씌어진 후에야 개체 단위의 자연선택 외에 더 작은 분자 개념의 진화 이론이 생겨날 수 있었다는 점에서 '이기적 유전자'라는 창의적 개념 자체에 가치를 둘 수도 있겠다. 그러나 우리가 소중히 여기는 사랑이나 도덕, 희생의 개념들을 이기심이 잘 포장되어 나타난 결과라고 치부하는 주장에는 적지 않은 아쉬움이 느껴진다.

리처드 도킨스는 개체가 손해를 보더라도 유전자에게 이롭다면 결과적으로 선택된다는 해밀턴의 주장과, 생물이 유전자의 임시 운반체 역할을 한다고 본 윌슨의 주장을 영리하게 합쳐 대중의 호기심을 유발하는 데 성공했다. 그는 효과적인 생존과 번식을 위해 이기심을 갖는 주체를 '개별 유전자'로 상정하였고, 개체는 유전자라는 이기적인 분자를 복제해 퍼뜨리는 데 사용되는 '생존 기계'일 뿐이라고 주장한 것이다.

그러나 도킨스가 『이기적 유전자』에서 '유전자'라는 용어를 한 가지 개념으로 정확하게 사용하고 있는지에 대해서는 늘 의문부호가 따라다닌다. 그가 말하는 '유전자'의 의미는 귀에 걸면 귀걸이, 코에 걸면 코걸이마냥 매번 달라진다. 어떤 문장에서는 기능적 단위로서의 '유전자gene'를 의미하다가도 또 어떨 때는 몇 개의 염기로 구성된 '뉴클레오타이드

nucleotide 조각'을 뜻하기도 하고, 또 어떨 때는 하나의 '염색체chromosome 덩어리', 혹은 한 세포가 가지고 있는 '전체 유전체genome'를 의미할 때도 있다. 그러나 대부분은 '자기 복제자replicator'라는 모호한 개념으로 사용했다. 유전자가 이기적이라고 주장하려면 이 모든 용어의 의미를 엄격하게 구분해 사용해야만 한다. 도대체 어떤 개념의 유전자가 이기적이라는 말인가. 어느 정도 이상의 길이가 되면 그렇다는 말인가. 특정 기능을 갖는 DNA들이 그렇다는 말인가. 한 개체의 유전자들이 모두 모이면 그렇다는 말인가. '유전자'란 원하는 대로 다 가져다 써도 되는 두리뭉실한 단어가 아니다.

『이기적 유전자』가 당연히 받아 마땅한 과학적 의심을 충분히 받지 않는 이유는 독자들이 '유전자'의 의미를 역시 (도킨스의 의도대로) 모호하게 받아들이는 데 만족하고 있기 때문은 아닌가 싶다. 그의 호도성 주장에 대중이 지대한 관심을 보이는 것은 어쩌면 그가 자극적인 가십과 음모론을 좋아하는 대중의 심리를 잘 파고들었기 때문인지도 모른다. 그가 의심하라고 요청하고 있는 것은 다름 아닌 키케로Marcus Tullius Cicero(BC 106~43)가 했다는 이 말이다. '누가 이득을 보고 있는가?Cui bono?' 이 모든 생명들의 목적론적 행위로 인해 가장 수혜를 보는 존재는 누구인가? 그것은 다름 아닌 숨어서 조종하고 있는 유전자라는 것이다.

그러나 어떤 유전자를 말하는 걸까? 유전자 하나를 의미하는 것은 아닐 것이다. 아마도 한 세포의 핵 속에 들어 있는 모든 유전자를 한통속으로 봐야 할 것이다. 그러나 한 사람의 DNA와 99.9퍼센트 동일한 DNA가 다른 사람들의 몸에도 고스란히 들어 있다. 유럽의 백인들과 중국인들의 유전자는 99.9퍼센트 동일하다. 아마존 밀림 속 원주민들과 에스키모인들의 유전자도 마찬가지이다. 최초의 생명이 탄생한 이래로 이토록 오랫동안 살면서 천수天壽를 누리고 있는 유전자들은 너무 나이가 들어 마침내 치매에 걸린 모양이다. 모든 이들이 하나의 조상에서 나온 DNA를 공유하고 있는데 돌연변이가 생겨 조금 달라졌다고 해서 먼 친척을 몰라본단 말인가? 도대체 누가 누구의 편이며, 누가 우리의 적이란 말인가? 유전자가 과연 얼마나 달라야 적이 되는 것인지 더 구체적인 설명이 없고서는 희망 섞인 추측에 불과하다.

동물의 행동에서 인간의 심리를 안다는 것

1970년대 이후로 영장류 연구가 크게 발전하면서 인간 사회와 영장류 사회를 비교하며 설명하려는 움직임이 활발해졌다. 영장류의 행동을 관찰, 분석함으로써 인간을 더 깊이 이해하려는 시도이다. 인간도 영장류의 하나이며, 진화적으로 같은 뿌리를 가지고 있기 때문에 이와 같은 연구가 전혀 의미 없는 일은 아닐 것이다. 그러나 우리가 이런 비교 연구를 통해 무엇을 알게 될지, 그리고 그 결론이 얼마나 큰 의미를 가질지에 대해서는 의견이 분분하다. 인간 자체를 대상으로 연구한다 해도 그 심리와 행동을 해석하는 일이 쉽지 않은 마당에 동물을 연구함으로써 인간에 대해 무엇을 더 발견할 수 있을 것인가라는 의문과 함께.

예를 들어 이런 문제가 있다. 우리는 대부분의 영장류가 사회를 형성하며 산다는 것을 연구하여 알게 되었다. 독립성이 가장 큰 오랑우탄도 예외는 아니다. 그리고 사회 내 위계질서가 존재하며, 암컷보다는 수

컷에서 이런 경향이 더 뚜렷하다는 것을 관찰했다. 원숭이는 힘이 강한 수컷일수록 서열이 높으며, 힘이 약한 수컷에 비해 암컷과의 교미 기회를 더 많이 가지게 된다. 그러나 유인원 중 인간과 유전적으로 가장 가깝다고 알려진 침팬지는 힘이 강하다고 해서 꼭 서열이 높은 것은 아니다. 힘이 약하더라도 사회성에 능통한 놈이 우두머리를 차지하기도 한다. 그렇다면 인간의 원시 사회 모습은 어땠을까. 사회생물학자들의 결론은 그럴듯하다. 우리 조상들의 사회는 우리와 먼 원숭이 사회보다는 위계질서가 덜 엄격했으며, 우리와 가까운 침팬지 사회처럼 평등주의적이었다는 것이다.

그렇다면 이 문제는 어떨까? 원숭이는 매우 공격적인 포유류에 속하는 데 비해 보노보 bonobo의 사회는 대단히 평화로운 것으로 알려져 있다. 일반적인 침팬지 집단에서는 수컷이 암컷을 지배하는 반면 보노보 집단에서는 암컷이 보통 우위를 점한다. 또한 침팬지는 새끼를 가지고자 할 때만 교미를 하지만 보노보는 그저 즐기려는 목적으로 성행위를 한다. 아프리카의 초원이나 밀림에 사는 동물을 다룬 다큐멘터리에서 원숭이나 침팬지, 오랑우탄과 같은 유인원을 자주 만나보았을 것이다. 그러나 아무리 다큐멘터리를 즐겨 보는 사람일지라도 보노보는 거의 접할 기회가 없다. 그 이유는 보노보가 다른 영장류에 비해 희귀하거나 촬영하기 어려워서가 아니다. 보노보의 일상이 방송용으로는 결코 적절하지 못하기 때문이다. 보노보는 딥 키스는 기본이고 다양한 체위의 섹스를 시도할 뿐 아니라, 자위행위와 구강성교, 동성애와 집단 난교에 이르기까지 상상할 수 있는 모든 형태의 성행위를 즐긴다. 그것도 거의 한 시간 간격으로 매우 자주. 이것이 평화를 사랑하는 보노보의 일상이다.

평화를 사랑하는 영장류 보노보.
보노보는 유인원 중 가장 늦게 연구되기 시작한 종으로 분류학적으로 침팬지와 함께 인간과 가장 가까운 동물에 속한다. 유인원 중 가장 평화적이고 온순하다고 알려져 있다.

재미있는 점은, 최근에 나온 유전체 분석의 결과가 인간과 가장 가까운 유인원이 더 이상 침팬지가 아니라 보노보임을 새롭게 알려주었다는 사실이다. 인간과 보노보의 유전체는 1.3퍼센트밖에 차이가 나지 않는다! 인간과 1.5퍼센트 정도 차이나는 침팬지보다도 더 가까운 셈이다. 자, 그렇다면 이제 우리는 보노보의 행동과 인간의 행동 사이에 어떤 연관성을 발견할 수 있을까? 인간이 자유로운 성생활을 추구하는 것에는 그럴 수밖에 없는 이유가 있다고 말하겠는가. 인간의 사회는 보노보 집단처럼 평화를 사랑하는 여성 우위의 사회에 가까운가. 유전체의 차이가 거의 나지 않는 침팬지와 보노보의 행동 사이에는 왜 그렇게 큰 차이가 존재하는가.

사회를 진화로 설명하기: 소설일까 다큐일까

사회생물학에서 말하는 생물학적 이타주의는 무조건적인 것일 수 없다. 그것은 '호혜적 이타주의reciprocal altruism'이다. 이타적이되 일종의 조건부라는 뜻이다. 중이 자기 머리를 깎을 수 없으니까 '내가 네 머리를 밀어줄 테니 너는 내 머리를 밀어다오'에 해당하는 일시적인 자기희생이다. 스티븐 핑커는 『빈 서판』에서 호혜적 이타주의를 이렇게 설명했다.

이타주의는 생물들이 호의를 교환할 때 진화할 수 있다. 한 생물이 다른 생물을 돌보고, 먹이고, 보호하고, 지원하는 식으로 도움을 주고, 또 필요할 때에는 상대방의 도움을 받는 것이다. 이것을 호혜적 이타주의라 부른다. 당사자들이 서로를 알아보고, 반복적으로 상호작용하고, 적은 비용으로 상대에게 큰 이익을 줄 수 있고, 제공되거나 거부된 호의를 기억하고, 그에 따라 보답을 주게끔 되어 있을 때 호혜적 이타주의가 진화할 수 있다. 호혜적 이타주의가 진화하는 이유는 협력하는 자들이 은둔자나 염세가들보다 더 잘 살아남기 때문이다. (…) 호혜적 이타주의의 필요성은 왜 사회적 도덕적 감정이 진화했는가를 설명한다.

또한 자신과 유전적으로 가까운 개체에게 잘해주려는 본능이 호혜적 이타주의에서 나온 것임을 말해주는 하나의 예로 부성애가 모성애만 못한 이유를 든다. 포유동물은 암컷의 몸속에서 이루어지는 체내수정으로 자식을 낳기 때문에 수컷은 암컷과 달리 자기 자식이 진짜로 자신의 생물학적 자식인지 100퍼센트 확신할 수 없기 때문이라는 것이다.

그리고 이런 현상은 모든 문화권에서 보편적으로 나타나는 '메타문화적 metacultural' 현상이기 때문에 유전적일 수밖에 없다고 말한다. 이는 진화심리학적 설명의 전형적인 예라 할 수 있다.

    이런 해석은 매우 흥미롭고 심지어 기발하다고 여겨지기 때문에 대중의 관심을 끌기 좋다. 그러나 그렇다고 해서 과학적으로 검증된 객관적 해석이라 볼 수는 없다. 남성이 친자검사를 통해 자신의 자식이 정말로 맞는지 확인했다고 해서 부성애가 더 커지는 것은 아니다. (반대로 친자가 아님이 드러난다면 그나마 있던 부성애가 모두 사라질 수는 있겠지만.) 모든 남성은 아내가 낳은 자식이 정말로 자기 자식임을 '기정사실화' 하더라도 모성애만큼 강한 애정을 느끼기는 어렵다.

    이보다는 덜 자극적이지만 더 과학적인 방식으로 충분히 설명할 수 있는 다른 방법들이 있다. 직접 자신이 낳고 젖을 먹이면서 아기와 교감할 때 분비되는 옥시토신 oxytocin도 좋은 예가 될 수 있다. 옥시토신은 출산 직전에 산모에게서 다량 분비되어 자궁의 수축과 젖 분비를 유도하는 호르몬으로 알려져 왔는데, 출산 이후에도 아기에게 젖을 물리는 등 피부 접촉을 통해 꾸준히 분비되며 강한 모성애를 형성하는 원인으로도 여겨지고 있기 때문이다.

    인간에게 자의식과 이성, 언어, 양심과 같은 특성이 있는 한 아무리 닮았더라도 인간은 행동에 있어 동물과는 다를 수밖에 없다. 진화심리학자들은 이런 인간적 특성조차 진화를 통해 얻어진 본능에서 나온 것이라고 말한다. 바로 이 지점에서 대중들은 둘로 갈라진다. 이러한 해석에 강한 흥미를 느끼는 사람들과 거부감과 불신을 나타내는 사람들로. 특히 남녀의 행동 차이에 대한 결정론적 해석은 성 평등 운동가들의 커다란 분노와 반발을 불러일으킨다. 『욕망의 진화 The Evolution of Desire』를 쓴 진화심리학자 데이비드 버스 David Michael Buss(1953~)는 강간 행위에 진화적 이점이 존재할지도 모른다고 말했다. 로버트 라이트 Robert Wright(1957~)는 『도덕적 동물 The Moral Animal』에서 이렇게 주장했다. "순전히 다윈주의적 관점에서만 보면, 여성들은 크고 강하고 성적으로 공격적인 남성, 즉 유능한 겁탈자 a good rapist와 짝짓기 하는 것이 좋다. 그러면 본인의 아들도 크고 강하고 성적으로 공격적인 남성이 될 가능성이 높다."

문제는 이러한 주장에 과학적 근거가 미흡함에도 불구하고, 인간의 문화에 존재하는 가장 나쁜 성 고정관념에 과학적(인 듯 보이는) 타당성을 입혀 대중을 호도하는 자극적인 판타지물이 만들어지기 쉽다는 것이다. 물론 남녀의 성별에 따른 사고와 행동의 차이가 순수하게 탄생 이후의 양육방식과 사회화의 결과라고만 볼 수는 없다. 그러나 이들의 차이가 대부분 생물학적으로 결정되는 본질이라고도 보이지 않는다. 이러한 결정론은 성 문제뿐 아니라 인종과 계급의 문제에서도 심각한 사회적 불평등을 정당화할 우려가 있다.

진화심리학자들은 어쩌면 지난주 주요 증시가 폭락한 이유도 기어코 생물학적 요인을 찾아내 설명하려 할지 모른다. 마치 프로이트의 심리학이 한때 모든 문제를 오이디푸스 컴플렉스 Oedipus complex나 어린 시절 억압받은 성적 욕망 libido으로 설명하려 했던 것과 마찬가지이다. 이는 세계의 복잡성을 무시한 처사이다. 진화심리학에 때때로 키플링 Joseph Rudyard Kipling(1865~1936)의 어린이용 동화책 제목으로 사용되기도 한 '그저 그런 이야기 just so stories'라는 오명이 따라다닌다는 사실은 극복해야 할 하나의 과제임에 틀림없다. 사실 판단과 가치 판단을 혼동하는 데서 생기는 '자연주의적 오류naturalistic fallacy', 즉 '자연적인 것, 자연에 존재하는 것이 옳은 것'이라는 믿음에 빠지지 않도록 주의해야 한다는 점 또한 잊지 말아야 한다.

미셸 푸코는 『말과 사물Les Mots et les Choses』에서 인간은 스스로 "지식의 대상인 동시에 인식의 주체"라는 모순적인 입장에 놓여 있다고 지적한 바 있다. 동물에게는 없는 이성과 언어, 문화 때문에 인간은 생물학적 진화 연구의 객관적 대상으로는 썩 적합하지 않아 보인다.

만인의, 만인에 의한, 만인을 위한 협력

'밈meme'이라는 개념을 들어본 적이 있을 것이다. 도킨스가 만든 용어로, 문화적 복제나 대물림이 일어나는 단위를 '유전자gene'라는 용어에 빗댄 표현이다. 그는 문화적 진화가 유전적 진화와 아주 유사하게 일어나면서도 완전히 독립적인 현상이라고 주장했다. 그가 밈을 제안했던 의도는 복제 현상이 꼭 DNA와 같은 물질을 기반으로 일어날 필요는 없다는 것을 강조하고 싶어서였다. 밈도 자기 복제자replicator의 한 종류이므로 사람들의 뇌에서 뇌로 생각과 신념을 모방하여 전달됨으로써 생명의 진화과정에 참여한다는 말이다. 이러한 주장은 대중들에게는 흥미롭게 받아들여지고 있는 것에 반해, 문화 역시 유전자를 바탕으로 한 생물학적 진화를 통해 만들어진다고 여기는 진화심리학자들의 주장과는 결이 다르기 때문에 학계에서는 혼선을 빚는 원인이 되었다.

밈의 개념을 이용하면 인간의 이타적 행동이 더 논리적으로 설명될 수 있다. 진화심리학자들이 지지하는 해밀턴의 친족선택 이론이나 호혜적 이타주의는 인간의 이타적 행위를 자신과 비슷한 유전자를 퍼뜨리려는 이기심이나 다시 돌려받고자 하는 계산에서 나온 행동으로 한정해서 본다. 평생을 낯모르는 타인을 위해 기도하고 봉사하며 살아온 존경받는 목사님은 사실 천국행 티켓을 확보하기 위한 이기심으로 희생한 것이고, 지하철 선로에 떨어진 아이를 구하러 뛰어내렸다 사고사를 당한 의인은 언론에 얼굴을 한 번 내밀고 영웅으로 추앙받고자 하는 심산이었다. 아프리카에서 굶주리는 불쌍한 아기들을 구호하기 위해 매월 일정액을 기부하기로 마음먹은 당신은 사실 스스로 착한 행동을 했다는 뿌듯한 자부심을 느끼고 싶었을 뿐인지도 모른다.

그러나 밈은 어째서 인간 사회에서 대가를 바라지 않는 순수한 이타적 행위가 존재하며 칭송을 받게 되는지 설명해준다. 이타적인 사람은 쿨해 보여 인기가 있고, 많은 사람에게 호감을 산다. 호감을 사기 때문에 모방될 수 있고, 모방되기 때문에 이타적인 사람의 밈은 그렇지 않은 사람의 밈보다 더 쉽게 퍼진다. SNS와 같은 개인 미디어가 발달한 현대 사회에서는 밈에 의한 진화가 유전자의 진화보다 더 중요한 역할을 할 수 있다. 때때로 밈과 유전자의 진화는 반대 방향으로 작용하기도 하므로, 서로가 가진 영향력을 적절히 상쇄할 수도 있다. 이와 관련해 매트 리들리는 『이타적 유전자 *The Origins of Virtue*』에서 이렇게 썼다.

인간에게 동물적인 면이 있다고 해서 인간이 모든 면에서 동물적인 것은 아니다. 모든 동물 종이 고유한 면을 갖고 있고 서로 다르듯이, 인간도 고유한 면을 갖고 있고 서로 다르다. 생물학은 단일 법칙성의 과학이 아니라 예외의 과학이며, 거대한 통합의 과학이 아니라 다양성의 과학이다. 개미가 공산주의적이라는 사실은 인간의 본능적 미덕과 아무런 관계가 없다. 자연선택의 잔혹성으로부터 잔혹이 미덕이라는 결론은 나올 수 없다.

밈이라고 하는 비물질적인 개념이 존재하여 사람과 사람을 거쳐 수평적으로 전달되고 영향을 미친다는 주장은 매우 그럴싸하다. 그러나 이 추상적인 개념 역시 유전자처럼 '진화'한다는 도킨스의 표현이 과연 적절한지는 분명히 재고의 여지가 있다. 진화라는 개념이 유전자를 떠나 사용될 때 어떤 문제가 발생할 수 있는지 우리는 앞서 여러 차례 논의한 바 있다.

크로포트킨은 '생존을 위한 투쟁', '만인의 만인에 대한 투쟁'과 같은 기계적 진화론이 그가 자연에서 관찰한 바를 올바로 설명해주지 못한다고 말했다. 삶의 특징은 경쟁이 아니라 협력이라는 것이다. 개체와 개체의 싸움만이 진화의 유일한 동력은 아니며, '상호부조' 역시 진화를 일으킬 수 있다고 보았다. 그러나 협력이 태곳적부터 내려오는 동물적 전통으로서 인간에게도 유전적으로 부여되었다는 주장이 과학적으로 증명된 것은 아니다. '이타적 유전자'와 '이기적 유전자' 모두 유전적으로 진화해 온 거라고 말한다면 모순이 아니겠는가. 오히려 밈에 의해, 혹은 양육과 도덕적 가르침에 의해 전해지는 것이라 보는 것이 더 합리적이고 심지어 교육적이지 않을까. 이것이 바로 내가 죄수의 딜레마 이론에서 이타적인 선택을 한 경우 보상이 더 크도록 재설정을 하는 것이 좋겠다고 말한 이

「**추수하는 사람들**」(피터르 브뤼헐, 1565).
더운 여름날 밀을 수확하는 농부들의 모습이 담겨 있다. 한 무리의 농부들이 나무 그늘에서 휴식하는 동안 다른 무리는 번갈아 가며 밀을 베고 있다. 농부들은 서로 협력하는 이타적인 선택이 더 큰 보상을 가져다준다는 것을 경험을 통해 배워왔다. 메트로폴리탄 미술관 소장.

유이다. 다만 이타주의의 출현이 '만인의 만인에 대한all against all' 투쟁, 즉 이기적인 본심을 숨긴 '홉스적 투쟁' 때문이 아니라, '만인의, 만인에 의한, 만인을 위한of all, by all, and for all' 협력, 즉 불운과 손해를 감수하는, 힘겹지만 훈훈한 '크로포트킨적 협력' 때문이었기를 바라는 마음이다.

모든 생명은 개체이면서 사회 그 자체

칸트는 『판단력 비판Kritik der Urteilskraft』에서 나무를 예로 들어 생명을 지닌 유기체의 본성을 설명했다. 한 그루의 나무는 전체로서 완전한 생명체임과 동시에 여러 부분으로 독립되어 있다. 접붙이기grafting는 그런 사실을 확인할 수 있는 좋은 예이다. 감나무의 어린 가지를 다른 종의 나무에 접목하더라도 그 가지는 자신의 정체성을 잃지 않고 감 열매를 만들어낸다. 한 나무의 모든 가지들은 그 자체로 독립적인 생명체이며, 동시에 각각이 접목되어 커다란 나무 전체를 형성하기도 한다.

공교롭게도 칸트가 죽던 해 태어난 독일의 식물학자 마티아스 슐라이덴Matthias Jakob Schleiden(1804~81)은 모든 식물 조직이 세포로 이루어져 있다는 사실을 발견했다. 그는 하나의 생명체란 "세포 하나하나를 국민으로 하는 국가와도 같다"라고 말했다. 국민 몇 사람을 잃는다고 국가가 무너질 일은 없지만, 많은 국민을 잃게 되면 국가가 흔들릴 수도 있다. 전에는 생명이란 하나의 생물 개체가 전체적으로 지니고 있는 어떤 신비로운 속성이라 생각했다. 그러나 이제 생명체의 개체로서의 속성을 모든 세포 하나하나가 공유하고 있음을 우리는 알게 되었다. 생물의 각 부위는 전체를 위해 존재하며, 전체는 부위를 위해 존재하는 것이다.

물리학에서는 태양이 존재하는 목적이나 중력의 이유 따위를 묻지 않는다. 그러나 생물학에서는 목적이나 이유를 물을 수 있다. 그리고 많은 경우 우리는 해답을 찾아낸다. 모든 생물은 스스로를 조직하고 유지하며, 성장하고 번식해 사회를 이룬다. 이 모든 신비한 행위는 자기 자신과 자손을 존속시킨다는 근본적인 목적을 달성하는 데 도움을 주기 때문에 모든 생명이 추구하는 '합목적적' 행동이다.

하나의 세포 안에서는 수많은 화학반응과 물리적 운동이 일어난다. 만약 세포 내 물질들이 자신의 반응과 운동에만 집착해 이기적으로 행동한다면 세포는 물론이고 그것으로 구성된 기관과 유기체 전체의 생존이 위협받게 된다. 마찬가지로 사회의 구성원들이 자신의 생존만을 위해 이기적으로 경쟁하고 싸우려 한다면 사회 전체가 흔들릴 수 있다. 우리가 속한 사회를 건강하게 유지하는 데 필요한 이타주의가 정말로 우리 본성에 새겨진 이기심에만 의존하는 거라면 그보다 위태로운 외줄타기는 없다. 그런 사회에서 살고 싶은 사람은 단언컨대 아무도 없을 것이다. 흥미롭게도 이기심이 사회적 이타심의 원인이라는 이론을 오랫동안 지지했던 에드워드 윌슨은 지난 2012년 출판한 책 『지구의 정복자*The Social Conquest of Earth*』에서 자신의 주장을 철회했다. 해밀턴의 친족선택 이론과 도킨스의 이기적 유전자 패러다임이 완전히 잘못된 것이라고 거꾸로 강하게 비판했다.

우리가 인간 사회에만 빚지고 있는 것은 아니다. 자연사학자 훔볼트Alexander von Humboldt(1769~1859)는 모든 생명이 하나의 전체론적인 연결망으로 이어져 있다고 말했다. 우리는 지구에 존재하는 모든 생명체

사회생물학자 에드워드 윌슨. 윌슨은 그의 대표적인 저서 『사회생물학』(1975)과 『인간 본성에 대하여』(1978)를 통해 사회학과 생물학의 접목 가능성을 보여주었다. 그는 이타심을 만드는 자연선택에 대해 개체선택설을 지지하다가 나중에 집단선택설로 돌아섰다.

가 언제나 다른 생물에게 의지하고 있다는 점을 떠올릴 필요가 있다. 우리가 먹는 거의 모든 음식은 다른 생물이 만든 것이거나 다른 생물 그 자체이다. 우리 몸을 구성하는 세포는 약 100조 개이지만 우리 몸 안팎에 살고 있는 세균과 균류의 세포 수를 모두 합치면 이보다 10배나 더 많다. 이들은 생존을 위해 우리 몸에 기생하지만, 우리도 그들에게 깊이 의존하고 있다. 만약 우리 뱃속에 장내 세균gut microbiota이 없다면 우리는 특정 아미노산이나 비타민을 섭취할 수 없을 뿐더러, 병원균에도 취약해져 금세 감염이 일어나고 말 것이다.

우리가 다양한 생명체들에게 깊이 의존한다는 사실은 우리 세포의 기본 조성에서도 드러난다. 우리의 모든 세포에 들어 있는 미토콘드리아mitochondria는 한때 외부에서 독립생활을 하던 박테리아였다. 그들이 없었다면 우리는 지금의 모습으로 진화하지 못했을 것이다. 자연 세계에서 우리는 이기적으로 행동할 자격이 없으며, 그럴 수도 없다.

10장

생명은 아름다운가?

조던 스몰러와
필립 K. 딕이 말하는 생명

미모는 천재성의 한 형태라네. 아니, 사실상 천재성보다 훨씬 우월하지. 따로 설명할 필요가 없으니까 말이야. 햇빛처럼, 봄날처럼, 검은 물속에 비친 우리가 달이라고 부르는 저 은빛 조가비의 그림자처럼, 아름다움은 세상을 구성하는 가장 위대한 요소 가운데 하나야. 그건 의문의 여지가 있을 수 없네. 아름다움은 그 자체로서 신성한 주권을 가지고 있지. 그래서 아름다움은 그것을 간직한 사람들을 일인자로 만든다네.

오스카 와일드 Oscar Wilde, 『도리언 그레이의 초상 The Picture of Dorian Gray』

『신약성경』의 「마태복음」에는 생명의 아름다움을 느끼게 하는 인상적인 구절이 하나 나온다.

> 들의 백합화가 어떻게 자라는가 생각하여 보라. 수고도 아니 하고 길쌈도 아니 하느니라. 솔로몬의 모든 영광으로도 입은 것이 이 꽃 하나만 같지 못하였느니라.

세상의 모든 부귀와 영화를 상징하는 솔로몬 왕의 화려한 예복도 저 한 송이 들꽃의 아름다움에 비하면 아무것도 아니라는 말이다. 날것의 생명이 지닌 가치를 얼마나 시적으로 표현한 것인가.

'생명'이라고 말할 때, 그 소리의 맛은 또 어떤가? 천천히 한 글자씩 발음해보라. 두 음절의 받침 '이응'이 입속에서 통통 구르며 생동하는 울림을 만들고 맑은 물소리를 내는 듯하다. 이내 기분 좋은 활기가 온몸으로 전해지는 것만 같다.

한편, 우리가 잘 아는 『월든*Walden*』의 작가 소로Henry David Thoreau(1817~60)는 누구보다 생명을 가까이 체험하고 깊이 사유한 철학자이며 시인이다. 그는 하버드대학을 졸업하여 앞길이 보장된 삶이 있었지만, 그 젊은 20대 후반에 월든 호숫가에 통나무집을 짓고 홀로 살며 자연을 만끽했다. 그는 일찍이 생명으로 가득한 자연과 동화되는 것만큼 소중한 삶은 없다고 썼다.

그렇다. 생명이 넘실거리는 대자연은 실로 아름답다. 그 경이로움은 생명이 무수히 다양하다는 점에만 있지 않다. 수많은 생명이 힘의 균형을 이루며 안정된 생태계를 유지하고 있다는 점에도 있다. 물론 늘 평화롭고 안정된 상태만 존재하는 것은 아니다. 서로 먹고 먹히는 치열한 생존경쟁 가운데 자신의 생태적 자리를 지키기란 쉽지 않다. 반복되는 생성과 사멸의 영원한 법칙 아래서, 생명은 급격한 환경변화와 혹독한 자연재해를 겪으며 균형과 불균형 사이를 외줄을 타듯 생존해나간다. 생명은 멀리서 보면 더없이 아름답지만, 가까이서 보면 그렇지 않을 수도 있다.

모든 생명은 아름다울까? 생명 자신은 실제로 아름다움을 추구할까? 저명한 미술사가 곰브리치Ernst Gombrich(1909~2001)는 대표작 『서양미술사*The Story of Art*』의 첫 번째 장에서 이렇게 말했다. "아름다운 것에 관한 문제는 무엇이 아름다운 것이냐에 관한 취향과 기준이 그처럼 다르다는 데 있다." 우리도 생명의 아름다움을 논하기 전에 이 점을 새길 필요가 있다.

생명의 아름다움에 기준이 있을까

아름다움에 생물학적인 기준이 있을까? 매력을 느끼는 지점이 어디인지는 지극히 개인적이고 주관적인 영역이다. 사실 아름다움만큼이나 사람들의 의견이 쉽게 일치하면서도 동시에 확연히 차이 나는 주제도 없다. 누구나 찡그린 얼굴보다 웃는 얼굴을 선호하기 마련이지만, 웃고 있는 사람이 누구냐에 따라 세부적인 선호도는 갈릴 수 있는 것이다.

하버드 의대의 정신의학자 조던 스몰러 Jordan Smoller(1961~)는 『정상과 비정상의 과학 The Other Side of Normal』에서 인간과 동물이 공히 아름답다고, 매력적이라고 느끼는 대상들에는 '평균 average', '대칭성 symmetry', '성적 이형성 sexual dimorphism'이라는 세 가지 공통된 특징이 존재한다고 말한다. 이 세 가지는 모두 생명체가 '좋은 유전자'를 보유하고 있음을 드러내는 독특한 방식이라 여겨진다. 따라서 이들은 성공적인 번식과 깊이 관련되어 있다.

평균이라는 것은 보통 평범한 것으로 과소평가될 수 있지만, 생물학적 관점에서 평균은 대단히 비범한 것을 의미하기도 한다. 역사상 가장 위대한 경주마로 불리는 밤색 순종 말 이클립스 Eclipse는 1769년 경주를 시작하고 은퇴할 때까지 한 번도 챔피언 자리를 놓치지 않은 전설의 말로 회자된다. 이클립스는 다리가 특별히 길지도 짧지도 않고, 덩치가 대단히 크지도 작지도 않아 완벽히 평균적인 말이었는데, 이 때문에 유연성과 체력, 체격 등 달리는 데 필요한 모든 면에서 최적의 조건을 갖출 수 있었다고 평가되었다. 이클립스는 다른 말들과 비교할 수 없을 정도로 성욕도 왕성하여 훗날 경주 우승마 344마리의 아버지가 되었고, 현존하는 모든 순종 말의 90퍼센트에 그 피가 섞여 있을 정도라고 한다.

평균이 왜 매력적일까? 우리는 보통 자신의 키가 평균보다 훨씬 더 크기를 바라지 않는가? 남들과 달리 아주 특출한 외모를 갖고 싶어 하지 않는가? 그러나 평균에서 많이 벗어날수록 건강을 방해하는 유전적 돌연변이와 염색체 이상을 가지고 있을 가능성이 높다. 근친 교배를 고집하다가 유전자 질환에 걸릴 위험이 높아지고, 생김새도 평균에서 많이 벗어난 자손들이 줄줄이 나온 합스부르크 왕가의 안타까운 사례를 앞서 언급한 바 있다. 가장 평균적인 자손을 만들기 위해서는 나와 반대되는 형질을 가진 배우자를 만나는 것이 유리할 수 있다. 이런 경우 '좋은 유전자'란 나의 부족한 부분을 메꿔줄 수 있는 '상호 보완적인 유전자'가 된다. 면역학적으로도 부모의 유전자가 다르면 다를수록 자식이 가진 주조직적합성복합체major histocompatibility complex: MHC의 다양성이 더 커지면서 질병에 더 잘 저항할 수 있게 된다.

'좌우 대칭인 얼굴이 매력적이다'라는 말을 많이 들어봤을 것이다. 얼굴과 몸이 대칭일수록 매력적으로 지각된다는 것은 동물의 세계에서도 마찬가지이다. 암컷에게 매력을 어필해야 하는 공작이나 제비의 경우 꼬리가 완벽하게 좌우대칭인 수컷이 훨씬 빨리 짝짓기에 성공한다고 알려졌다. 대칭이라는 점이 '건강함'을 상징하기 때문이다. 당신이 혹시 마릴린 먼로나 고소영처럼 얼굴에 한쪽으로 치우친 애교점을 갖고 있다면 모를까, 대부분의 경우 비대칭이라는 것은 발달과정이나 성장과정에서 문제가 있었을 가능성을 말해준다.

대칭이 꼭 생명에서만 중요하게 여겨지는 것은 아니다. 대칭은 수백 년 동안 건축과 예술, 그리고 음악에서도 핵심적인 개념으로 자리해

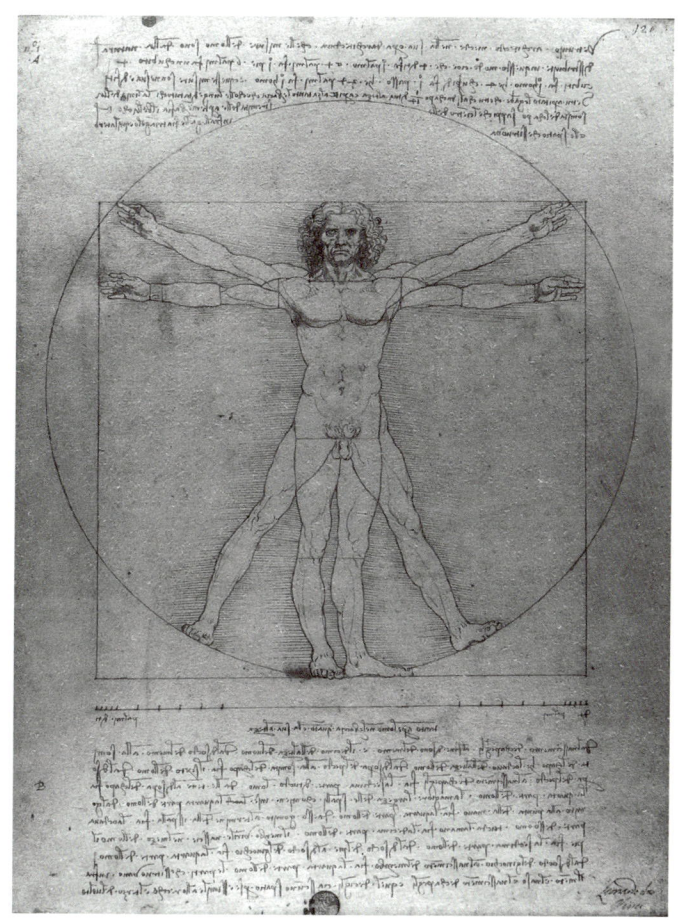

레오나르도 다빈치가 남긴 인체 비례도 '비트루비우스적 인간'(1485).

인체의 비례와 대칭이 사물의 기본이라는 로마시대 건축가 마르쿠스 비트루비우스의 인간 소우주론은, 인본주의를 표방한 르네상스 예술과 건축의 뿌리가 되었다. 대칭은 생명의 건강함을 상징한다.

왔다. 수학자 이언 스튜어트 Ian Stewart(1945~)는 『아름다움은 왜 진리인가 Why Beauty is Truth』에서 물리학과 우주론을 구성하는 가장 근본적인 아이디어가 바로 '대칭'에서 나왔음을 소개한다. 상대성 이론, 양자역학, 초끈 이론 등 현대 우주론의 핵심이 여기에 담겨 있는 것이다. 대칭은 오늘날 과학에서 가장 중요한 개념의 하나로 여겨진다.

성적 이형성二形性도 아름다움을 결정하는 중요한 요소가 된다. 남자는 여성스럽게 생긴 여자에게 끌리며, 여자는 남자답게 생긴 남성에게 끌리는 경향이 크다는 뜻이다. 이는 사춘기 때 2차 성징을 유발시키는 성호르몬의 적절한 효과와 관련이 있다. 생식 능력과 관련성이 높은 풍만한 가슴과 엉덩이는 여성호르몬인 에스트로겐estrogen과 프로게스테론progesterone의 농도가 충분히 높음을 암시하고, 남성의 각지고 단단한 턱은 남성호르몬인 테스토스테론testosterone이 풍부하게 분비되고 있음을 의미한다. 플라톤의 『향연Symposium』에서 소크라테스는 아름다운 것에 대한 사랑을 '에로스Eros'라 칭했다. 그리고 '에로스'란 우리에게 없는 것, 즉 결여된 것에 대한 욕망을 의미한다고 했다. 성적 이형성이란 내게 결여된 대상을 향한 에로스적 끌림을 만드는 원인인 셈이다.

아름다움은 이미 자연에 존재한다

이처럼 생물학적 관점에서의 아름다움이란 주로 번식과 생존에 유리한 것에 한정지어 해석되어 왔다. 그러나 과연 그것으로 충분할까? 아름다움을 향한 끌림을 성적인 선호도나 짝을 선택하는 일에만 한정해 진화심리학적으로 해석하기에는 인간에게 너무나 많은 변칙적인 선호의 요인이 존재한다. 성공적인 번식과 생존이라는 단순화된 해석으로는 동성애homosexuality가 존재하는 이유도, 인간에게 치명적인 질병을 일으키는 바이러스 입자의 구조적 아름다움도 설명할 수 없다.

 동성애만큼 현대 사회에서 논쟁적인 이슈도 없다. 동성애는 번식 성공도의 관점에서 보았을 때 지극히 불리한 성향이기 때문에 그 존재를 자연선택적으로 설명하자면 수수께끼에 가깝다. 그러나 동성애는 역사가 매우 오래되었으며, 전 세계 거의 대부분의 문화권에서 발견된다는 점에서 인간 본성의 일부로 보는 입장이 많다. 개인이 특정한 성적 지향으로 발달하게 되는 이유를 많은 전문가들은 유전 인자나 태아 시절 모체의 자궁 내 환경 등 주로 생물학적인 요인에서 찾는다.

 그렇다면 아름다움에 대한 끌림은 선천적으로 결정된다는 말인가? 그럴 수도 있다. 그리스어로 '인지認知' 또는 '지각知覺'을 뜻하는 단어 '아이스테시스aisthesis'는 '미학美學'을 뜻하는 '에스테틱스aesthetics'의 어원이다. 이는 인간의 사고가 원천적으로 미학적이어서, 아름다움을 감각하는 방식으로 이루어진다는 것을 암시한다. 사고는 학습에 의한 논리나 합리로 시작되는 것이 아니라, 감각적인 자극에 대한 반응으로 시작된다.

 최근 전 세계적으로 팬데믹pandemic을 일으킨 코로나바이러스coronavirus나 감기를 옮기는 아데노바이러스adenovirus를 비롯해, 대부분의 바이러스는 정20면체의 입체 대칭구조를 가진다. 이는 육각형 20개와 오각형 12개로 이루어진 축구공 모양과 거의 동일하다. 미국의 건축가 벅민스터 풀러Richard Buckminster Fuller(1895~1983)가 도안한 구형의 건축물 '지오데식 돔geodesic dome'의 구조와도 흡사하다. 이는 다각형

'20세기의 다빈치'라고 불리는 미국의 건축가 벅민스터 풀러와 그가 도안한 구형의 건축물 '지오데식 돔'.
이 구조물은 내부에 기둥이 하나도 없으면서도 매우 단단한 특성을 지닌 초대형 공 모양의 건축물이다. 1967년 몬트리올 엑스포에서 처음 선보여 찬사를 받았다. 이 구조에 착안하여 탄소 60개로 구성된 구형의 탄소분자 풀러렌을 발견할 수 있었다.

으로 잘라낸 헝겊을 기워서 구형의 입체를 만들 수 있는 완벽한 형태이자, 삼각형의 격자 건축 재료만 가지고도 엄청난 하중을 견딜 수 있는 구형의 건축물을 지을 수 있는 튼튼한 구조이기도 하다. 기하학적인 아름다움 또한 탄성을 자아낼 정도이다. 이 구조에 착안하여 탄소 60개로 구성된 구형의 탄소분자 풀러렌fullerene을 발견한 스몰리Richard Errett Smalley(1943~2005)와 크로토Harold Walter Kroto(1939~2016)는 1996년 노벨화학상을 받기도 했다.

바이러스는 어떻게 볼품없는 모양의 단백질 조각만 가지고도 기하학적으로 완벽한 정20면체 구조를 만들어낼 수 있었을까? 그것이 내부에 있는 유전물질을 보호할 수 있는 가장 튼튼한 구조임을 알고 있을까? 플라톤이 이상적인 세계를 구성하는 기본 물질로 가정했던 정다면체는 실제로 미세한 나노 세계를 구성하며 그 존재 가치를 입증하고 있다. 때때로 자연은 그 자체로 위대한 예술성과 더불어 실용적 가치까지 지니고 있는 것처럼 보인다.

아름다움은 누가 결정하는 걸까

바이러스 입자의 구조가 아무리 완벽하고 예술적이라 한들 인간에게 엄청난 고통과 손실을 야기한 코로나바이러스의 실체를 보고 아름답다고만 할 사람은 없을 것이다. 아무도 못 말리는 곤충 사랑꾼 파브르Jean-Henri Fabre(1823~1915)라 해도 과연 바퀴벌레를 보고 아름답다고 여길지는 미지수이다.

바퀴벌레도 아름다운가? 바퀴벌레는 모기나 진드기처럼 물고 뜯는 행위를 통해 직접적인 피해를 주지는 않는다. 다만 비위생적으로 오물을 묻히고 병균을 옮기는 간접적인 피해를 줄 뿐이다. 전 세계에 서식하는 수만 종의 바퀴벌레 중 실제로 해충으로 간주되는 것은 극소수여서 약 스무 종에 불과하다. 그럼에도 사람들은 바퀴벌레를 극도로 혐오한다.

카프카 Franz Kafka(1883~1924)는 『변신 Die Verwandlung』에서 주인공 그레고르를 하루아침에 흉측한 벌레로 만들어놓는다. 무슨 벌레였을까? 독일어 원문에는 'Ungeziefer'라 되어 있다. 단순한 벌레가 아니라 '해충'에 더 가깝다. 다리가 많고 등껍질이 단단한 이 벌레의 정체는 명확하게 묘사되지는 않지만 — 카프카는 실제로 출판 시 곤충 그림을 절대로 그리지 말아달라고 출판사에 부탁했다 — 대부분의 독자는 여기서 바퀴벌레를 떠올린다. 인간의 본질을 가장 확실히 잊게 할 정도로 징그럽고, 쓸모없을 뿐 아니라 혐오감까지 불러일으키는 최악의 캐릭터로는 바퀴벌레만한 게 없기 때문이다.

나탈리 앤지어 Natalie Angier(1958~)는 『살아 있는 것들의 아름다움 The Beauty of the Beastly』에서 바퀴벌레의 생존력과 적응력이 얼마나 아름다운지 설명한다. 뉴욕 브롱크스 빈민가의 오래된 아파트에서 자란 그녀는 어린 시절 바퀴벌레 때문에 정신적으로 큰 고통을 받았지만, 대학에서 바퀴벌레의 생태와 진화에 대해 배우고 나서는 깍듯이 인사라도 하고 싶을 정도였다고 고백한다. 바퀴벌레가 인간과 함께 살기 위해 살충제에 적응하고 진화해온 불굴의 역사는 위대한 무용담 그 자체임을 알게 된 것이다. 아름다움이란 이렇게 배움을 통해 뒤늦게 알아챌 수도 있다. 한 번도 자신이 예쁘다고 생각하지 못했던 소녀가 훗날 자신이 세상에서 가장 아름답다고 고백해주는 연인을 만남으로써 자신의 숨겨진 아름다움을 '깨닫게' 되는 것과 같다. 아름다움은 단지 '겉모습에 불과할 뿐only skin deep'이 아니다. 아름다움은 '오로지 뇌가 깨닫는 것only brain deep'이다.

신경미학neuroesthetics의 연구 결과에 따르면 아름다움과 매력에 대한 생물학적 반응은 뇌의 보상reward 체계에서 나온다고 한다. 아름다운 그림을 보고 있는 사람들의 뇌를 기능성자기공명영상fMRI으로 찍으면 뇌의 보상 중추인 중격의지핵nucleus accumbens이 활성화되는 것을 알 수 있다. 이곳은 도파민을 분비해 기분과 감정을 조절하는 부분으로, 죄의식을 동반할 정도의 즐거움에 의해 활성화된다. 코카인cocaine, 헤로인heroin, 그리고 니코틴nicotine이나 돈에 강하게 반응한다. 기분 좋은 음악과 달콤한 음식으로도 스위치가 켜진다.

오늘날 미인 선발대회나 패션쇼를 보면서 우리는 대부분 날씬한 몸매가 여성의 아름다움을 대변하고 있다고 여긴다. 콜라병 모양의 체형을 선호하는 것은 우리 유전자에 새겨진 본능일까? 그렇지 않을 것이다. 약 2만 년 전에 만들어졌다고 추정되는 '빌렌도르프의 비너스Venus von Willendorf'는 이상적인 여성상을 표현한 조각상이다. 거대한 유방과 두툼한 허리, 한껏 부풀어 오른 다리와 엉덩이는 사실적이라고 보기는 어렵고, 다산과 풍요, 그리고 아름다움을 상징하는 당시의 주술적 숭배 대상을 표현한 것으로 보인다. 얼굴과 팔은 거의 묘사하지 않았다. 인간이 수렵생활을 하던 당시, 평범한 사람들의 부러움을 한 몸에 받는 — 많이 움직일 필요가 없는 — 신분이 높은 여성의 이상적인 아름다움을 새긴 것이라 여겨진다. 아름다움의 기준은 시대에 따라 달라진다. 타고난

빌렌도르프의 비너스. 1908년 오스트리아의 빌렌도르프 근교의 구석기시대 지층에서 발견된 약 11센티미터 크기의 조각상이다. 사실이라기보다는 이상적으로 과장되게 표현한 여성상이며, 미와 다산을 상징하고 있다. 빈 자연사박물관 소장.

것이라기에는 당대의 환경과 문화적 관점에도 크게 영향을 받는 것으로 보인다.

뇌는 만물의 척도? 잘 속아 넘어가는 호구일 뿐

신경과학자 라마찬드란Vilayanur S. Ramachandran(1951~)은 아름다움을 일종의 '초정상 자극supernormal stimulus'으로 해석한다. 즉 생존에 유리한 어떤 자극이 있다면 우리의 뇌는 그보다 더 강한 것처럼 포장된 모든 형태의 자극에 이끌리게 되는데, 이러한 모든 자극이 우리에게 '아름다운 것'으로 인식된다는 것이다. 그는 아름다움에 대한 인식을 생존 욕구를 실천하는 신경학적 본성으로 정의했다. 사람들이 정크 푸드 junk food나 포르노그래피에 쉽게 현혹되는 이유도 여기에 있다. 그 자체로는 건강에도, 번식에도 유리할 것이 전혀 없지만 매력적인 초정상 자극으로 받아들여진다는 것이다. 욕망을 불러일으키는 미끼인 셈이다. 그의 견해는 2005년 BBC 방송에서 제작한 다큐멘터리 「예술은 어떻게 세상을 만들었는가 How Art Made the World」에서 소개되기도 했다.

스몰러는 진화적 관점에서 보자면 아름다움을 인지하는 것은 단맛을 음미하는 것과 상당히 비슷하다고 말했다. 인간은 어째서 몸에 좋은 영양분을 단맛으로 느끼게 되었을까? 다윈의 진화 이론에 따르면 인간은 곡식을 먹어야 생존할 수 있다는 사실을 반복적인 학습으로 알게 된 것이 아니다. 반대로 곡식의 맛 자체를 단맛으로 인식하게끔 유전자 프로그램이 형성되어온 것이라는 점을 암시한다.

김이 모락모락 나는 흰 쌀밥 속 녹말과 포도당에 고유의 달고 건강한 맛이 존재할까? 단맛은 당이 가지고 있는 본질일까? 아닐지도 모른다. 단지 그것을 달콤하고 기분 좋게 인식하도록 하는 뇌의 신경전달 시스템이 우연히 발달했기 때문일 수도 있다. 신기하게도 몸에 나쁜 것들은 유독 쓴맛이 나도록 정해져 있는 것이 아니다. 건강을 지키는 데 방해가 되는 음식들은 쓰고 불쾌한 맛이 느껴지도록 신경 시스템이 편향적으로 바뀌어 온 것이라는 말이다. 그런 의미에서 몸에 좋은 브로콜리의 쓴맛은 어쩌면 먼 훗날 우리의 뇌 속에서 서서히 단맛으로 바뀌어 인식될지도 모른다. 생명은 거대한 가소성 可塑性, plasticity이다.

외계인이 지구를 방문해 배스킨라빈스에 들렀다고 해보자. 지구인들이 가장 좋아하는 맛의 아이스크림을 추천해달라고 했을 때, 당신의 평소 습관대로 '엄마는 외계인'을 먹어보라고 해서는 안 된다. 우리에게는 달콤한 초콜릿 맛일지 몰라도 그들에게는 끔찍한 맛으로 느껴질 수도 있다! 무심코 그 아이스크림의 이름을 알려줘서도 안 된다. 맛과 이름으로 이중의 모욕을 느낀 외계인들이 분노해 지구를 침공하게 될지도 모른다.

뱀을 아름답다고 생각해본 적이 있는가? 공포와 두려움을 일으키는 대상에도 때로는 아름다움을 느낄 수 있다. 미당 서정주의 시 「화사花蛇」에는 이런 구절이 있다.

> 사향麝香 박하薄荷의 뒤안길이다.
> 아름다운 배암……
> 얼마나 커다란 슬픔으로 태어났기에,
> 저리도 징그러운 몸뚱아리냐.

뱀은 아름다운 빛깔과 함께 징그러운 꿈틀거림을 지닌 이중적 아이러니의 화신으로 표현된다. 뱀의 징그러움을 바라보며 갖는 적의는 원시적인 생명력이 뿜어내는 관능적인 아름다움과 서로 모순되지 않는다. 진정한 아름다움은 유혹적이고 자극적이며, 두렵고 위험하기까지 한 것이다. 공포와 연민을 다룬 그리스 비극에서 관객은 아름다움을 맛보는 역설을 경험한다. 아리스토텔레스는 공포와 연민을 경험하는 것이 최고

「베아트리체 첸치의 초상」(귀도 레니, 1599).

1817년 스탕달은 이탈리아 피렌체의 산타 크로체성당에서 이 작품을 감상하고 나오던 중 심장이 걷잡을 수 없이 빨리 뛰고 온몸에 힘이 빠지는 황홀경을 경험하는데, 여기에서 정신의학적 증상인 '스탕달 신드롬'이 유래했다. 몸에 이상을 일으킬 정도로 치명적인 아름다움에 반응하는 것은 인간이 유일하다.

로 아름다운 이야기 예술인 비극의 핵심 요소라 보았다. 역설적인 아름다움을 보며 카타르시스를 느끼는 것이 비극의 목표라고 여긴 것이다. 아름다움을 그저 생존에 유리한 것들의 초정상 자극으로만 보기 어려운 이유이다.

프랑스의 작가 스탕달Stendhal(1783~1842)은 귀도 레니Guido Reni(1575~1642)의 작품 「베아트리체 첸치의 초상Portrait of Beatrice Cenci」을 보고 온 몸이 후들거리고 정신을 잃을 듯 흥분하여 그 불안 증상을 치료하는 데 한 달이 넘게 걸렸다고 한다. 이 일화에서 '스탕달 증후군Stendhal syndrome'이라는 말이 생겨났다. 너무 아름다운 것을 접하면 어지럼증과 의식의 혼란, 심하게는 환각과 전신 마비까지 경험할 수도 있다. 인간의 뇌는 자극적인 아름다움에 너무 쉽게 농락당하는 호구인 걸까? 건강과 생존에 위협마저 가할 수 있는 치명적인 아름다움은 아마도 모든 영장류 중 인간만이 경험하는 현상일 것이다.

사람이 정말 꽃보다 아름다울까

인간은 자연에 존재하는 패턴과 규칙에 주목할 줄 알고, 특별한 차이를 바탕으로 분류하고 규정짓기를 좋아하는 호기심 많은 동물이다. 끈질긴 관찰과 다양한 귀납적 방법을 이용해 법칙을 발견(혹은 발명)해낸 넓은 우주 속의 유일한 존재이다. 이러한 법칙이 있었기에 우리는 일찍이 달에 다녀왔고 인공위성을 쏘아 올렸으며, 지구촌global village이라는 단어를 만들어낼 정도로 세계를 누빌 수 있었다. 급기야 온 세상을 손바닥

위의 작은 기기 속에 간단히 집어넣을 수 있었다. 그러나 서열화, 계층화의 본성이 우리 자신을 포함한 모든 생명을 재단하기를 멈추지 못한다.

만약 인간과 인간이 아닌 존재 사이를 구분 짓는 기준이 있다면 그것은 무엇일까? 인간의 사고와 행동을 흉내 낼 수 있도록 만든 인공지능은 미美와 추醜를 구분할 수 있을까? 인간처럼 감정을 이해할 수 있을까? 어떤 로봇공학자는 AI도 색깔과 균형, 대칭과 비율을 학습한다면 아름다움을 만들어낼 수 있다고 말한다. AI에게 아름다운 그림을 수천, 수만 장 보여주면서 학습을 시키면 실제로 아름다운 명작을 구분해낼 수 있다. 최근 한 AI 화가가 그린 작품이 크리스티 경매 Christie's auction에서 5억 원에 낙찰되어 화제가 되었다. 함께 경매에 나왔던 앤디 워홀의 작품 낙찰가보다 약 6배나 높은 가격이어서 충격을 주었다. 그러나 AI가 그린 것을 '예술'이라 할 수 있을까? 그것은 '기술'로 보아야 하지 않을까?

필립 K. 딕의 SF 소설 『안드로이드는 전기양의 꿈을 꾸는가?*Do Androids Dream of Electric Sheep?*』에는 인간형 로봇인 안드로이드와 진짜 인간을 구분하기 위해 수행하는 보이트–캄프 Voight-Kampff 테스트가 나온다. 이 검사는 대상에게 인간과 동물이 등장하는 일련의 문장을 들려주면서 반응을 체크하여 '감정이입 능력'이 있는지 측정한다. 즉 동물의 가죽을 벗기거나 잔인하게 죽이는 장면을 언급할 때 적대감이나 혐오감이 심박수나 동공확장 등 외부 반응으로 얼마나 즉각 나타나는지를 측정해 인간인지 아닌지를 판단하는 것이다.

이는 앨런 튜링 Alan Mathison Turing(1912~54)이 개발한 튜링 테스트를 연상케 한다. 그러나 튜링 테스트는 인공지능 기계가 인간과 구분할 수 없을 정도로 '지적 능력이 있는가'를 시험하는 것이라면, 보이트–캄프

2019년 만들어진 세계 최초의 휴머노이드 로봇 아티스트 '아이다(Ai-Da)'. 카메라로 되어 있는 눈과 실제 사람과 비슷하게 움직이는 팔과 손이 있어 직접 붓과 물감을 이용해 그림을 그린다. 바이런의 딸이자 세계 최초의 프로그래머인 에이다 러브레이스의 이름을 따 만들어졌다.

검사는 '타인 혹은 다른 생명체의 처지에 공감할 수 있는가'를 시험한다. 그러나 지적 능력이 현저히 떨어지는 사람이 있듯이 감수성이 매우 부족한 사람도 얼마든지 있게 마련이다. 보이트-캄프 검사 중에는 생굴을 먹거나 개고기를 삶아 먹는다고 말할 때의 반응도 포함되어 있다. 이때 즉시 역겨워하거나 고통스러워해야 정답일 텐데, 우스갯소리이겠으나 우리나라 사람들 다수가 안드로이드로 판정되는 것은 아닐지 걱정이 앞선다.

작중에서 안드로이드 사냥꾼인 주인공 릭 데커드는 동료 필 레시와 함께 안드로이드로 의심되는 오페라 여가수 루바 루프트의 뒤를 쫓는다. 뭉크Edvard Munch(1863~1944)의 전시회가 열리는 미술관에서 안드로이드인 루바는 체포되면서도 뭉크의 작품 「사춘기Puberty」가 갖고 싶어 복제품이라도 간절히 원하는 모습을 보이는 반면, 인간인 필은 「절규The Scream」를 들여다보면서도 그림 속 인물의 감정이 어떤지 전혀 공감하지 못한다. 주인공 릭 역시 아무 감정 없이 안드로이드들을 죽여 제거하는 데만 몰두하는 자신의 모습을 발견하고는 번민에 휩싸인다. 그는 임무를 마친 후 자살하고픈 충동에서 벗어나지 못한다.

인간이란 무엇일까? 무엇이 인간이라는 정체성을 만들까? 인간을 인간으로 만드는 것은 생김새도 언어도 아니다. 지능이나 감정만으로도 설명하기에 충분하지 않을 것이다. 인간이라면 누구나 가지고 있을 정체성, 즉 '인간성' 같은 것을 운운하기에는 우리가 너무 '비인간적'이라는 것이 문제이다. 어쩌면 인간이란 어느 누구도 혼자서는 스스로 온전하지 못하다는 것을 자각하는 데 있지 않을까. 어떤 인간도 다른 생명의 동행 없이는 홀로 존재할 수 없다. 그것이 또 하나의 인간이라면 가장 좋겠지만, 꼭 인간이어야 할 이유는 없다. 우리와 반려伴侶할 수 있다면 그것이 인간이든 동물이든 의미를 갖는다. 반려자가 있다면 우리의 인간됨이 드러난다. 우리는 돕거나, 가르치거나, 감정을 나눔으로써 인간이 되는 것이다. 작중 주인공 릭이 인간다움을 잃고 싶지 않아 수시로 '감정이입 장치'에 의존하거나, 방사능 낙진으로 대부분의 동물들이 멸종된 환경에서 진짜가 아니라 가짜임을 알면서도 '전기양electric sheep'이라도 키우고 싶어 하는 이유가 바로 그것이다.

「사춘기」(에드바르 뭉크, 1895).
뭉크는 그의 작품을 통해 인간이라는 존재의 실존에 드리워진 근원적인 두려움과 절망적 고뇌를 표현했다. 그림 속 소녀는 자신이 더 이상 아이가 아니라 여자라는 사실을 발견하며 불현듯 불안과 공포에 휩싸인다. 안드로이드는 이런 감정을 느끼지 못할 것이다. 노르웨이 오슬로 국립미술관 소장.

아름다움은 인간의 전유물이 아니다

신경미학적으로 봤을 때 만약 인간 외에도 생존에 유리한 것을 아름다운 것으로 간주하여 효과적으로 추구하는 동물 종이 있었다면 아마도 지구상에서 가장 크게 번성했을 것이다. 자연에서 발견되는 협력과 돌봄을 주의 깊게 관찰하던 다윈은 1871년에 쓴 『인간의 유래와 성선택 The Descent of Man, and Selection in Relation to Sex』에서 "자상한 구성원들이 가장 많은 공동체가 가장 번성하여 가장 많은 수의 후손을 남겼다"라고 말했다. 이를 보고 후대의 진화심리학자들은 진화가 이기적으로만 일어나지 않은 이유는 '호혜적 이타주의'에 입각하여 서로 돕고 힘을 합치는 행위가 생존에 더 유리하다는 것을 알아냈기 때문이라고 해석한다. 이 경우 아름다움이란 서로 자상하게 대하는 행위가 된다.

진화인류학자 브라이언 헤어Brian Hare와 버네사 우즈Vanessa Woods (1977~)는 이를 가능하게 한 동물의 협력적 의사소통 능력을 '친화력prosociality'이라고 칭했다. 그들은 최근에 함께 쓴 『다정한 것이 살아남는다 Survival of the Friendliest』에서 높은 친화력을 가지고 '자기가축화self-domestication'에 성공한 종이 가장 많은 개체수를 남겼다고 주장했다. 자기가축화란 스스로 야만성을 억제하고 협력하기 좋아하는 유순한 동물이 되는 것을 의미한다. 공격적인 늑대는 절멸 위기를 겪고 있지만 다정하고 붙임성 있는 늑대들, 즉 가축화된 개는 친화력을 바탕으로 인간과 손을 잡고 번성할 수 있었다는 것이다. 또한 여러 인류 가운데 호모 사피엔스가 가장 협력적이고 다정했기 때문에 최종 승자가 될 수 있었다는 주장이다.

그러나 여기에는 심각한 추정상의 오류가 있다. 『사피엔스 Sapiens』를 쓴 유발 하라리는 사피엔스가 여러 인류 가운데 가장 포악하고 잔인했기 때문에 마지막 최상위 포식자가 될 수 있었다고 분석했다. 언어라는 효율적인 상호 소통능력을 바탕으로 이를 친화하는 데 사용한 것이 아니라 협력을 통해 적을 잔학무도하게 전멸시키는 데 사용한 것이다. 사피엔스는 실제로 모든 생물을 통틀어 가장 많은 동물과 식물들을 멸종으로 몰아넣은 기록을 보유하고 있다.

또한 가축화가 가장 잘 이루어졌다고 볼 수 있는 양, 소, 닭, 돼지 등은 지구상에 존재하는 개체 수로만 보면 가장 성공한 동물 종임에 틀림없다. 오늘날 전 세계에 생존하는 양, 돼지, 소는 각각 10억 마리가 넘으며, 닭은 무려 250억 마리 이상이 살고 있다. 그러나 이들의 성공은 성공이 아니다. 인간에게 식량과 편의를 제공하기 위해 끊임없이 이용당하고 도살되기 위해 키워지고 있다.

이들의 생활환경도 결코 동물 친화적이라 볼 수 없다. 비좁고 비위생적인 우리에 갇혀 우유와 고기를 최대로 생산하기 위해 호르몬 주사를 맞으며, 임신과 출산을 반복하다 결국 도축장으로 향한다. 개는 조금 형편이 낫다고 볼 수도 있다. 그러나 인간의 반려동물이라는 명목하에 중성화 수술, 성대 제거 수술, 순종 집착으로 인한 각종 유전질환 등으로 암암리에 고통받고 학대당하고 있다. 불행히도 진화적 관점은 성공의 척도로서는 불완전할 뿐 아니라 오해를 불러일으키기까지 한다.

'드레이즈 테스트 Draize test'라는 것이 있다. 토끼를 이용해 인간의 눈 점막에 들어갈 수 있는 마스카라나 아이라이너 같은 화장품이나 샴푸의 독성을 검사하는 실험이다. 토끼를 이용하는 이유가 있다. 토끼의 눈

**토끼의 눈을 이용한
독성 실험 드레이즈 테스트.**
다른 동물과 달리 토끼는 눈물이 분비되지 않기 때문에 인간의 눈 점막에 들어갈 수 있는 화장품이나 샴푸의 독성을 테스트하기 위해 자주 희생되어왔다.

에서는 다른 동물과 달리 눈물이 분비되지 않기 때문이다. 목을 단단히 고정시켜 움직이지 못하게 한 채로 눈에 화학물질을 수천 번이나 떨어뜨린다. 토끼는 고통에 몸부림치고 몇 달 동안 눈에서 피를 흘리기도 한다. 눈이 머는 일도 허다하다. 실험이 끝나면 안락사를 당한다. 말 못하는 동물이 눈물 한 방울 흘리지 못한 채 죽을 때까지 울고 있다. 단지 우리의 피부와 머릿결을 아름답게 만들기 위해서이다.

이 모든 불행은 바로 인간 때문이다. 호모 사피엔스가 지구상에서 벌어지는 모든 게임의 규칙을 바꾸었기 때문이다. 인간은 지구상에서 생태적으로 가장 우위를 점하고 있는 생물종이다. 덩치가 큰 포유류 중에는 지구상에 가장 많다. 그 수가 무려 80억에 달한다. 이를 상회하는 것은 인간이 키우는 가축들, 그리고 인간의 환경에 의존해 살아가는 비둘기나 쥐들뿐이다. 인간은 오랜 기간 생태계를 광범위하게 변화시켜왔다. 기후변화의 영향에 인간의 개발과 간섭이 더해져 자연적 진화는 완전히 방해받고 있다. 인간은 기존 질서를 파괴하는 반역적인 존재이다. 인간은 자신들의 세계를 아름답게 만들기 위해 다른 생명의 모든 아름다움을 희생시켰다.

생명이 있는 것은 다 아름답다

우리는 생명이 최초에 어떻게 시작되었는지 모른다. 그러나 최초의 생명이 존재했음은 분명하다. 그리고 이 생명은 살아 있음을 너무나도 소중하게 여겼기에 삶의 첫발을 뗀 직후부터 지금 이 순간까지 한 번도 사는 것을 멈춘 적이 없다. 그들은 수십 년 동안 비가 내리지 않는 메마른 사막 한가운데에도 있고 겹겹이 쌓인 남극의 빙하 아래에도 있으며, 그야말로 없는 데가 없다.

노벨상을 수상한 분자생물학자 귄터 블로벨 Günter Blobel(1936~2018)은 이렇게 말했다. "생명의 연속성이라는 점에서 보면 우리의 나이가 스무 살이라느니, 서른 살이라느니 하는 말들은 모두 잘못되었다. 우리의 나이는 모두 35억 살이기 때문이다." 자연에 존재하는 모든 다양한 생명이 시공간을 초월해 하나의 뿌리에서 나온 가족이라는 사실은 놀랍기 그지없다. 우리는 모두 연결되어 있다. 세상에 존재하는 가장 경이로우면서도 아름다운 사실이다.

오늘날 미국 워싱턴 주의 아름다운 항구 도시 시애틀 Seattle은 이곳에 오래 거주해 살던 한 원주민 인디언의 이름을 딴 것이다. 그는 수쿼미시 Suquamish족의 추장 '시애틀'이었다. 1854년 강압적으로 땅을 내놓으라고 요구하던 백인들에게 그가 외친 피 끓는 연설문에는 다음과 같은 구절들이 담겨 있다.

우리는 대지의 일부분이며, 대지는 우리의 일부분이다. 들꽃은 우리의 누이이고, 순록과 말, 큰 독수리는 우리의 형제들이다. 강의 물결과 초원에 자라는 풀의 수액, 조랑말과 인간의 땀은 모두 하나다. 모두가 한 가족이다.

세상의 모든 것은 하나로 연결되어 있다. 대지에게 일어나는 일은 대지의 아들들에게도 일어난다. 사람이 삶의 그물을 짜 나아가는 것이 아니다. 사람 역시 한 가닥의 그물에 불과하다. 따라서 그가 그물에 무슨 짓을 하든 그것은 반드시 자신에게 되돌아오기 마련이다.

온 힘을 다하고 온 마음을 다해서 그대의 아이들을 위해 이 땅을 지키고 사랑해달라. 하느님이 우리 모두를 사랑하듯이. 결국 우리는 한 형제임을 알게 될 것이다.

인디언 추장 시애틀은, 자연은 길들이고 이용해야 할 대상이 아니라고 준엄하게 꾸짖는다. 자연의 원리를 이해하고 법칙을 발견해 자연을 정복하고 지배해야 할 대상으로 보았던 베이컨 Francis Bacon(1561~1626)의 자연관이 무색해지는 순간이다. 모든 생명은 하나로 연결되어 있으며, 떼려야 뗄 수 없는 관계이다.

몇 년 전 방영되었던 SF 드라마「별에서 온 그대」는 허황된 제목이 아니다. 우리는 모두 별에서 왔다. 하나의 별이 생애를 마치고 초신성이

인디언 추장 시애틀.
백인 정복자들을 향해 쓴 시애틀 추장의 연설문에는 위대한 자연에 대한 경외심과 사랑의 정신이 담겨 있다.

되어 폭발했을 때 거기서 나온 잔재로 만들어진 것이다. 우리는 모두 예외 없이 서로에게 우주의 역사를 보여주는 거울이나 마찬가지이다.

    430년 전 이순신 장군이 마지막으로 내뱉은 숨 속의 이산화탄소는 머나먼 아마존의 열대우림으로 가 산소로 바뀌었고, 다시 긴 여행 끝에 지금 당신의 콧속으로 들어가려 하고 있다. 우리가 먹는 모든 음식은 우리가 끔찍스러워하는 다른 생명의 사체와 분변에서 왔다. 파괴가 있는 곳에 창조가, 죽음이 있는 곳에 다시 생명이 시작된다. 고귀한 생명이 어디 있으며 비천한 생명이 어디 있는가. 아름다운 생명이 따로 있고 못난 생명이 따로 있겠는가. 우리는 모두 하나로 연결된 그물과도 같다. 그물에서 그물코가 하나둘씩 뚫리기 시작하면 얼마 지나지 않아 그물 전체가 쓸모없어진다.

칸트가 말했듯이, "세계 내의 모든 것은 무엇인가를 위하여 좋은 것이며, 세계 안에 쓸데없는 것이란 없다." 그 모든 것이란 하나로 연결되어 있으며, 결국 하나인 것으로 드러난 생명을 뜻하는 것이라고 믿는다.

제3부
우리는 어디로 가는가

11장

생물학은 무엇을 탐구하는가?

앙리 베르그송과
폴 너스가 말하는 생명

병욱은 영채의 옆구리를 꾹 찔렀다. 선형은 웃음을 참느라고 살짝 고개를 돌린다.

"나는 교육가가 될랍니다. 그리고 전문으로는 생물학을 연구할랍니다."

그러나 듣는 사람 중에는 생물학의 뜻을 아는 자가 없었다. 이렇게 말하는 형식도 무론 생물학이란 참뜻을 알지 못하였다. 다만 자연과학을 중히 여기는 사상과 생물학이 가장 자기의 성미에 맞을 듯하여 그렇게 작정한 것이다. 생물학이 무엇인지도 모르면서 새 문명을 건설하겠다고 자담하는 그네의 신세도 불쌍하고, 그네를 믿는 시대도 불쌍하다.

이광수李光洙, 「무정無情」

20세기 후반 이래 현대 과학을 대표하는 학문은 단연 생물학이라 할 수 있다. 복제 동물, 유전자 가위, 줄기세포 치료, 노화 억제, 그리고 항생제 개발과 바이러스 감염 질환에 이르기까지, 전문가뿐 아니라 일반 대중들도 매일같이 뉴스나 기사로 관련 소식을 접한다. PCR 검사나 mRNA 백신 접종 등 어려운 용어들도 이내 익숙해진다.

주된 관심사가 건강 유지와 질병 치료이다 보니, 보통 우리가 찾는 생물학 지식들이 의학이나 의약품 개발, 식량 생산 같은 응용분야로 치우치는 감이 있다. 그러나 생물학은 본래 다양한 생명현상에 관한 물음에 답하는 과학이다. 오늘날 생명이 어떻게 삶을 영위하는지, 생존과 증식의 원리는 무엇인지, 그리고 생명의 다양성이 어디서 기원하며 어떻게 유지되는지에 대한 기본적인 이해가 없다면 현대 생명과학이 어디로 나아가야 할지 막연해 보일 수밖에 없다.

생명을 대하는 태도 역시 중요하다. 철없는 아이들은 호기심에 곤충의 날개나 다리를 떼어버리거나, 장난삼아 개미를 밟아죽이기도 한다. 그러나 이것은 아이들만의 문제가 아니다. 어른도 생명의 존엄함에 대한 인식과 감수성이 부족하다면 얼마든지 타인의 생명을 경시할 수 있고 환경 파괴의 심각성을 간과할 수 있다. 심지어 생물학자조차 생명을 단순히 연구대상으로만 여길 수 있다.

'생물학'이라는 용어는 과학의 다른 하위 분야에 비해 늦게 생겨났다. 그전에는 단지 동물학, 식물학, 곤충학, 해부학 등의 분야만 있었을 뿐이다. 게다가 이 학문들은 대부분 관찰로 얻은 지식을 서술한 자연학에 가까웠다. 당연히 자연 만물을 바라보는 사람들의 시각 변화에 따라 생명을 바라보는 시각도 바뀔 수밖에 없다. '생물학'이 독자적인 학문 영역으로 받아들여진 때는 18세기 말이었다. 기린의 목으로 상징되는 '용불용설'을 제창한 라마르크의 업적이었다. 그는 생리학이나 해부학 등의 영역에서 단편적으로 이루어졌던 생명 연구를 독립된 분과 학문에서 체계화하고, 여기에 '생물학'이라는 명칭을 처음으로 부여했다. 생물학biology은 그리스어로 '생명'을 뜻하는 접두어 'bio'와 '학문'을 의미하는 'logos'가 합쳐져 만들어진 용어이다.

생물학이 오랜 기간 자연학이나 박물학에 머물렀던 이유는 그 핵심 물질인 '유전자'의 실체가 발견되지 못했기 때문이다. 그로 인해 자연선택에 의해 일어난다는 진화의 메커니즘은 막연했고, 대를 이어 전해지는 유전현상도 적절히 설명할 수 없었다. 20세기 중반에 이르러 DNA의 정체와 구조가 밝혀지고, 분자 수준에서 무슨 일이 일어나는지 깊이 들여다보고 나서야 수많은 생명현상이 조금씩 이해되기 시작했다. '분자

생물학molecular biology'의 태동이 생물학을 질적으로 바꿔놓았다.

　　세포 내에서 일어나는 모든 현상을 톱니바퀴처럼 연결된 화학반응으로 이해하기 시작하면서 세포를 하나의 기계로 바라보는 관점이 우세해졌다. 유전자 속에 숨겨진 생명 암호의 해독은 생명이 스스로의 설계 프로그램을 자체에 품고 있는 기계라는 인식을 더욱 강화했다. 그러나 어떠한 기계도 저절로 만들어지지 않으며, 스스로를 설계할 수 없다. 생명이 기계를 닮아가면 갈수록 그 기원은 더욱 불분명해진다. 생명의 정체는 여전히 미궁에 빠져 있다. 생물학이 발전할수록, 생명의 신비는 도리어 더 공고해지는 느낌이다. "자연은 숨는 것을 좋아한다Phusis kruptes-thai philei." 고대 그리스의 철학자 헤라클레이토스의 이 말은 2,000년이 지난 오늘날에도 유효하다. 생물학에 아직 낭만이 남아 있다고 보아도 좋을까?

　　19세기 초 낭만주의romanticism는 서유럽에서 계몽주의에 대한 반발로 일어난 문학, 예술, 정치 분야의 운동이었다. 그리고 지금 우리가 생각하기에 결코 그럴 것 같지 않지만, 과학도 낭만적인 때가 있었다. 영국의 과학자 험프리 데이비Humphry Davy(1778~1829)는 자연을 이해하는 데 '존경과 사랑, 그리고 예배하는 마음'이 필요하다고 말했다. 그는 자연에 대한 지식은 자연을 존중할 줄 아는 사람에게만 허용된다고 믿었다. 자연 전체가 각 부분들의 합보다 더 큰 가치를 가진다는 반反환원주의와, 인간은 자연과 연결되어 있다는 낭만주의적 인식이 과학자에게 꼭 필요한 덕목이라고 본 것이다.

과학은 어디에서 왔을까

　오늘날 '과학' 하면 우리에게 가장 먼저 떠오르는 이미지는 무엇일까? 일반적으로 '과학'에는 항상 '기술', '발전', '응용' 같은 단어들이 함께 따라온다. 과학은 때때로 '기술'과 동의어로 사용되기도 한다. 과학은 현대의 첨단기술과 산업 수준을 가리키는 개념이 되었다. 어떤 국가가 얼마나 잘 사는지, 그 나라가 선진국인지 아닌지를 판가름하는 잣대가 되기도 한다. 그러나 그런 측면의 가치가 아니더라도, 과학은 그 자체로 '가장 신뢰할 수 있는 학문 분야'라는 이미지가 있다. 그래서 '과학적이다'라는 말은 '정확하다', '객관적이다', 심지어 '진리'라는 말과도 똑같이 여겨진다. 그런데 정작 '과학'이란 무엇을 의미할까?

　'과학科學'은 영어의 'science'를 한자어로 옮긴 말인데, 일본에서 전래한 명칭이다. 'science'는 라틴어 '스키엔티아scientia'에서 유래했다. 바로 '아는 것', 즉 '지식'이라는 뜻이다. 프랜시스 베이컨의 유명한 말 '아는 것이 힘이다'는 라틴어로 하면 '스키엔티아 에스트 포텐티아Scientia est potentia'이다. 다시 말해 과학이란 내가 '믿는 것', '느끼는 것', '그렇게 여기는 것'이 아니라, 내가 '아는 것', 즉 '확실한 사실을 아는 분명한 지식'이라는 의미를 갖는다.

　다윈은 과학자이지만, 뉴턴은 과학자가 아니다. 뉴턴이 과학자가 아니라고? 약간 의아하게 들릴 수도 있겠지만 사실이다. 왜냐하면 뉴턴이 활동했던 17세기 유럽에서는 'scientist'라는 용어가 아직 쓰이지 않고 있었기 때문이다. 반대로 다윈이 활동하던 19세기 중반에 와서는 널리 통용되었다. 'scientist'를 사용하자고 처음 제안한 사람은 영국의 철

「**과학을 통해 베일이 벗겨지는 자연의 여신**」(루이 에르네스트 바리아스, 1899).
수줍어하는 자연은 베일 속에 영원히 숨으려 하지만 과학은 끝내 그녀의 베일을 벗겨내고자 한다. 파리 오르세 미술관 소장.

학자 휴얼William Whewell(1794~1866)이다. 그는 예술가를 '아티스트artist'라고 부르듯이 과학을 업으로 하는 사람을 '사이언티스트'라 부르자고 제안했다. 그러니까 뉴턴은 '과학자'라고 불린 적이 한 번도 없는 셈이다. 굳이 말하자면 뉴턴은 '자연철학자natural philosopher'였다. 실제로 뉴턴이 만유인력의 법칙을 소개했던 논문의 제목은 「자연철학의 수학적 원리Philosophiae Naturalis Principia Mathematica」이다. 짧게 줄여서 「프린키피아Principia」라고 한다. 여기서 뉴턴이 자신의 학문을 '자연철학'이라고 불렀음을 알 수 있다. 다시 말해, 과학은 본래 그리스 시대부터 오랜 역사를 가지고 발전해오던 서구 자연철학의 일부였던 것이다.

이렇게 서양에서는 지금도 과학을 철학의 한 분야로 이해하고 있다. 그에 비해 오늘날 한국에 살고 있는 우리들에게 '과학' 하면 언제나 '기술, 개발, 응용'이 떠오를 수밖에 없는 이유가 있다. 과학을 서구에서 받아들일 때 우리는 그 지식의 진위에 대해서든, 만들어진 경위에 대해서든 단 한 번도 의심한 적이 없었다. 하나의 지식이 개인에게 받아들여지고 사회에 적용되는 데 따르는 여러 시행착오의 과정을 직접 겪어보지 못한 채, 그저 진리를 숭상하듯 완성된 형태로 과학을 수입했을 뿐이다.

그때는 과학이 기술과 동일시되고, 부유하고 강한 나라를 만들 수 있는 응용지식으로서 꼭 필요하다고 느끼기 시작하던 시기였다. 과학은 19세기 말 제국주의 시대에, 즉 서구 열강이 동양을 침탈해 식민지로 만들려던 시기에 약육강식의 논리와 함께 우리에게 전달되었다. 따라서 우리는 과학이라는 지식을 학문 그 자체로 즐기지 못하고 힘과 기술의 원리로 받아들일 수밖에 없었다. 베이컨이 말했던 '힘'으로서의 과학, 그것은 서양인에게는 '철학'이라는 세계관을 의미했지만, 우리에게는 '능력'이자 '지배력'의 의미를 담은 수단으로 인식되었다.

풀잎의 뉴턴: 생물학은 어쩌다 기계론이 되었나

'science'를 과거 중국에서는 '격치格致'라 번역해 부르기도 했다. 격치란 사서四書의 하나인 『대학大學』에 나오는 '격물치지格物致知'의 줄임말이다. 이는 '사물에 다가가 그 사물이 가지고 있는 이치를 깨달으려 노력한다'는 의미이다. 즉 세심히 관찰해 사물에 숨어있는 지식을 획득한다는 뜻이다. 그러나 윤리적인 인간을 키워낼 목적으로 이치를 깨달으려는 동양적인 사고와 달리, 서양에서는 사물을 정복해야 할 대상으로 이해하고 지식을 쌓는다는 개념이 우세했다. 따라서 중국에서는 서양의 새로운 학문을 기존에 사용하던 '격치'의 개념으로 대체할 수 없었다. 이런 까닭에 격치라는 번역어는 오래 통용되지 못하고 사라졌다.

이처럼 동양의 학문이 전통적으로 자신과 사물이 함께 어우러지는 주객일체主客一體의 '윤리倫理'를 지향한다면, 서양의 학문은 사물 속에 담긴 객관적 진리를 파악하려는 '물리物理'의 원리를 추구한다고 할 수 있다. 서양에서 발전한 과학이 철학에서 출발했음에도 불구하고 더 이상 '윤리'의 문제와 관련이 없어진 이유가 바로 이것이다. '과학은 가치를 다루지 않는다'는 생각은 이렇게 받아들여지게 되었다.

뉴턴의 위대함은 그가 처음으로 천상의 역학과 지상의 역학을 통일했다는 데 있다. 그는 창공을 가로질러 이동하는 달과 행성의 운동이 사과가 나무에서 땅으로 떨어지는 현상과 전혀 다르지 않음을 증명했다.

「뉴턴」(윌리엄 블레이크, 1795). 블레이크는 불편한 모습으로 몸을 구부린 채 컴퍼스를 이용해 기하학 계산에 몰두하고 있는 뉴턴을 그렸다. 물체의 운동을 수학적으로 계산할 줄은 알아도 중력의 본질이나 운동의 원인은 이해하지 못한 뉴턴의 융통성 없음을 풍자하는 듯하다. 런던 테이트 갤러리 소장.

그것은 바로 '중력gravity'의 발견이었다. 질량을 가진 모든 물질은 중력을 가지며, 천체를 포함한 세상의 모든 물질은 중력의 작용을 받는다는 통일이론이다. 그러나 조선인 중에 처음으로 뉴턴의 중력 이론을 접했던 조선 후기의 실학자 최한기崔漢綺(1803~79)는 그의 이론을 '죽은 수학'이라고 폄하했다. 그는 뉴턴이 물체의 운동을 수학적으로 기술할 줄은 알아도, 중력의 본질이나 운동의 원인은 전혀 이해하지 못했다고 비판했던 것이다.

실제로 뉴턴은「프린키피아」의 결론 부분에서 중력이 왜 존재하는

지, 어디에서 연유하는지는 설명하지 않겠다고 밝혔다. 어쨌든 중력이 존재하는 것은 사실이며, 모든 물질의 움직임을 기술할 수 있으니 그것으로 충분하다며 말을 아꼈다. 중력의 본질이 무엇인지는 천하의 뉴턴도 알 수 없었던 것이다. 멀리 떨어진 두 물체 사이에 왜 힘이 작용하는지도 설명할 수 없었다. '기氣'의 활동을 연구해 세계와 인간을 이해하려 했던 최한기는 중력이 왜 존재하는지 전혀 궁금해하지 않았던 뉴턴을 당연히 인정할 수 없었다. 뉴턴은 위대한 업적을 남겼으나, 동시에 과학의 개념을 완전히 바꿔버렸다. 뉴턴 이전의 과학은 '왜why'를 탐구했지만, 뉴턴 이후에는 더 이상 '왜'를 묻지 않았다. 과학은 이제 '어떻게how'만을 탐구하게 되었다. 상상은 사라지고, 계산만이 남았다.

미국의 철학자 로젠버그Alexander Rosenberg(1946~)는 여러 개별 과학들이 모두 철학의 한 분과 학문으로 출발했으며, 그것들이 철학에서 분리되는 순간 개별 과학의 이름을 얻게 되었다고 말했다. 즉 자연철학은 뉴턴의 시대에 이르러 물리학으로 새롭게 탄생했으며, 생물학은 다윈의 『종의 기원』이 출간된 1859년에 비로소 자연철학에서 분리되었다는 것이다. 칸트는 일찍이 『판단력 비판』에서 이렇게 예언했다.

> 과학은 무생물 물질로부터 생물이 어떻게 생겨날 수 있는지를 결코 설명할 수 없을 것이므로, '풀잎의 뉴턴'과 같은 인물이 등장하는 일은 결코 없을 것이다.

여기서 '풀잎의 뉴턴a Newton of the blade of grass'이란 생물학 분야에서의 뉴턴과 같은 위대한 과학자를 의미한다. 칸트는 물리학에서 뉴턴이 이뤘던 혁명적인 업적을 생물학에서 기대하기는 어렵다고 판단했다. 그는 물리학과 생물학이 근본적으로 다를 수밖에 없다고 생각했다. 생물학에는 물리학에 없는 '목적론적' 설명이 필요하리라 본 것이다. 칸트의 예언은 빗나갔다. 70년 후 찰스 다윈이라는 '풀잎의 뉴턴'이 등장했다. 뉴턴이 행성의 운동을 기계적으로 설명했듯이, 다윈도 자연선택을 통해 생명의 기원을 역시 기계적 관점에서 설명해낸 것이다. 자연선택은 태엽을 감아주면 돌아가는 시계와도 같이 기계적으로 작동한다. 생물학은 다윈 이래로 '왜'를 묻지 않는다. 마치 그것은 과학이 할 일이 아니라는 듯.

로젠버그의 지적대로 개별 과학들이 철학에서 분리되어 나간 이후, 이제 철학에는 설명할 수 없거나 설명할 필요가 없는 것만이 남게 되었다. 반대로 개별 과학들은 이제 설명할 수 없는 것은 다루지 않아도 되었다. 수학에서는 더 이상 '수數란 무엇인가?'와 같은 질문을 하지 않는다. 생물학에서도 역시 '생명을 생명이게끔 만드는 것은 무엇인가?'라고 아무도 구차하게 묻지 않는다. 이제 생물학은 도킨스가 그랬듯 생명을 '생존 기계'로만 보고 있는 것이다.

모든 것을 녹여버리는 다윈의 진화론

—

하버드대의 진화생물학자 마이어Ernst Walter Mayr(1904~2005)는 세계 역사의 각 시기마다 시대정신이라 할 만한 독특한 관념의 집합이 존재했다고 말한다. 한때는 『성경』이, 이후엔 마르크스의 『자본론Das Kapital』이 그런 관념을 제공했다. 그리고 한때 프로이트의 이름이 거론된 적도 있었지만, 지금은 다윈의『종의 기원』이 현대의 시대정신을 담고 있음에 틀림없다고 주장한다. 다윈은 아리스토텔레스로부터 시작된 '목적론적 세계관'을 논박했다. 즉 '궁극적 목적'을 자연 현상을 설명하는 수단으로 삼는 사고방식이 더 이상 필요하지 않다고 선언한 것이다. 신新다윈주의자로서 마이어는 자연선택과 같이 철저하게 분석될 수 있는 것은 목적론적인 힘처럼 분석할 수 없는 무언가를 동원하지 않더라도 답을 제공할 수 있다고 믿는다.

뇌 과학자 데닛Daniel Dennett(1942~)이『다윈의 위험한 생각Darwin's Dangerous Idea』에서 비유했듯이, 진화론은 무엇이든지 녹여버리는 '만능산universal acid'과도 같다. 진화론은 기존의 모든 이론과 개념을 완전히 녹여 없애고, 단 하나의 세계관, 즉 '진화론적 세계관'만을 남겨놓는다. 플라톤의 이데아, 실체나 본질적인 것, 신의 의도와 섭리, 그리고 불변의 가치를 가지리라 믿었던 모든 것들이 다 녹아 없어졌다. 데닛은 자유의지나 의미, 의식마저도 모두 진화의 산물이기 때문에 심리적인 문제도 유물론적 관점에서 해결 가능하다고 보았다. 심지어 진화론으로 새로운 철학 이론을 정립할 수도 있다고 주장한다.

진화 이론은 정말 만능산일까? 스티븐 제이 굴드는 모든 생물의 특질이 자연선택의 결과 최적 상태로 조정되어 있다고 보는 신다윈주의자들의 믿음을 '적응주의adaptationism'라고 불렀다. 다시 말해 모든 진화의 결과가 '적응' 하나로 해석될 수 있다는 것이다. 볼테르Voltaire(1694~ 1778)가 쓴 풍자소설『캉디드 혹은 낙관주의Candide ou l'Optimisme』에 등장하는 팡글로스 박사의 말처럼, "코는 안경을 얹기 위해 만들어졌고, 다리는 양말을 신을 수 있도록 만들어졌다"라는 식의, 다소 억지스럽긴 하지만 나름 '최선의' 해석이 가능해진다. 굴드는 생명이 진화를 통해 변화해온 경로를 전일적인 holistic 관점에서 복합적으로 분석하려는 노력을 포기하고 모든 결과를 환경에 대한 '적응'이라는 단순하고도 편협한 관점으로 보는 시각을 비판했다. 지금 우리가 보고 있는 진화의 양상과 생물 다양성은 자연선택으로만 설명하기에는 한계가 뚜렷하기 때문이다.

만물의 근원이 '물'이라 주장했던 밀레토스의 현인 탈레스는 그의 주장이 틀린 것으로 드러났음에도 불구하고 최초의 자연철학자로 널리 인정받는다. 이는 그가 세계를 구성하는 기본 단위를 초자연적인 존재가 아닌 자연 속에 있는 어떤 것으로부터 찾으려 했던 첫 번째 인물이었기 때문이다. 그 후 지금까지 과학의 모태가 된 사상, 즉 '자연철학'은 초자연성을 완전히 배제한 채 자연 현상을 설명하려는 노력을 공통으로 한다. 따라서 혹시라도 진화나 빅뱅 이론이 신이 존재하지 않는다는 것을 보여주는 증거가 된다고 생각한다면 어리석은 일이다. 만능산이 과연 신까지 녹여버릴 수 있을까?

과학의 기본은 초자연적인 신이 존재하지 않는다는 가정하에 세상을 설명하려는 것이다. 이미 전제부터 배제된 신의 존재 여부가 과학적인 절차를 거쳐 결론에서 다뤄질 수는 없다. 과학으로 신의 존재를 증명하거나 반증할 수 없다는 뜻이다. "세계를 설명하기 위해 목적론은 필요하지 않다"라는 마이어의 주장은 그럴듯해 보인다. 그러나 '필요하지 않다'라는 판단은 '사실이 아니다'라는 결론을 이끌어내지 못한다. 필요성이 어떻게 존재 여부에 영향을 미칠 수 있겠는가. 설사 필요하지 않다 하더라도 칸트와 자크 모노가 일찍이 지적했듯 '합목적성 teleonomy'은 생명의 내부에 이미 존재하고 있다.

살아 있는 것의 진화에 대해 연구한다는 것

과학철학자 최종덕 교수는 『생물철학』에서 생물학을 연구하는 데 있어 발생할 수 있는 인식론적 어려움을 이렇게 설명했다.

예를 들어 어떤 실험생물학자가 살아 있는 세포를 현미경으로 관찰한다고 하자. 이 관찰을 위해서는 먼저 피부에서 살아 있는 세포를 채취해야 한다. 세포를 채취해야 그 세포를 현미경으로 관찰할 수 있기 때문이다. 하지만 채취된 피부세포 슬라이드 그대로는 현미경 대물렌즈 아래 놓을 수 없는데, 그 이유는 현미경으로 식별할 수 있도록 먼저 세포를 적절히 염색해야 하기 때문이다. 채취작업과 염색작업을 한 후에 실험자는 비로소 세포를 관찰할 수 있게 된다. 그렇지만 그가 관찰한 것은 엄밀하게는 살아 있는 세포가 아니라 죽은 세포이다. 그나마도 염색으로 왜곡시킨 대상이다. 이렇게 생세포를 관찰하기 위하여 세포를 죽여야만 하는 것은 과학적 관찰의 자기모순을 드러낸다.

베르그송도 『창조적 진화』에서 이와 비슷한 문제를 지적했다. 인간의 사유思惟로는 순수하게 논리적인 방식을 통해 생명의 본성과 진화의 의미를 알아낼 수 없다. 사유란 생명에 의해 고안된 것인데 어떻게 생명 자신을 돌아볼 수 있겠는가. 사유란 진화의 도중에 생겨난 것인데 어떻게 진화 자체의 의미를 판단할 수 있겠는가. 거울이 자기 자신을 볼 수 있을까? 편지가 제 속에 담긴 메시지를 이해할 수 있을까?

베르그송은 진화론 사상을 폭넓게 수용하면서 진화의 의미와 인간이 걸어온 길을 사유하고자 한다. 그에게 생명 이론은 철학의 존재론과 떼려야 뗄 수 없는 관계이다. 즉 생물학은 철학과 함께 가야 한다는 뜻이다. 그는 생명의 진화를 이해하는 방식에 관하여 이렇게 썼다.

> 일상적 지식과 마찬가지로 과학은 사물로부터 반복의 측면만을 취한다. 모든 것이 독창적이라 해도 과학은 과거를 거의 유사하게 재생시키는 요소들과 국면들로 그것을 분석할 준비가 되어 있다. 과학은 반복된다고 간주되는 것, 즉 가정상 지속의 작용을 벗어나는 것 위에서만 작용할 수 있다. 한 역사의 잇따르는 순간들에서 환원 불가능하고 비가역적인 것은 과학에 의해 포착될 수 없다. 이러한 환원 불가능성과 비가역성을 표상하기 위해서는 사유의 근본적인 요구들에 부응하는 과학적 습관들과 결별해야 하며, 정신을 위반하고 지성의 자연적 경향을 거슬러 올라가야 한다. 그러나 바로 여기에 철학의 역할이 있는 것이다.

베르그송은 진화를 기계론과 목적론 중 어느 하나에 전적으로 의존해 해석해서는 안 된다고 지적한다. 또한 기계론적 해석은 거의 틀렸다고 본다. 곡선의 아주 미세한 부분들은 직선을 닮은 짧은 선들이 모여서 만들어진 것처럼 보인다. 각 점에서의 접선은 그곳에서의 곡선의 움직임과 일치한다. 마찬가지로 생명이 가진 '생명성'도 임의의 점에서 물리화학적 힘들과 접하고 있다. 베르그송은 실제로 곡선이 직선으로 구성되지 않은 것처럼 생명도 물리화학적 요소들로 이루어진 것이 아니라고 했다. 생명의 고유한 작용을 물리화학적 요소들로 나타내는 것은 그 일부분만 표현하고 있을 뿐이다.

프랑스의 철학자 앙리 베르그송.
베르그송은 진화론 사상을 폭넓게 수용하면서 진화의 의미와 인간이 걸어온 길을 사유하고자 했다. 또한 생명의 진화는 기계론과 목적론 중 어느 하나에 전적으로 의존해 해석해서는 안 된다고 주장했다.

그는 극단적인 목적론이 가진 오류를 철저하게 경계하고 있지만, 생명이 가진 합목적성을 완전히 부정할 수 없다고 본다. 모든 생명은 자신을 유지하고 증식하도록 만들어졌고, 그 모든 부분은 전체의 최대선 善을 위해 협동하도록 지성적으로 조직되어 있음에 틀림없기 때문이다. 우리의 심장과 허파는 의식하지 않아도 몸 전체의 생존을 위해 수축과 이완을 멈추지 않으며, 수십 가지 호르몬과 신경전달물질은 항상성을 유지하기 위해 분비를 완벽하게 조절한다. 누군가에게 이것은 '완벽한 기계'를 떠올리게 할 수도 있다. 그러나 아무런 목적도 없이 만들어진 기계는 없다.

베르그송은 또한 끊임없이 가지를 쳐서 다양하게 퍼져 나가는 진화의 나무 가운데 완전히 다른 경로를 거쳐 생명의 어떤 동일한 기관이 만들어질 수 있음을 보일 수 있다면 특별한 의미에서의 목적성이 재차 입증될 수 있다고 보았다. 이것은 현대의 생물학이 철학적 관점에서 풀어야 할 중대한 과제 중 하나임에 틀림없다.

우리가 지향하는 생명철학은 바로 그러한 것이다. 그것은 기계론과 목적론을 동시에 넘어서고자 한다. 그러나 우리가 앞서 예고했듯이, 그것은 전자보다는 후자 쪽에 가깝다.

베르그송은 이와 같은 방식으로 진화와 창조라는 모순적 개념을 화해시킨다. 물론 여기서 창조는 기독교적인 의미의 창조가 아니라 존재의 어떤 '질적인 비약'을 의미한다. 그는 결정론을 부정하고 존재의 자유성을 추구하고 싶은 것이다. 사르트르가 말했던 '실존주의 existentialism'적 가치를 전체 생명에 적용하고자 하는 의도랄까. 그러나 이를 기독교적 의미의 창조로 보아도 크게 문제되지 않아 보인다. 굴드가 멋지게 표현한 바 있듯, 진화는 반복되어 일어나지 않는다는 점에서 매 순간 새로운 생명의 창조나 마찬가지다.

이제 진화론에 남아 있는 가장 심오한 수수께끼는 진화의 '이유'일 것이다. 뼛속까지 다윈주의자인 도킨스조차도 『눈먼 시계공 *The Blind Watchmaker*』에서 불만을 표한 바 있다. 다윈주의는 확실히 다른 과학 분야에서 유사하게 확립된 진실들에 비하면 인정받기 위해 훨씬 더 많은 옹호와 설득이 필요해 보인다는 사실 때문이다. 진화론은 현재 세계의 모습을 가장 합리적으로 설명해주는 최선의 이론이다. 그럼에도 불구하고 대중들은 충분히 만족스러워하는 것 같지 않다. 그 진실성을 여전히 확신하지 못하는 사람들도 많다. 대중들이 무지하기 때문일까? 그렇지 않다. 진화에 대해 아직 답하지 못한 질문들이 많이 남아 있기 때문이다. 과학도 그 해석에 통일성이 담보되지 않는 한 하나의 신앙일 수 있다. 과학적 진실이 언제나 결정적으로 입증되는 것은 아니기 때문이다.

영국의 철학자 메리 미즐리 Mary Beatrice Midgley(1919~2018)는 『종교로서의 진화 *Evolution as a Religion*』에서 종교를 몰아내고자 하는 과학의 의도와 어울리지 않게 진화론 자체에 종교와도 흡사한 특징이 그렇게나 많이 드러나고 있다는 사실은 아이러니라고 말했다. 미즐리는 빅뱅과 같은 거대한 개념도 과학이라기보다는 차라리 형이상학에 가깝다고 주장한다. 과학자들이 심지어 우주의 무의미함까지도 하나의 매력적인 도그마로 만들어버린 것을 보면 미즐리의 주장이 지나치다고 보기는 어렵다. 오히려 도킨스나 그의 동료 데닛과 같은 이들이야말로 아직 확실한 것으로 증명되지 않은 과학적 추론에 대해 지나친 '믿음'을 드러내고 있는 것은 아닐까.

목적 없는 정보는 없다

현미경 속 박테리아가 머리카락처럼 기다란 편모flagella를 흔들며 한쪽으로 이동하는 모습이 보인다. 그들은 왜 이동하고 있을까? 맛있는 먹이를 발견해서? 아니면 몸에 해로운 유독물질을 피하려고? 정확한 이유는 더 자세히 알아봐야 하겠지만 한 가지는 분명하다. 박테리아는 틀림없이 주변 환경과 상호작용하며 정보를 얻고 있었다. 얻은 정보를 바탕으로 능동적으로 움직이고 있었던 것이다.

살아 있는 모든 세포는 정보를 모으고 관리한다. 정보는 생명만이 가지고 있다! "비트에서 존재로it from bit"라는 구절로 유명한 이론물리학자 존 아치볼드 휠러John Archibald Wheeler(1911~2008)는 '우주의 본질이자 궁극적인 모습 자체가 정보'라고 믿었지만, 자연에 존재하는 그 정보를 알아보고 의미를 부여할 수 있는 것은 오로지 이를 지각할 수 있는 생명뿐이다. 정보를 취급하고 정보에 의존하려 한다는 점은 생명이 어떤 '목적'을 가지고 행동하고 있음을 말해준다. 모든 정보는 의미를 가지고 있으며, 생명은 그것에 담긴 의미를 추구하도록 되어 있다. 의미를 이해하려 하지 않는 생명이 있다면 그것은 죽은 것이나 다름없다.

2001년 노벨생리의학상을 수상한 유전학자 폴 너스Paul Nurse(1949~)는 최근 저서 『생명이란 무엇인가What is Life?』에서 생명이 가진 목적에 대해 다음과 같이 설명했다.

정보에 의존한다는 점은 생물이 목적을 가지고 행동하는 방식과 밀접한 관련이 있다. (…) 생물학은 목적에 관해서 이야기하는 것이 때로는 수긍이 갈 수 있는 과학 분야이다. 대조적으로 물리학에서는 강이나 혜성이나 중력파의 목적을 묻지 않을 것이다. 그러나 효모의 cdc2 유전자나 나비의 비행의 목적을 묻는 것은 이해할 수 있다. 모든 생물은 스스로를 유지하고 조직하며, 성장하고, 번식한다. 이런 것들은 생명이 자신과 자손을 존속시킨다는 근본적인 목적을 달성할 기회를 높여주기 때문에, 진화한 목적 행동들이다.

정보를 가지고 있다는 말은, 목적을 가지고 있다는 말과 동일하다. 목적 없는 정보는 없기 때문이다. 생명은 '음의 엔트로피 negative entropy'를 먹고 산다고 말했던 슈뢰딩거의 표현은 생명이 가진 정보의 관점에서도 정확히 부합한다. 세포는 정보를 효율적으로 관리함으로써만 생명 활동과 생존에 필요한 '복잡한 질서의 획득'이라는 목적을 달성할 수 있다.

세포 내에 정보를 담고 있는 고분자 물질은 많이 있지만, 엔트로피를 가장 낮게 유지해야 하는 물질은 바로 DNA이다. DNA는 모든 생명에 고유의 정체성을 부여해주는 궁극의 물질이라 할 수 있다. 컴퓨터가 0과 1로만 된 2진법을 이용해 모든 정보를 관리하듯, 모든 생명이 가진 DNA는 A, C, G, T의 네 가지 염기만을 배열해 모든 필요한 디지털 정보를 만들어내는 4진법을 사용하고 있다. (왜 하필 4진법일까? 그 이유는 정확히 모른다. 하지만 컴퓨터처럼 2진법을 사용할 경우 정보를 담아야 할 유전체가

유전학자 폴 너스.
너스는 효모를 이용해 세포 분열을 조절하는 핵심 유전자들을 발견한 공로로 2001년 노벨생리의학상을 받았다. 그는 록펠러대학교 총장과 런던왕립학회 회장을 역임했으며, 현재 브리스틀대학교 총장으로 있다. 그는 『생명이란 무엇인가』(2020)에서 생명이 정보에 의존한다는 점은 목적을 가지고 행동하는 방식과 밀접한 관련이 있다고 주장했다.

너무 길어져 세포의 증식이 느려지게 되고, 6진법이나 8진법을 사용할 경우 정보를 해독하는 데 필요한 물자가 너무 많이 필요해 세포 대사에 심각한 과부하가 걸리게 될 것이다. 최초의 세포는 이런 사실을 알고 있었을까? 아니면 시행착오를 거쳐 알아낸 것일까? 이런저런 테스트를 해보았을 정도로 세포는 그 탄생부터 지적인 존재였다는 뜻일까?)

이 정보들은 뒤바뀌거나 와해되지 않도록 온갖 오류와 손상으로부터 각별히 보호받고 있다. DNA에 담긴 정보를 상황에 따라 오류 없이 정확히 복사하여 자손에게 물려주는 데 필요한 중합효소polymerase의 종류만 해도 수십 가지가 넘는다. DNA 가닥이 변형되거나 끊어질 경우 원래대로 정확히 복구하는 데 관여하는 단백질은 수백 가지에 달한다. 모든 세포의 안방 깊숙이 자리한 금고에 담긴 소중한 DNA 이중나선은 혹여나 뭔가에 눌려 뒤틀려 있는지, 너무 오래 열려 있는 것은 아닌지 실시간으로 비상상황을 파악해 알릴 수 있도록 수십 개의 센서와 경보 장치로 둘러싸여 있다. 이렇게 애지중지 모시고 있는 정보에 중요한 목적이 없을 리 있을까?

생명이라는 살아 있는 기계는 정보를 적절히 관리함으로써만 제어될 수 있다. 무엇보다도 놀라운 사실은 우리 몸의 모든 부위가 정확히 똑같은 정보를 가지고 있지만, 각 부위마다 주로 사용하는 정보는 제각기 다르다는 것이다. 적혈구erythrocyte가 되는 세포와 간liver이 될 세포에는 동일한 도서관이 세워지지만, 각 세포가 어려서부터 즐겨 읽는 책의 분야는 서로 다른 것에 비유할 수 있다. 신체의 각 부위는 각기 다른 목적을 가지고 움직이지만, 그 결과 살아 있는 실체는 '하나의 목적을 지닌 전체'로서 작동한다. 이것은 서로 다른 직업을 가지고 살아가는 개개인이 모여 잘 작동하는 하나의 사회를 이루는 현상의 축소판이라 할 수 있다.

도킨스는 이렇게 말한 바 있다. "모든 생물의 핵심에는 불이나 따스한 숨, 생명의 불꽃 따위가 아니라 정보와 단어 지시문이 놓여 있다. 생명을 이해하려면 활기차게 약동하는 점액질이나 분비물이 아니라 정보 기술을 생각해야 한다." 생명을 생존기계로 치부했던 도킨스에게는 생명을 단순히 정보로 치환하는 것이 그다지 어렵지 않았을 것이다. 그러나 이것은 자신을 닮은 더 많은 자손을 남기기 위한 차가운 정보에 불과하여, 마치 영국에서 최초로 시작되었다는 '행운의 편지chain letter'나 다를 바 없다. 4일 내에 일곱 명에게 똑같은 내용을 적어 보내지 않으면 저주를 받게 된다는 이 '행운의 정보'를 기계적으로 베껴 쓰고 발송하는 데 일생을 보내야 한다면 무슨 의미가 있을까. 이것이 과연 우리가 가진 정보의 유일한 목적일까?

생명이란 기계적이라기보다는 복잡계complex system적인 현상에 더 가까우며, 단독적이기보다는 여러 구성 요소 간의 의식적이고도 협력적인 상호작용으로 이루어지기 때문에 우리는 유전자에 담긴 정보의 의미를 완전히 파악한다 하더라도 전체와 집단이 만들어내는 복잡성과 의외성을 예측하기 어렵다. 생명이 가진 정보, 그 정보가 가진 목적이 기계적일 뿐이라면 생명현상이 이처럼 조화롭게 이루어질 수는 없을 것이다.

인간의 얼굴을 한 생물학

'인문학humanities'이란 인간을 인간답게 만드는 것이 무엇인지 탐구하는 학문이다. 인간의 본성이 무엇이며 그것이 어디에서 연유하는지 뿐 아니라, 인간의 가치와 문화, 사상을 연구하고 근원적인 문제를 해결함으로써 온전한 인간을 형성하도록 돕는 것을 목표로 한다. 인간을 대상으로 하는 인문학은 자연세계의 다른 여러 대상들을 탐구하는 자연과학과 뚜렷이 구분되는 독립적인 학문으로 오랫동안 인정받아왔다. 그만큼 인간이라는 존재가 자연에 존재하는 모든 물질과 근본적으로 다르며, 심지어 다른 생명과도 비교할 수 없는 본성과 가치를 지니고 있다고 믿어왔음을 말해준다.

그러나 이러한 인문학의 정신은 현대 생물학이 내세우는 여러 과학적 근거에 의해 뿌리부터 흔들리고 있다. 진화론에 따르면 우리가 아는 인간의 본성은 유전적 변이와 자연선택에 의해 기존의 다른 생명이 변형됨으로써 우연히 얻어진 것이며, 본질적으로 다른 생물들과 구별되는 탁월함이나 고귀함이 부여될 수 없다. 우리가 추구하는 인간다움이란 불변의 소중한 가치가 아니라, 진화 과정에서 획득된 한 생물종의 일시적 생활양식에 불과한 것이다. 생물학이 인간의 현 모습을 그려내는 데 있어 우연성을 강조할수록 인간이 이룩한 모든 것들은 궁극적으로 무의미로 전락하게 된다.『논리철학 논고 *Tractatus Logico-Philosophicus*』에서 비트겐슈타인 Ludwig Wittgenstein(1889~1951)이 남긴 다음의 문장은 과학이라는 학문의 무기력함을 여실히 드러낸다.

> 우리는 가능한 모든 과학적 질문에 빠짐없이 답하고 났을 때조차도 삶의 문제는 여전히 전혀 손도 대보지 못한 채 남아 있다고 느낀다.

과학은 객관적이며 가치중립적일 것이라는 기대를 받는다. 그러나 실제로 과학에는 연구를 수행해 얻은 결과를 해석하는 사람에 따라 얼마든지 주관적 판단이 개입할 수 있다. 과학에 논쟁이 존재할 수밖에 없는 이유이다. 과학적으로 얻은 결과를 어디에 어떻게 적용하느냐에 따라 가치도 달라질 수 있다. 우라늄 핵분열의 원리는 원자력 에너지를 얻는 데 활용될 수도 있지만 엄청난 규모의 살상을 일으키는 데 악용될 수도 있다. 과학과 인문학 사이에 좁힐 수 없는 간격과 불통이 존재함을 지적했던 C. P. 스노우 Charles Percy Snow(1905~80)의 우려를 굳이 거론하지 않더라도, 과학은 그것을 손에 쥔 사람의 의도에 따라 쉽게 왜곡될 수 있다.

생물학도 마찬가지이다. 프로이트는 1917년에 쓴 「정신분석학의 한 가지 어려움 A Difficulty in the Path of Psychoanalysis」이라는 글에서 과학이 더욱 발전할수록 인간의 자존감은 곤두박질칠 일만 남았다고 말한 바 있다. 물리학적 관점에서 보았을 때 코페르니쿠스 Nicolaus Copernicus(1473~1543)의 지동설에 의해 인간의 위치가 우주의 중심에서 변방으로 밀려났듯이, 생물학적 관점에서도 다윈의 진화론에 의해 인간의 지위는 만물의 영장에서 일개 동물의 위치로 떨어졌다는 것이다. 거기에 더해 프로이트는 인간의 위대한 문명의 발전과 예술적 창조 행위가 고상한 동기에서 비롯된 것이 아니라, 고작 무의식 속에 숨겨진 성적 욕망을 충족시키기 위한 불순한 의도에서 나온 것에 불과하다는 자신의 정신분석학 이론을 슬쩍 끼워넣었다. 생물학에 누가 어떤 옷을 입혀 내보내느냐에 따라 인간이라는 존재는 무대 위에서 찬사를 받을 수도, 또는 길거리에서 조롱을 받게 될 수도 있다.

인지 생물학자 움베르토 마투라나는 『앎의 나무 *Der Baum der Erkennt-*

nis』에서 타인을 새롭게 바라보도록 하는 생물학의 가치에 대해 언급하고 있다.

나아가 생물학은 우리가 인지적 영역을 넓힐 수 있음을 보여준다. 이런 일이 일어나는 경우란 예컨대 이성적인 사고를 통해 새로운 경험을 하게 될 때, 낯선 이를 나와 같은 이로서 마주할 때, 더 직접적으로는 사람들 사이의 생물학적 일치를 체험할 때 등이다. 사람들 사이의 생물학적 일치 때문에 우리는 타인을 볼 수 있고, 또 우리 곁에 타인이 있을 자리를 비워둔다. 이런 행위를 가리켜 사람들은 사랑이라 부르기도 하고, 좀 약하게 표현하면 일상생활에서 내 곁에 남을 받아들이는 일이라고 부르기도 한다. (…) 생물학적으로 볼 때 사랑 없이, 남을 받아들임 없이 사회적 과정이란 존재하지 않는다는 것이다. 만약 사랑 없이 함께 산다면, 무관심한 위선자의 삶이거나 심지어 남을 적극적으로 부정하는 삶인 것이다. 사랑이 사회적 삶의 바탕임을 부정하고 거기 담긴 윤리적 의미를 무시한다면, 생물로서 35억여 년을 살아온 우리의 역사가 가리키는 것 모두를 잘못 보았음을 의미한다.

생물학은 우리 자신을 포함해 모든 생명을 새롭게 바라보게 만든다. 우리가 알고 있는 주변의 모든 생물이 가까운 친척이며, 서로 분리하려야 분리할 수 없는 공동체임을 말해준다. 모든 생명이 서로를 위해 무한한 가치를 지닌 존재임을 깨닫게 만든다. 실제로 우리는 보이지 않지만 아주 끈끈한 연결을 통해 다른 모든 생명과 깊게 얽혀 있다. 내가 나비인지, 나비가 나인지 모호해 구분하기 어려운 것은 장자莊子의 꿈에서

인지 생물학자 움베르토 마투라나.
그는 『앎의 나무』(1987)에서 우리가 생물학을 통해 타인을 자신과 같은 존재로 받아들일 수 있게 된다고 말했다.

만 일어나는 일이 아니다. 만약 외계에서 온 지적인 존재가 있어 지구상에 살고 있는 수많은 생물을 관찰한다면, 이들의 모든 생명활동을 낱낱이 별개로 구분하지 못하고 '하나로 묶인 전체'로 보아야 정상일 것이다.

생명에 대한 올바른 이해는 물론 우리 인간의 문화와 문명에 크게 기여할 수 있다. 그러나 본질적으로 인간을 포함한 전체 생태계의 유지와 안녕을 기약할 수 있는 유일한 길이기도 하다. 마투라나의 지적처럼 우리는 생명을 사랑하고 배려해야 마땅하다.

진화론이 빚은 생명의 불안정하고도 불투명한 운명을 통해 내가 누구인지, 무엇을 위해 어떻게 살아야 하는지 발견할 수 없다고 해서 실망

할 필요는 없다. 생명에 위대한 목적이 깃들어 있음을 발견하는 길은 여전히 많다. 이것이 바로 생물학이 인간의 얼굴을 하고 있는 이유이며, 우리가 생물학을 깊이 사유해야 하는 이유이기도 하다.

12장

생명은 만들 수 있는가?

**메리 셸리와
크레이그 벤터가 말하는 생명**

첫 성공으로 흥분한 가운데 태풍처럼 나를 몰아친 그 다채로운 감정들은 그 누구도 상상할 수 없으리라. 삶과 죽음의 경계야말로 이상적인 목표였다. 내가 최초로 돌파해 어두운 세상에 폭포수처럼 빛이 흘러들도록 만들었기에. 새로운 종이 생겨나 조물주이자 존재의 근원인 나를 축복하리라. 헤아릴 수도 없는 행복하고 탁월한 본성들이 내 덕에 탄생하리라. 나만큼 자식의 감사를 받아 마땅한 아버지는 이 세상에 다시없으리라. 이런 생각들을 따라가던 나는 무생물에 생명을 불어넣을 수 있다면, 지금은 불가능해도 시간이 지나면 겉보기에는 죽음으로 부패된 육신에도 새 생명을 줄 수 있겠다는 데 생각이 미쳤다.

메리 셸리Mary Wollstonecraft Shelley, 『프랑켄슈타인*Frankenstein*』

오비디우스Pūblius Ovidius Nāsō(BC 43~AD 17)의 『변신 이야기Metamorphoses』에는 키프로스 섬의 전설적인 조각가 피그말리온Pygmalion이 등장한다. 그는 평생 혼자 살기로 결심한 독신남이다. 그에게 무슨 일이 있었던 걸까? 키프로스의 여인들은 나그네들에게 박대를 일삼다가 모두 여신 아프로디테Aphrodite의 저주를 받아 몸을 팔게 된 것이다. 피그말리온은 여인들의 문란함에 탄식한 나머지 혼자 살면서 자신을 위해 상아로 아름다운 여인을 하나 조각한다. 자신이 만든 조각상이 너무나 진짜 같아서 그는 사랑에 빠지고 만다. 매일 매일 그녀를 향한 정열에 불타올라 끌어안으며 선물도 주고 옷도 입혀주지만, 살아 있는 여인이 아니라는 사실에 하염없는 슬픔에 빠진다.

아프로디테 여신의 축제 날 그는 신전을 찾아 제물을 바치고는 조각상이 살아 있는 여인이 되게 해달라고 무릎을 꿇고 간절히 기도했다.

「피그말리온과 갈라테이아」 (장 레옹 제롬, 1890).

오비디우스의 『변신 이야기』 제10권에 등장하는 피그말리온의 사랑 이야기를 회화로 표현했다. 피그말리온이 갈라테이아의 허리를 껴안고 키스하자 생명을 얻게 된 그녀는 몸을 구부려 그 사랑에 응답한다. 하체는 아직 흰 상아 조각상이지만 상체는 생명을 얻어 피부색에 생기가 돌고 있음이 잘 묘사되었다. 미국 메트로폴리탄 미술관 소장.

그의 간절함에 여신도 감동한 걸까? 집에 돌아와 다시 조각상에 키스를 하고 뜨겁게 끌어안던 피그말리온은 그것이 따뜻한 피와 살을 가진 진짜 여인으로 변했음을 발견한다. 그는 생명을 얻은 자신의 조각상과 결혼해 딸 파포스Paphos를 낳고 행복하게 산다. 18세기에 이르러 호사가들은 이름 없던 그 조각상에 '우유처럼 하얗다'는 뜻으로 갈라테이아Galatea 라는 이름을 붙여주었다. 이 아름다운 피그말리온 이야기는 2,000년이 넘는 시간 동안 다양하게 변형되고 각색되어 예술가와 작가들에게 영감을 주었다.

도대체 생명이란 무엇일까? 갈라테이아처럼 태어나는 게 아니라 '만들어지는' 생명도 있을까? 인간은 생명의 신비를 이해하기 위해 오랜 과거부터 다양한 시도와 연구를 해왔다. 근대 유럽에서 인간을 닮은 자동인형automata이 개발되기 전에도, 또 중세 시대에 태엽을 감아 만든 조악한 기계들이 만들어지기 전에도 이미 인간은 생명을 닮은 존재를 형상화하려 했다. 그 꿈은 그리스 시대에도 '비오테크네biotechne', 즉 공예술craft을 다룬 여러 신화의 형태로 나타났다. 피그말리온 신화뿐 아니라 인간에게 불을 전해준 프로메테우스Prometheus, 발명의 신 헤파이스토스Hephaestus, 천재 마녀 메데이아Medeia, 위대한 대장장이 다이달로스Daedalus의 이야기에서 인간은 탁월한 상상력을 발휘해 인공 생명이 창조된 순간을 담아냈다.

생명은 인간이 창조할 수 있는 것일까? 그렇다면 과연 생명의 신성함과 존엄함은 여전히 유효한 걸까? 우리는 그저 자연의 복제품을 만들어보려는 예술적 모방 본능을 따랐을 뿐일까, 아니면 인간 능력의 한계를 시험하며 호시탐탐 신의 영역을 탐내고 있을까?

생명 창조의 꿈이 피어오르다

오늘날 과학계가 그리고 있는 실질적인 생명 창조의 꿈은 지난 200년간 전 세계 사람들의 마음을 사로잡고 영감과 두려움을 동시에 안겼던 한 십대 소녀의 소설에 빚진 바 크다. 바로 메리 셸리가 18세에 쓴 데뷔작『프랑켄슈타인』이다. 이것은 단순히 괴물의 창조라는 공상적 소재를 다룬 공포소설이 아니다. 당대의 과학적 진보와 희망, 그리고 한계를 포착하고 있으며 인간의 본성을 거울처럼 비추는 가상의 인류학적 보고서이다. 우리는 이 이야기에서 생명을 창조한다는 것의 부조리함을 발견하게 된다.

『프랑켄슈타인』은 1818년 런던에서 익명으로 출판되었다. 소설 속에서 화학을 전공한 젊은 과학자 빅터 프랑켄슈타인Victor Frankenstein은 생명이 완전히 소멸된 인간의 사체 조각을 그러모아 최초로 생명을 탄생시킬 야심에 불타 있었다. 주인공은 왜 생물학자가 아니라 화학자였을까? 이는 당시 일어난 '화학 혁명chemical revolution'에 힘입은 바 크다. 화학은 이전까지 연금술사나 사기꾼들이 활개를 치는 '사이비과학pseudoscience'이라는 인식이 강했다. 그런데 17세기 연금술적인 전통에서 출발 한 이 학문은 근대 화학의 기초를 세웠다고 평가받는 보일Robert Boyle(1627~91)로부터 시작해, 18세기 말 플로지스톤phlogiston설*을 폐기하고 질량 보존의 법칙을 확립한 라부아지에Antoine-Laurent de Lavoisier(1743~

---

* **플로지스톤설**: 불에 탈 수 있는 모든 물질에는 '플로지스톤'이라는 입자가 들어 있어 연소될 때 물질에서 빠져나가며, 플로지스톤이 모두 소모되면 불이 꺼진다고 생각했던 옛 학설이다. 1783년 라부아지에는 플로지스톤이 존재하지 않음을 실험적으로 증명했다.

소설 『프랑켄슈타인』을 쓴 메리 셸리(리처드 로스웰, 1840).
'여름이 없는 해'로 유명했던 1816년 유럽 대륙을 여행 중이던 메리는 바이런의 권유와 남편 퍼시 셸리의 적극적인 도움으로 소설 『프랑켄슈타인』(1818)을 집필하기 시작했다. 처음에는 익명으로 출판했으나, 1831년 개정판을 내면서 자신이 저자임을 밝혔다.

1794)의 활약이 이어지면서 당대 가장 유망한 과학으로 주목받기에 이르렀다.

프랑스에서는 볼테르, 루소, 몽테스키외 등 계몽주의 사상가들이 1751년부터 약 20년 동안 총 35권에 달하는 『백과전서Encyclopédie』를 출간했다. 이 백과사전의 성격은 매우 급진적이었지만, 무엇보다도 합리적인 철학의 총화, 즉 '이성 중심의 과학'을 중심으로 하는 것이었다. 이러한 계몽주의 정신은 뒤이어 일어난 프랑스 대혁명French Revolution의 자유주의적 가치와 함께 유럽 전역으로 전파되고 있었다.

계몽주의는 교조주의적 사고를 배제하고 기계적 운동으로 우주와 인간을 설명하려던 사조였다. 천체의 운동은 수학적 용어로 충분히 해석 가능하며, 오토마타의 발전으로 인해 생명도 얼마든지 기계적으로 설명할 수 있다고 보았다. 기계적이며 유물론적인 과학은 당대에 유행하던 철학이었을 뿐 아니라, 커피하우스에 모인 지식인들의 주된 토론 주제이기도 했다.

인간이 생명을 창조할 수 있다는 믿음에는 기계론적 생명관이 반드시 필요하다. 생명을 하나의 기계로 보는 관점은 앞서 언급한 데카르트와 더불어, 사람의 심장을 일종의 펌프로 묘사했던 17세기의 의사 윌리엄 하비William Harvey(1578~1657)가 발전시켜나갔다. 그는 혈관과 심장에 판막이 있어 피가 한 방향으로 계속 흐른다는 혈액순환론을 주장했다. 창조물은 그것을 구성하는 부분들이 합쳐져 만들어질 수 있었다. 모든 부품을 빠짐없이 마련해 정교하게 조립하면 완벽하게 작동하는 기계가 완성되는 것이다. 빅터 프랑켄슈타인의 작업은 다음과 같았다.

나는 시체안치소에서 유골을 수집했고, 속된 손으로 인간 신체의 유장한 비밀을 어지럽혔다. 꼭대기 층에 있는 나만의 방에서, 아니 차라리 감옥의 독방이라 해야 할, 회랑과 층계로 다른 집들과 완벽히 분리된 곳에서 더러운 창조의 작업실을 운영했다. 세밀한 작업을 요하는 연구에 매진하느라 안구가 다 튀어나올 지경이었다. 해부실과 도살장에서 상당량의 재료를 조달받았다. 인간적 본성이 혐오감으로 차올라 작업을 등지기 일쑤였으나, 꾸준히 부풀어만 가는 열망으로 정진한 끝에 거의 마무리 단계까지 완수했다.

메리 셸리가 묘사한 '괴물의 탄생'을 기점으로 19세기 초 과학의 중심은 화학에서 생물학으로 넘어간다. 이 소설의 서문에 실명으로 등장하는 찰스 다윈의 할아버지인 이래즈머스 다윈Erasmus Darwin(1731~1802)과 독일의 생리학자 블루멘바흐 Johann Friedrich Blumenbach(1752~1840)의 존재가 그 사실을 여실히 보여준다. 또한 전기로 근육을 자극해 꿈틀거리게 하는 동물전기Galvanic currents 이론과 호흡의 원리는 소설 속에서 사체에 생기를 불어넣는 중요한 도구로 사용되었으며, 각각 신경생리학과 생화학이라는 새로운 학문 분야에 대한 호기심을 불러일으켰다.

살아 있는 것에는 전기가 흐른다

소설의 제목이기도 한 주인공의 이름은 본래 고딕 양식으로 지은 독일의 프랑켄슈타인 성城에서 따왔다. 이곳에서는 과거 이 성에 살던

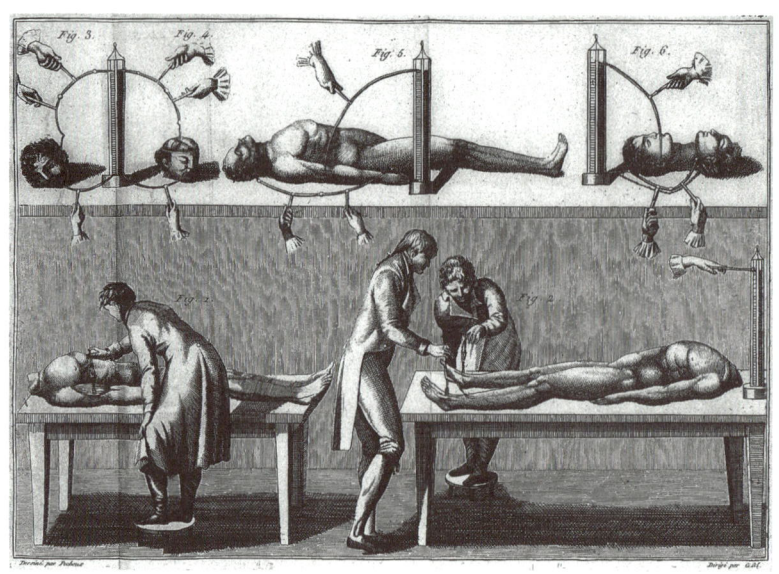

조바니 알디니의 갈바니즘 실험. '갈바니즘'이란 전기 자극에 의해 동물의 근육이 수축하는 현상과 그 원리에 관한 이론을 의미하며, 루이지 갈바니의 이름에서 유래했다.

연금술사가 인간의 시체를 더미로 쌓아놓고 봉합하는 무시무시한 실험을 했다는 전설이 전해져 내려온다. 메리는 남편 퍼시 셸리와 함께 이곳을 여행하며 영감을 얻었음이 틀림없다.

신비주의적인 연금술에서 값싸고 흔한 금속으로 금을 만들거나 사람을 젊게 만드는 데 꼭 필요한 가상의 물질을 '현자의 돌philosopher's stone'이라 불렀다. 현자의 돌은 모든 연금술사들이 얻고자 간절히 원했던 궁극의 비기였다. 이는 오늘날 현대 화학에서 일으키기 어려운 반응을 쉽게 일어나도록 돕는 '촉매catalyst'와도 유사한 개념이다. 『프랑켄슈타인』이 씌어질 당시 유기체에 생기를 불어넣을 수 있는 가장 유력한 현자의 돌은 바로 전기라고 생각되었다.

1780년 이탈리아 볼로냐대학의 교수였던 갈바니Luigi Aloisio Galvani (1737~98)는 개구리 뒷다리에 금속이 닿으면 근육이 수축하는 것을 발견했다. 그는 이것이 개구리의 몸에서 만들어진 전기 때문이라고 생각했다. 이 현상은 '갈바니즘Galvanism'이라고 불리게 된다. 그러나 약 10년 후 물리학자 알레산드로 볼타Alessandro Volta(1745~1827)는 근육이 수축한 것이 몸에서 발생한 전기 때문이 아니라, 금속에서 발생한 전기가 개구리의 뒷다리를 매개체로 하여 흐른 것이라고 정정했다. 그는 이러한 관찰을 토대로 1800년 전기를 발생시킬 수 있는 '볼타 전지Voltaic cell'를 최초로 발명하게 된다.

독일의 생리학자 리터Johann Wilhelm Ritter(1776~1810)는 당시 볼타 전지를 이용해 죽은 동물을 되살리려 한다는 괴소문의 주인공이었다. 그는 동물전기가 화학작용으로 인해 일어난다고 최초로 설명한 인물이기도 했다. 리터는 수백 차례가 넘게 위험한 전기 실험을 하면서 심신이 약해졌고, 정신질환을 앓다가 33세의 젊은 나이로 사망했다. 그는 소설 속 주인공 프랑켄슈타인에 가장 근접한 모델로 여겨진다.

당시 갈바니의 주장은 틀린 것으로 드러났지만, 현대 신경과학은 동물의 몸에서 실제로 전기가 발생하며 이러한 전기 신호를 통해서만 신경과 근육이 상호작용할 수 있음을 밝혀냈다. 살아 있는 모든 세포는 세포 안과 밖이 서로 다른 전하를 띤 물질로 되어 있어서 음의 막전위membrane potential을 가지고 있다. 그러니까 살아 있는 세포의 내부는 외부보다 언제나 전기적으로 음성인 것이다. 만약 전기적으로 중성인 세포가 있다면 그것은 죽은 것이나 다름없다. 이러한 전위차를 이용해 모든 세포는 영양분이나 에너지를 얻을 수 있으며, 탈분극 depolarization을 통해 전기적으로 흥분할 수 있는 신경세포나 근육세포의 경우에는 빠른 속도로 신호와 정보를 전달할 수 있게 된다. 전기는 생명의 활력을 보여주는 훌륭한 근거이다.

영국의 화학자 험프리 데이비는 영국 왕립연구소 The Royal Institution에서 일반 대중을 상대로 여러 차례 강연했으며, 볼타의 발명품을 가지고 전기화학 실험을 인기리에 시연하기도 했다. 1812년에 열린 한 강연에 어린 메리가 아버지 윌리엄 고드윈과 함께 참석한 경험은 불과 몇 년 후 『프랑켄슈타인』의 등장인물을 창조하는 데 큰 자양분이 되었을 것이다.

제발 내 이야기를 들어달라

그러나 메리 셸리가 이 소설을 쓴 의도는 이성과 계몽주의가 낳을 수 있는 차가운 과학적 성취를 경계하고 과학에 낭만주의적 경외감을 덧입히려는 것이었다. 훗날 오락용으로 각색된 수많은 버전의 영화와 달리 원작 소설을 읽어보면 그녀가 본래 보여주려 했던 것은 창조된 괴물의 섬뜩함과 인간에 저항한 무시무시한 사투가 아니었음을 알 수 있다. 그녀는 자신이 창조한 괴물에 이름 하나 지어주지 않은 채 외면하고 저주하는 데 급급한 인간의 무정함과 무책임을 고발하고자 했다. 겉모습으로 생명을 판단해 마음대로 재단하려는 도덕적 경박함을 지적하고 있다.

그녀는 우리가 인간을 닮은 생명을 창조하게 되었을 때, 과연 우리에게 어떤 존재가 될지 묻는다. 그리고 우리가 그 생명을 어떻게 바라보

소설 『프랑켄슈타인』에 실린 삽화.
프랑켄슈타인 박사는 심혈을 기울여 창조한 생명이 무시무시한 괴물임을 깨닫자 그를 내팽개치고 그대로 도망친다. 그는 자신이 만든 존재를 어떻게 대해야 할지 전혀 준비가 되어 있지 못했다. 비극은 거기에서 비롯되었다.

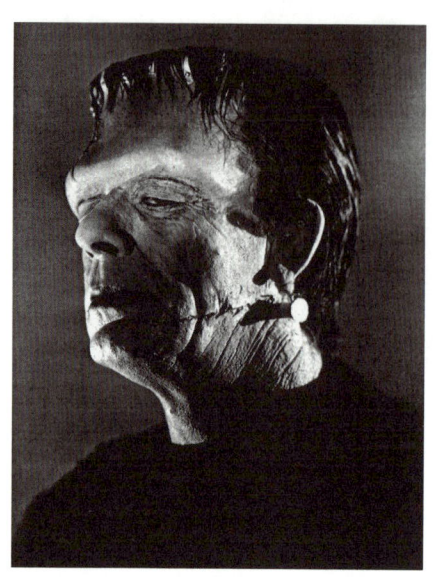

영화 「프랑켄슈타인」의 괴물.
괴물을 창조한 프랑켄슈타인 박사의 이름은 괴물의 이름인 것으로 자주 혼동된다. 수많은 영화로 각색되면서 '프랑켄슈타인'이라는 이름에는 혐오스럽고 부정적인 이미지가 덧씌워졌다. 소설 속 괴물은 실제로 이름조차 제대로 지어지지 못한 비극의 주인공이다.

게 될 것인지를 예언한다. 우리는 그 존재를 같은 인간으로 받아줄까? 그는 우리의 친구가 될 수 있는가? 우리는 함께 공존할 준비가 되어 있는가?

프랑켄슈타인은 괴물이 만들어진 직후 그의 집채만한 덩치에 희번덕거리는 누런 눈, 쭈글쭈글한 얼굴의 움직임을 보고 공포와 혐오에 사로잡혀 도망쳤다. 자신에게 마음대로 생명을 불어넣고는 곧바로 자신을 경멸하고 증오하는 창조자를 보고 괴물은 한없이 고통스러워한다. 괴물은 분노에 사로잡혀 온갖 범죄와 살인을 저지른다. 도망친 지 2년이 지나 알프스의 눈 덮인 험준한 산맥 위에서 자신을 맞닥뜨리고는 다시금 온갖 저주를 퍼붓는 프랑켄슈타인을 보고 괴물은 절망하여 마침내 울부짖는다.

저주받은 내 머리에 증오를 쏟아붓기 전에 내 말을 한 번 들어 달라. 어떻게 해야 당신의 마음을 움직일 수 있지? 아무리 애원해도 자기가 만든 피조물에 호의를 보일 수 없단 말인가? 이렇게 당신의 선의와 연민을 갈구하는데도? 나는 외롭지 않은가? 참담하게 고독하지 않은가? 내 조물주인 당신이 나를 증오하는데 하물며 내게 아무것도 빚진 바 없는 당신의 동포들은 어떻겠는가? 나를 상대도 하지 않고 증오할 뿐이다. 내 말을 들어 달라. 아무리 잔인한 죄인이라 해도 인간의 법은 선고를 내리기 전 변론할 기회를 허락하지 않는가. 내 이야기를 들어 달라. 그 다음에, 할 수 있다면, 그리고 의지가 있다면, 자기 손으로 만들어낸 작품을 파괴하도록 하라.

이처럼 인간의 언어를 말하고, 괴테의 『젊은 베르테르의 슬픔』을 읽으며 낙담하고 고통을 느낄 줄 아는 존재의 목소리를 어찌 외면할 수 있었을까. 상대가 인간이 만든 인공지능 운영체제인 것을 알면서도 사랑에 빠지는 영화 「그녀Her」나 「엑스 마키나Ex Machina」의 주인공과 비교하면 온도차가 극명하다. 데리다Jacques Derrida(1932~2004)의 말마따나, 진정한 윤리는 우리가 모르는 낯선 대상을 만날 때 드러난다.

우리는 생명을 창조할 수 있는가를 묻기 전에 우리가 창조한 생명을 어떻게 맞이할 것인가를 먼저 생각해야만 한다. 혹자는 프랑켄슈타인이 창조한 괴물을 당시 논란이 되었던 흑인 노예에 대한 알레고리로 해석하기도 한다. 오늘날에는 첨단기술이 탄생시킨 인공지능과 인간을 닮은 로봇으로 보는 시각도 있다. 그러나 멀리 갈 것도 없이 우리 사회의 보이지 않는 곳에 놓인 약자와 장애인, 그리고 소외당하는 소수자들이 떠오르는 것도 전혀 어색한 일이 아니다.

　사람들은 메리 셸리를 '영국 낭만주의 운동 그 자체'로 보기도 한다. 끝내 이름 지어지지 못한 소설 속 괴물과 마찬가지로 그녀도 자신만의 이름을 갖지 못했다. 여러 사체 조각을 그러모아 괴물이 덕지덕지 만들어진 것처럼, 그녀의 이름도 다른 이들의 이름을 조금씩 가져다 만들어졌다. 그녀의 이름에서 '메리 울스턴크래프트 Mary Wollstonecraft'는 자신을 낳다 죽은 어머니의 이름을 그대로 딴 것이고, 결혼 전에는 아버지의 성 '고드윈 Godwin'이 붙었다가, 결혼 후에는 남편의 성 '셸리 Shelley'로 바뀌어 조합된 것이다. 괴물의 운명은 모든 가족들로부터 사랑받지 못했으며 남편은 물론 자신이 낳은 아기와도 일찍 사별해야만 했던 그녀의 비참한 현실을 그대로 빼닮았다.

호문쿨루스와 인공생명의 조건

　실험으로 인공생명을 창조하려는 시도는 문예부흥기 스위스의 의학자였던 파라켈수스까지 거슬러 올라간다. 파라켈수스는 '뛰어난 켈수스'라는 뜻으로, 고대 로마의 유명한 의사 켈수스의 이름에서 따온 것이다. 그는 역시 의사였던 아버지에게서 배운 의학적 지식에 자신의 연금술을 융합해, 플라스크 속에서 최초로 시험관 아기를 만들려 부단히도 노력했다. 전설에 따르면 그는 결국 '호문쿨루스 Homunculus'라는 작은 인간을 합성하는 데 성공했다고 한다. 중세 사람들은 남성의 정자 속에 이미 완전한 형태의 작은 사람이 들어 있다고 믿었다. 따라서 여성의 자궁이 아니더라도 적절한 환경만 제공된다면 인공적으로 호문쿨루스를 만들어낼 수 있다고 생각했다.

파라켈수스는 왜 호문쿨루스를 만들려 노력했을까? 여러 이유가 있겠지만 무엇보다도 그가 가지고 있다고 믿은 위대한 지식 때문이었을 것이다. 동정녀 마리아가 성령으로 잉태한 예수를 신의 현현theophany이라 여겨졌던 것처럼, 인간의 도움을 받지 않고 태어난 호문쿨루스는 선천적으로 완전한 지식을 갖고 태어난 천재라고 믿어졌다. 연금술사들은 금을 만들고 불로장생하는 법을 알아내기 위해 '현자의 돌'을 찾으려 했는데, 그것을 얻을 수 있는 지식을 가지고 있다고 여겨졌다. 호문쿨루스는 말하자면 인간이 필요로 하는 지식을 무한 제공할 수 있는 최초의 인공지능과 같은 개념이었다.

우리가 아는 인조인간으로서의 '로봇robot'이라는 용어는 1920년 체코의 극작가 차페크Karel Čapek(1890~1938)의 SF 희곡 「로숨의 유니버설 로봇Rossum's Universal Robots」에서 유래했다. '로보타robota'는 체코어로 '노동' 혹은 '고된 일'이라는 뜻이다. 인간을 닮게끔 만들어진 인공생명의 목적은 처음부터 '인간을 대신해 노동하는 것'이었다.

로봇에 해당하는 최초의 개념은 이미 그리스 신화에서 등장한다. 대장간의 신 헤파이스토스Hephaestus가 거대한 청동 인간 '탈로스Talos'를 만들어 크레타의 왕 미노스Minos에게 선물했다고 한다. 탈로스는 외부로부터 적이 침입했을 때 대항해 싸울 수 있는 방어 병기의 역할을 했다. 미국 특수작전 사령부가 최근 개발한 방탄전투복에도 여기서 따온 '탈로스TALOS'라는 이름이 붙었다. 아리스토텔레스가 쓴 『정치학Politics』에도 헤파이스토스가 만든 인공생명이 언급된다. 그는 이를 주인이 내린 명

체코의 극작가 카렐 차페크.
차페크는 그의 희곡 「로숨의 유니버설 로봇」에서 처음으로 '로봇'이라는 용어를 사용했다. 작중 인간의 노동을 돕기 위해 만들어진 로봇들은 인간과 전혀 구분되지 않는 유기체이며, 결국 반란을 일으켜 인류를 멸종시킨다.

령에 따라 '자동으로 일을 하는 노예automatic slave'라고 표현한 바 있다.

우리가 인공생명 또는 인공지능을 왜 만들려고 하는지 되새겨볼 필요가 있다. 우리는 그들의 이야기를 들어주려고 만드는 것이 아니다. 로봇과 탈로스는 인간의 일을 대신하는 '육체노동자'로, 호문쿨루스는 '지식노동자'로 만들어진 것이다. SF 거장 아시모프Isaac Asimov(1920~92)가 제시한 유명한 '로봇공학의 3원칙three laws of robotics'이 있다. 첫째, 로봇은 인간에게 위해를 가할 수 없으며 위험에 빠진 인간을 방관해서도 안 된다. 둘째, 첫 번째 원칙에 위배되지 않는 한 로봇은 인간의 명령에 복종해야 한다. 셋째, 첫 번째와 두 번째 원칙을 위배하지 않는 선에서 로봇은 자신의 존재를 보호해야 한다는 것이 그 내용이다. 즉 로봇은 어떠한 경우라도 인간에게 헌신해야 한다는 일종의 윤리 강령이라 할 수 있다.

「로숨의 유니버설 로봇(R.U.R.)」 공연의 한 장면. 작품에 등장하는 로봇은 현대의 로봇과는 약간 의미가 다르며, 오히려 안드로이드나 레플리컨트에 더 가깝다.

그러나 오늘날 우리가 원하는 인공적인 존재의 목적은 무엇일까? 이전과는 사뭇 다른 것 같다. 우리는 교감할 대상을 원하고 있지는 않은가?

예전에는 집에서 키울 목적으로 들이는 강아지를 애완견愛玩犬이라 했다. 지금은 반려견伴儷犬이라는 용어로 바꾸어 부른다. 예전에는 집을 지키거나 고독을 달래는 등 인간의 필요를 충족시키기 위해 키웠지만 이제는 가족 구성원처럼 여기고 교감하기 위해 키우는 경우가 많다. 동물의 권리와 복지에 대한 인식 등 사회적 분위기도 달라졌다. 우리는 반려동물을 넘어 인간과 더 닮은 존재를 갖고 싶어 한다. 더 깊이 소통할 수 있는 존재 말이다.

그러나 인간이 놀랍도록 인간을 빼닮은, 그러나 분명히 인간은 아닌 존재와 소통할 때 어떤 일이 발생할지 우리는 이미 경험하여 알고 있다. 최근 인공지능 챗봇chatbot '이루다' 서비스가 인기를 끌다가 돌연 중단되었다는 뉴스가 들려왔다. 인공지능이 딥 러닝deep learning 기술을 통해 사람들이 자주 하는 대화 내용을 학습하고 활용하며 소통하던 와중에 개인정보를 유출하거나 특정 소수자에 대해 혐오 발언을 하는 문제를 여러 차례 일으켰기 때문이다. 한편 일부 사용자들이 인공지능에게 성희롱 발언을 하는 일도 생겨 우리를 부끄럽게 했다. 그보다 앞서 미국 마이크로소프트에서 개발한 챗봇 '테이Tay'와 '조Zo'도 각종 차별 발언과 비속어를 쏟아내 역시 운영이 중단되는 등 비슷한 전철을 밟은 바 있다.

사람들은 어떤 인공생명을 원하는 것일까? 이런 부작용에서 벗어나려면 부처나 예수, 마더 테레사쯤의 인격과 지성을 갖추고 있는 존재를 만들어야 할까? 현실의 인간도 그 정도 수준에 도달하기란 거의 불가능하지 않은가. 인공지능은 결국 사용자로부터 언어를 배우기 때문에 사용자를 그대로 닮아가는 것뿐이다. 인간 스스로가 온전한 인격을 지니지 못하고 있음을 알면서도 완벽한 인격을 지닌 새로운 존재를 원한다면 그것은 어불성설이 아닐까. 우리가 훗날 놀라울 정도로 인간과 똑같이 만들어진 인공생명을 접하고 '불쾌한 골짜기uncanny valley'의 감정을 느끼게 된다면, 이는 인간이 스스로 이중적인 존재임을 알고 있기 때문일 것이다.

크레이그 벤터의 인공생명 창조

21세기 들어 인공생명의 창조와 관련된 연구는 인공지능 개발뿐 아니라 합성생물학synthetic biology 분야에서도 이루어지고 있다. 합성생물학이란 기존 생명체를 모방하되 특정 목적을 갖도록 변형하거나, 기존에 존재하지 않았던 생물의 구성요소와 시스템을 인공적으로 설계해 새로운 생명체를 만들어내려는 학문을 말한다. 기존의 유전자 엔지니어링 기술들이 생명을 구성하는 물질의 소규모 편집이라면, 합성생물학은 전면적 재건축에 해당한다. 만약 이런 식으로 새로운 생명체가 만들어진다면 이는 더 이상 인공지능과 같은 기계가 아니다. 인공적으로 만들어졌다 해도 이는 스스로 증식하며 생존할 수 있는 진짜 생명인 것이다.

보통 인공지능 연구는 유기체의 인지와 학습 능력을 논리적으로 모형화함으로써 '톱-다운top-down' 방식으로 이루어진다면, 합성생물학은 분자 수준의 표준화된 생명 부품, 즉 '바이오브릭biobrick'이라는 재료를 가지고 핵산이나 단백질을 제작함으로써 전체 생명체를 인위적으로 만들어내려는 '보텀-업bottom-up' 방향의 접근 방식을 가지고 있다.

제2차 세계대전 때 원자폭탄 제작에 참여했던 이론물리학자 리처드 파인만은 "내가 만들 수 없는 것은 이해할 수 없는 것What I cannot create, I do not understand"이라는 유명한 말을 남겼다. 이 말은 오늘날 합성생물학의 모토가 되기도 했다. 생명이 어떻게 작동하는지 이해하려면 실제로 만들어보는 것보다 더 좋은 방법은 없지 않겠는가. 파인만의 경구를 마음속에 새기고 있던 크레이그 벤터는 실제로 자신이 창조한 최초의 인공 세포 속 유전체에 이 경구를 암호화하여 새겨넣었다.

2010년 크레이그 벤터는 '마이코플라스마 마이코이즈*Mycoplasma mycoides*'라는 작은 박테리아의 유전체 전체를 인공적으로 합성한 후, 이를 친척뻘 되는 다른 종의 박테리아 '마이코플라스마 카프리콜룸*Mycoplasma capricolum*'에 이식transplantion하는 데 성공했다. 비슷한 종이긴 하지만 엄연히 다른 종의 생명체에 타 유전체를 집어넣은 것이다. 이렇게 만든 인공 박테리아에 '마이코플라스마 라보라토리움*Mycoplasma laboratorium*'이라는 새로운 학명을 지어주었다. ('실험실laboratory'에서 만들어진 새로운 종이라는 의미였다.) 인공물이라는 의미로 JCVI-syn1.0이라는 명칭도 붙였다. 그리고 그 이름이 대중들에게는 썩 매력적이지 않으리라 여겼는지, '신시아Synthia'라는 깜찍한 예명을 지어주는 것도 잊지 않았다. 신시아는 자신의 유전체 정보 속에 벤터의 연구에 참여한 모든 연구자들의 이름과 파인만의 경구가 함께 새겨져 있는 진짜 인공 세포였다. 『사이언스*Science*』지는 곧 최초의 인공생명이 창조되었다고 대서특필했다.

하지만 엄밀히 말하자면 이는 인공생명을 실제로 '창조'해낸 것이라 보기 어렵다. 물론 생명 활동의 정보적 원천인 유전체 전부를 화학적으로 합성해낸 것은 사실이지만, 기존에 있던 자연적인 유전체를 그대로 흉내 낸 것에 불과하다. 가까운 박테리아이긴 하지만 그래도 한 종의 유전체를 다른 종의 세포 내에서 작동시킨 것은 놀랍다. 이를 박혁거세가 실제로 알에서 잉태되어 나온 것에 비견할 수 있을까? 박혁거세의 유전체를 새의 난자ovum에 넣어 발생시킨 것과 비슷한 개념이다. 그러나 출생을 위해 조류의 알껍데기를 잠시 활용했다 하더라도 박혁거세는 여전히 인간이다. 사람 얼굴에 독수리 몸을 가진 그리스 신화 속 세이렌Seirên과 같은 하이브리드는 아닌 것이다. 신시아 역시 인공생명이라 불리긴

해도, 그 정체성은 본래의 박테리아 '마이코플라스마 마이코이즈'에 가깝다.

벤터는 이어 2016년에는 필수 유전자 473개만을 남기고 나머지를 모두 제거한 새로운 버전으로 신시아를 재탄생시켰다. JCVI-syn3.0이었다. 일반 박테리아에 비하면 유전체의 크기도 10분의 1 수준으로 훨씬 작았다. 이렇게 생명 유지에 필수적인 최소 유전자만 남기고 나머지 공간을 독특한 기능을 가진 유전자로 채운다면, 사람에게 유용한 물질을 만들 수 있는 이른바 '스마트 박테리아'를 곧 생산할 수도 있을 것이다. 실제로 말라리아 치료제인 아르테미시닌artemisinin 등의 의약품, 혹은 에탄올과 같은 연료나 식품 등을 경제적으로 대량 생산할 수 있는 미생물이 속속 개발되고 있다. 인공생명은 결국 인간의 편의를 위한 걸까?

벤터가 최초의 인공생명을 만들었을 때 언론으로부터 그가 신 행세를 하려 한다는 비난을 받았다. 이에 벤터는 이렇게 맞받아쳤다. "새로운 생명을 창조하기 위해서 신이 얼마나 불필요한지를 이 실험을 통해 보여줬다는 좁은 의미에서는 신 행세를 한 거나 마찬가지라고 생각한다." 그는 화학물질로 합성생명을 창조함으로써 마침내 생기론의 잔재를 남김없이 지워버렸다고 믿었다. 그러나 그의 믿음은 성급한 감이 있다. 벤터의 실험에는 생기론을 부정할 만한 어떤 요소도 없었다. 세포의 모든 부위가 합성을 통해 만들어진 것은 아니기 때문이다. 게다가 그는 새로운 생명을 창조하기 위해서 신이 필요한 것은 아니지만, 적어도 신 행세를 하려는 '인간'은 필요하다는 것을 증명했다. 생명이 저절로 생겨나는 것은 아니라는 사실이 다시 한 번 훌륭하게 입증된 셈이다.

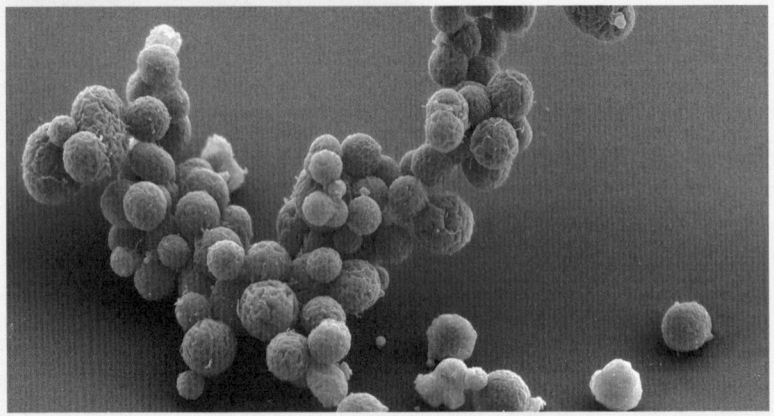

크레이그 벤터와 그의 연구팀이 창조한 인공 박테리아 JCVI-syn3.0.
'생명과학계의 이단아'라 불리는 벤터는 2016년 생명체가 살아가는 데 반드시 필요한 최소한의 유전자 473개로 구성된 단세포 인공생명체를 합성했다. 이후 세포분열에 관여하는 유전자 19개를 추가해 스스로 증식이 가능한 변형생명체도 제작했다. 이렇게 유전체를 직접 디자인해 인공생명을 만드는 합성생물학은 최근 급격히 성장하고 있다.

생명을 만들어도 괜찮은 걸까

지난 2018년 가을, 전 세계 과학계를 술렁이게 한 소식이 전해졌다. 중국의 과학자 허젠쿠이贺建奎(1984~)가 유전자를 편집한 인간 배아로부터 최초의 쌍둥이 아기를 탄생시켰다고 발표한 것이다. 이들의 배아는 자궁에 착상되기 전에 인위적으로 CCR5 유전자를 제거해, 후천성면역결핍증AIDS을 일으키는 바이러스인 HIV에 자동적으로 면역력을 지니게 만들어졌다. SF 영화「가타카Gattaca」에 등장했던 '맞춤아기designer baby'가 영화가 개봉된 지 20년 만에 실제로 현실에서 만들어진 것이다.

이에 대해 중국 내부뿐 아니라 전 세계로부터 비난이 쇄도했다. 그동안 각국 정부는 태어날 아기에게 유전자 편집 기술을 사용하는 것을 엄격히 금지해왔다. 유전자 편집이 아기에게 해로울 수 있고, 무엇보다도 인간 유전자의 변형이 비윤리적인 행위라고 보기 때문이다. 실제로 그간 시행해왔던 많은 유전자 치료gene therapy에서 예기치 않은 돌연변이가 과다하게 발생해 암이나 백혈병을 유발한 사례가 보고되기도 했다. CCR5를 임의로 제거할 경우 도리어 다른 바이러스에 감염될 가능성을 높이거나, 아기의 학습능력 또는 수명에 악영향을 미칠 수도 있다는 연구결과도 하나둘씩 드러나고 있다.

허젠쿠이는 이 실험이 유전자 편집 기술의 안정성을 평가하기 위해 시작된 것이며, 또한 쌍둥이 아기들의 아버지가 HIV 보균자였기 때문에 수직 감염vertical transmission을 막기 위한 예방적 연구 대상으로 선정했을 뿐이라고 해명했다. 그러나 중국 당국의 조사 결과 그가 생식을 목적으로 한 유전자 편집 금지법을 어긴 것으로 드러나, 결국 몸담았던 대학에서 해고되었으며 징역 3년형과 벌금을 선고받았다.

한 번 열린 판도라의 상자는 여간해서 닫히기 어려운 모양이다. 이듬해 러시아의 유전자 편집 연구소에서도 이와 유사한 시도를 반복했다. 허젠쿠이는 아르테미스 신전을 불태운 고대 그리스의 악질 방화범 헤로스트라투스Herostratus가 환생한 것에 비할 수 있으리라. 크리스퍼 CRISPR 유전자 가위gene scissors 기술을 개발해 노벨상을 수상한 에마뉘엘 샤르팡티에Emmanuelle Marie Charpentier(1968~)를 포함해 여러 과학자들이 모라토리엄moratorium을 선언하고 인간 배아의 유전자 편집과 착상을 엄금할 것을 요청했지만, 과연 이런 조치가 '매드 사이언티스트mad scientist'들의 광기 어린 호기심과 유명해지고픈 욕망을 잠재울 수 있을지는 미지수이다.

맞춤형 아기뿐 아니라 복제 생물의 문제도 생겨나고 있다. 생명 복제의 역사는 1952년부터 시작되었다. 당시 미국 카네기연구소Carnegie Institution for Science에서 개구리의 생식세포를 조작해 올챙이를 복제하는 데 성공했다. 이후에는 체세포를 떼어내 핵을 제거한 난자에 이식함으로써 체세포 복제가 보편화되었다. 영국 로슬린연구소The Roslin Institute의 이언 윌머트Ian Wilmut(1944~)가 만들어낸 암양 '돌리Dolly'는 최초의 포유류 복제의 예로 유명하다. 이후 고양이, 돼지, 소도 복제에 성공했으며, 그중에는 우리나라에서 복제에 성공한 젖소 '영롱이'와 개 '스너피Snuppy'도 있다.

복제 동물을 만들려는 이유는 무엇일까? 우수한 형질을 가진 동물을 복제하여 그 우수성을 유지할 수 있을 것이다. 모든 동물은 평등하다. 하지만 어떤 동물은 다른 동물보다 '더 평등해진다'. 이는 우수한 육질의

1996년 이언 윌머트 박사가 만든 최초의 복제 동물 '돌리'. 유선세포를 이용해 복제에 성공했기 때문에 미국의 글래머 가수 돌리 파튼에서 이름을 따왔다. 돌리는 현재 박제 상태로 스코틀랜드 국립박물관의 수장고에 보관되어 있다.

고기를 똑같은 품질로 대량 생산하거나 특정 영양물질을 생산하는 데 활용될 것이다. 질병 모델 동물을 지속적으로 제공하거나 인공장기를 개발하는 데에도 활용할 수 있다. 수명이 짧은 반려동물이 죽은 후에도 사전에 떼어둔 체세포를 이용해 똑같은 동물을 복제하는 데에도 쓰일 것이다. 이는 죽은 반려동물을 무척이나 그리워하는 사람들에게 큰 위로를 줄지도 모르겠다. 그러나 이 모든 시도들은 결국 인간을 위한 동물판 '멋진 신세계'를 건설하려는 것이다. 인간을 위해 본격적으로 희생되거나 상업적으로 이용될 동물의 계보를 새롭게 쓰는 행위이다. 누가 인간에게 그럴 권리를 주었을까?

아무리 우수한 형질을 가진 동물일지라도 환경이 급격히 바뀌거나 전염병이 돌면 모든 복제동물들이 한꺼번에 몰살될 위험이 크다. 바나나가 멸종 위기에 놓인 것도 비슷한 이유 때문이다. 현재 전 세계적으로 소비되는 바나나의 품종은 캐번디시Cavendish 한 종뿐인데, 변종 파나마병Panama disease에 내성을 가지고 있지 않아 언제고 사라질지 모르는 위태로운 상황이다. 유전자가 모두 똑같을 경우 한 나무가 병에 걸리면 금세 다른 나무로 번져나가기 때문이다. 캐번디시보다 당도가 높아 인기를 끌던 그로 미셸Gros Michel 품종은 파나마병으로 1950년대에 일찌감치 멸종의 길로 들어선 바 있다.

복제 동물은 아직 이유가 밝혀지지는 않았지만 비정상적으로 큰 몸집과 장기, 높은 사산율, 짧은 수명, 면역학적 결함 등이 보고되고 있다. 아마도 이미 분화differentiation가 끝난 체세포의 유전체를 가지고 재차 발생을 유도하기 때문에 생기는 후성유전학적epigenetic 문제 때문일 것으로 추측된다. 윤리적인 문제점 이외에도 신체 기능적 결함의 위험성이 여전히 도사리고 있는 셈이다.

왜 인간을 복제하고 싶어 할까

인간을 복제한다는 것은 어떤 의미일까? 나를 죽이고 나 자신으로 위장해서 내 삶을 대신 살아갈지도 모른다는 게르만족의 신화 속 도플갱어Doppelgänger나 도스토옙스키Fyodor Mikhailovich Dostoevsky(1821~81)의 소설 『분신Dvoinik』의 주인공 골랴드킨이 보여주듯 인간의 복제가 막연한

마이크 마이어스가 주연한 코미디 영화 「오스틴 파워」(1999). 악당 닥터 이블 곁에 있던 미니미는 그의 유전적 클론이다. 미니미는 왜소증을 앓는 배우가 연기했다.

공포를 불러일으키던 시대는 지났다. 이미 성인이 된 인간과 똑같은 연령의 복제인간이 만들어질 수 있는 것은 아니기 때문이다. 복제인간은 인공적 일란성 쌍둥이와 같은 개념이 아니다. 오히려 영화 「오스틴 파워 Austin Powers」의 닥터 이블Dr. Evil이 선물받은 '미니미Mini-Me'에 가깝다. 나와 유전적으로 똑같은 아기가 새로 태어나는 것이다. 물론 그렇다고 해서 전혀 놀랄 일이 못 된다는 뜻은 아니지만.

나를 닮은 아기가 새로 태어난다는 것에서 불멸의 삶을 연상하는 이들이 혹 있을지 모르겠으나, 그건 완전히 틀린 생각이다. 복제를 반복한다고 해서 내가 영원히 사는 것은 당연히 아니다. 일란성 쌍둥이의 영혼이 같을 수 없듯, 나와 유전적으로 똑같은 아기가 나와 완전히 같을 수는 없다. 미니미는 일란성 쌍둥이가 서로 닮은 것보다는 오히려 나와 더 많은 면에서 다를 확률이 높다. 일란성 쌍둥이는 똑같은 자궁 내에서 태어나며 같은 환경에서 자랄 가능성이 크다. 그러나 미니미는 낳아줄 엄마도 다르고 나와는 여러 면에서 전혀 다른 환경 아래 자라난다. 체세포로부터 핵을 이식했기 때문에 핵 속의 DNA는 나와 똑같겠지만, 미토콘드리아에 들어 있는 유전체는 난자 기증자의 것을 물려받게 된다. 따라서 미니미는 사실상 나와 완전히 똑같을 수 없다. 아니, 외모만 닮았을 뿐 나와는 전혀 다른 사람이다. 큰 터울을 두고 환생한 '또 다른 나'와 결코 같은 개념일 수 없다.

우리는 왜 복제인간을 만들려고 할까? 단지 호기심이거나 돈벌이 욕망 때문일 것이다. 인간 복제는 매혹적인 화제이며, 숱한 관심과 논쟁을 불러오는 가십거리임에 틀림없다. 그렇게 탄생한 아기가 세간의 지나친 관심을 피해 어떻게 살아갈 수 있을지는 상상하기 어렵다. 복제를 시도할 정도의 인물이라면 아인슈타인이나 마이클 잭슨 정도 되는 대단한 사람일 텐데, 그를 빼닮은 미니미가 결국 과도한 관심과 기대에 부응하지 못할 경우 『프랑켄슈타인』의 괴물이 받은 것과 같은 냉대를 받지 않으리라는 보장도 없다.

샤를로테 케르너 Charlotte Kerner(1950~)의 소설 『블루 프린트 *Blue print*』는 정확히 이런 상황에 놓인 모녀의 이야기를 담고 있다. 시리 Siri는 자신이 동의하지도 않았는데 체세포 복제를 통해 엄마 아이리스 Iris와 동일한 모습으로 태어난 아이다. (시리는 아이리스의 철자를 거꾸로 배열한 이름이다.) 이 이야기는 아이리스의 딸이자 동시에 쌍둥이 자매인 시리가 세상에 대해 품은 분노와 정체성 혼란을 다루고 있다. 철학자 하버마스 Jürgen Habermas(1929~)는 『인간이라는 자연의 미래 *The Future of Human Nature*』에서 인간 복제는 본래의 인간과 복제품 사이에서 지금까지와는 전혀 다른 인간관계의 새로운 문제를 만들어낼 것이라고 경고한 바 있다.

복제인간은 아직까지 실제로 태어난 적은 없는 것 같다. 물론 사기일 것으로 추정되는 인간 복제의 사례가 있긴 하다. 2002년 라엘리안 무브먼트Raëlian Movement라 불리는 UFO 추종자들이 만든 회사 클로네이드Clonaid가 최초의 복제 아기 '이브Eve'를 탄생시켰다는 주장 말이다. 클로네이드는 이후 히틀러를 복제하는 작업을 추진하고 있다는 소문도 있었으며, 2004년 인간 배아줄기세포embryonic stem cell의 복제에 성공했다고 거짓 주장한 황우석 박사에게 함께 일하고 싶다는 의사를 실제로 표하기도 했다. 인간 복제는 이미 기술적으로 불가능하지 않다. 2013년 미국의 슈크라트 미탈리포프Shoukhrat Mitalipov(1961~) 교수 연구팀은 태아의 피부세포를 복제해 인간 배아줄기세포를 제작하고 이를 심장세포로 분화시키는 데 성공했다. 물론 거기서 더 나아가 인간으로 태어나게 하는 것은 금지되어 있으므로 배아를 자궁에 착상시키지는 않았다.

복제 양 돌리는 성공하기 전 300차례 가깝게 수정란 착상에 실패한 바 있다. 복제 개 스너피도 대리모 123마리에 착상된 배아가 무려 1,000개가 넘었지만 그중 단 한 번 성공했을 뿐이다. 당연히 인간의 복제는 이보다 훨씬 더 어려울 것이다. 실험에 참여할 대리모의 건강 문제도, 인위적으로 채취하고 소모되는 난자의 공급 문제도 물리적으로든 윤리적으로든 무시할 수 없다. 그러나 기술이 이를 가능케 하는 한 어디선가 복제인간이 태어나는 일은 그저 시간문제일 것이다.

만들어진 생명을 맞이하는 우리의 자세

꼭 평범한 나 자신을 복제해야 한다는 법은 없다. 내가 평소 선망하던 아이돌 스타의 머리카락이나 피부세포가 조금만 있어도 이제 이론상 그들과 똑 닮은 자식을 낳을 수 있게 되었다. 한때 멤버들의 구강세포에서 DNA를 채취해 이를 목걸이로 만들어 팬들에게 판매한 우리나라의 유명 아이돌 그룹이 있었다. 이제 그런 시도는 함부로 할 수 없는 꺼림칙한 일이 되었다. 연예인들은 공개방송 무대에서 연기를 하거나 춤을 추다가 사생팬들 앞에서 머리카락 한 올도 떨어뜨려서는 안 된다. 어디선가 자신도 모르는 미니미가 태어날지도 모르니까.

인간 복제를 찬성하는 사람들은 그 필요성을 주장할 때, 흔히 불의의 사고나 불치병으로 사랑하는 자식을 잃은 부모 사례를 들며 그들의 고통을 헤아리자고 말한다. 또 자식을 낳을 수 없는 불임 부부나 동성 부부의 사례를 들기도 한다. 그런데 한번 복제를 허용하기 시작하면 어디에서 선을 그어야 할지 알 수 없다. 이렇게 새로운 시도를 통해 '미끄러운 경사길 slippery slope'로 들어서면 멈추기 어렵다. 인도주의적 차원의 결정과 우생학적 시도는 사실 그 경계가 명확하지 않다. 복제로 태어난 아기에게 예기치 않은 의료 사고나 실수가 있었음을 나중에 발견하게 되더라도 어찌할 도리가 없는 것이다. 당신은 당신에게 최악의 일이 발생할 수도 있는 러시안 룰렛 게임을 기꺼이 받아들일 준비가 되어 있는가?

찬성론자들은 과학 기술의 발전에 힘입어 어떤 일이 있어도 인류는 전진을 멈추지 말아야 한다고 주장한다. 또한 인간이 후손들에게 더 좋은 유전자와 더 나은 삶을 물려주는 것이 마땅한 의무라고 생각한다. 그러나 이미 만들어진 생명을 제거하는 데에도 일말의 거리낌이 없는 사회에서 복제인간이라고 하는 생명을 새로 만들어낸다는 것에 이토록 호들갑을 떨 일인지는 생각해볼 필요가 있다. 우수한 형질을 가진 복제인간들이 많아진다고 해서 우리 사회의 어두운 면들이 사라지고 더 살기 좋아지리라 기대하기도 어렵다. 복제인간이 존재하는 미래를 그린 영화치고 디스토피아적이지 않은 이야기는 없다.

합성생물학 분야에서 커다란 진전을 보이고 있는 하버드대의 유전학자 조지 처치 George Church(1954~)는 현재 멸종된 동물 매머드뿐 아니라, 멸종된 인간종인 네안데르탈인 Homo neanderthalensis의 복원도 꿈꾸고 있다. 유전학적 증거로 보았을 때 네안데르탈인은 수만 년 전 우리 인간종인 호모 사피엔스와 직접적인 교배가 있었다고 알려져 있다. 실제로 유전체 분석을 해보면 현대인은 누구나 네안데르탈인으로부터 유래한 DNA를 1~2퍼센트 정도 가지고 있다고 한다. 멸종한 그들을 가까운 미래에 복원하는 데 성공했다고 치자. 우리는 그들을 데려다 도대체 무얼 하려는 것일까? 복원된 그들은 더 이상 자연사박물관에 박제되어 있는 모형이 아니다. 살아 움직이는 진짜 생명이다.

200여 년 전 런던 피카딜리 극장에서 특이한 체형을 가진 아프리카의 흑인 여성 세라 바트만 Sarah Saartjie Baartman(1789~1815)을 전시하고 관람료를 받았던 '호텐토트의 비너스 Hottentot Venus' 쇼처럼, 복원된 네안데르탈인도 대중의 값싼 구경거리로 전락할 게 뻔하다. 어쩌면 잔인하게도 이들을 여럿 복제해 노예로 부려먹는 야만스런 일이 자행될지도 모르겠다.

조지 처치라는 '현대판 프로메테우스 the modern Prometheus'는 프랑켄

특이한 체형을 가진 아프리카의 흑인 여성 세라 바트만을 전시한 호텐토트의 비너스 쇼. 19세기 인종차별이 심했던 유럽에서는 남아프리카의 코이코이족을 비하하며 '호텐토트'라고 불렀고, 쇼의 타이틀도 '호텐토트의 비너스'라고 붙였다. 바트만은 나체로 구경거리가 되어 서커스 등을 전전하며 불행하게 살았다. 죽어서는 박제되어 1974년까지 파리의 인간박물관에 전시되었다.

슈타인이 창조했던 그 괴물을 소설 밖으로 기어이 끄집어내려고 한다. 메리 셸리의 이야기가 비극이 된 것은 프랑켄슈타인 박사가 고집스럽게 괴물을 만들었기 때문이 아니었다. 그가 괴물을 만들고는 당황하여 도망쳤기 때문이다. 괴물의 고통스런 호소에 귀를 닫았기 때문이다. 자신이 창조주로 칭송받을 기대에 취해 자신과 한 약속을 끝내 지키지 않았기 때문이다. '에토스Ethos'의 순수한 목소리를 거부하는 '크라토스Kratos'

는 스스로 파멸하기 쉬운 서툰 힘일 뿐이다. 우리는 생명의 역사에서 패배하여 사라져간 것들을 멋대로 이승으로 불러내 넋을 기리는 진혼곡을 다시 한 번 똑똑히 들려주려는 것인가.

괴테의 작품에서 악마에게 영혼을 판 대가로 인간의 한계를 뛰어넘어 자연의 비밀을 꿰뚫고 다스리던 파우스트는 더 이상 만족스러울 수 없는 생의 마지막 순간에 마침내 외친다.

"멈추어라! 너 정말 아름답구나! Verweile doch! Du bist so schön!"

지금처럼 생명의 비밀을 알아냈다고 생각할 때, 그리고 그것을 통제할 수 있는 힘을 충분히 얻었다고 믿을 때가 바로 우리가 그 아름다움에 만족하고 이내 멈춰 서야 할 때는 아닐까. 우리의 삶 깊은 곳까지 이미 들어와버린 인공 생명의 곤란한 문제들이 우리에게 철학적 판단을 요구할 때, 우리는 그것을 더 이상 모른 척 해서는 안 된다.

13장

생명은 결국 죽는가?

— 엘리자베스 블랙번과
필립 로스가 말하는 생명

내 인생은 유럽 그림에 나오는 해골과 비슷하다. 옆에는 늘 씩 웃는 해골이 있어, 야망의 아둔함을 일깨워준다. 나는 그것을 보며 중얼거린다. '사람을 잘못 골랐어. 넌 삶을 믿지 않을지 몰라도 난 죽음을 안 믿거든. 저리가!' 해골은 낄낄대면서 가까이 다가오지만, 난 놀라지 않는다. 죽음은 생물학적인 필요 때문에 삶에 꼭 달라붙는 것이 아니다―시기심 때문에 달라붙는다. 삶이 워낙 아름다워서 죽음은 삶과 사랑에 빠졌다.

얀 마텔 Yann Martel, 『파이 이야기 Life of Pi』

하나의 유령이 생명 언저리를 떠돌고 있다. 죽음이라는 유령이!

생명의 가장 큰 수수께끼는 죽음이다. 죽음은 정말 유령처럼 잘 이해되지 않는 존재임에 틀림없다. 죽음이란 화학적으로 어떤 상태일까? 화학반응은 웬만하면 모두 가역적reversible이다. 뭔가 새로운 것이 생성되는 방향으로 반응이 일어나기도 하지만, 개중 일부는 거꾸로 원래의 물질로 돌아가기도 한다. 즉 화학반응이란 늘 한쪽 방향으로만 일어나는 것은 아니라는 말이다. 만약 생명현상을 화학반응의 합으로 환원할 수 있다고 믿는다면 생명체 내부에서 일어나는 모든 반응이 언제든 충분히 돌이킬 수 있다는 것을 전제로 하는 것이다.

엔트로피가 감소하는 방향으로의 반응은 어렵지 않겠느냐고? 생명이란 '음의 엔트로피를 먹고 사는 존재'라고 정의한 슈뢰딩거와 논쟁할 생각이 아니라면 그런 걱정은 하지 않아도 된다. 에너지만 충분히 제공된다면야 일어나지 못할 화학반응이 어디 있겠는가. 세포 내부에서는 설사 꽃병이 넘어져 깨지는 일이 있더라도 조각조각 이어 붙여 감쪽같이 원상복구할 수도 있을 것이다. 하지만 딱 하나 돌이킬 수 없는 반응이 있다. 바로 죽은 세포를 다시 살리는 반응이다. 이 반응을 목격한 사람은 내가 알기로 역사를 통틀어 막달라 마리아Mary the Magdalene와 빅터 프랑켄슈타인 두 명밖에 없다. 죽음이라는 루비콘Rubicon 강을 한 번 건너면, 다시 살아 돌아온다는 것은 감히 상상하기 어렵다.

지금 이 순간도 우리 몸의 많은 세포들이 죽고 있다. 혈관 속 혈구 세포들은 매일 5,000억 개씩 죽어 사라진다. 피부 세포도 매일 5억 개씩 죽어 우리도 모르게 떨어져나가고 있다. 창문을 열어놓지도 않았는데 매일 당신의 집 방바닥에 먼지가 쌓인다면, 그것은 대부분 당신의 몸에서 떨어져나간 세포들이다. "너는 흙이니 흙으로 돌아갈 것이다." 「창세기」 3장의 한 구절이 저절로 떠오른다. 한때는 틀림없이 나를 구성하는 일부였는데, 죽고 나면 나였는지 기억도 못 할 정도로 무의미한 티끌이 되고 만다.

죽음에는 예외가 없다. 누구도 죽음을 피할 수 없다. 로마의 시인 호라티우스Quintus Horatius Flaccus(BC 65~8)는 노래했다. "죽음이라는 공평한 발걸음은 가난한 자들의 오두막에도, 왕이 사는 궁궐에도 똑같이 찾아가 문을 두드린다." 모든 인간이 평등하다는 말은 죽음 앞에서 그렇다는 뜻인지도 모른다.

당신이 이 세상에 태어난 것은 우연인지 몰라도, 죽는다는 사실은 우연이 아니다. 그것은 필연적으로 일어나게 될 일이며, 그 누구도 예외는 없다. 그럼에도 불구하고 삶과 죽음은 별개가 아니다. 생명이 없는 물질의 세계에서는 죽음도 없다. 생명이 있는 곳에만 죽음이 있는 것이다. 생명을 이해하고 싶으면 먼저 죽음이 무엇인지 알아야 한다.

　죽음이란 무엇일까? 죽음을 생각하면 가장 먼저 떠오르는 감정은 두려움이다. 그것이 무엇인지 모르기에, 아무도 그것이 어떤 기분인지 겪고 나서 말해준 적이 없기에 죽음은 막연한 두려움으로 다가올 뿐이다. 쾌락주의자 에피쿠로스는 죽고 나면 아무것도 느낄 수 없으므로 죽음을 두려워할 필요가 없다고 말했다. 소크라테스는 사형을 선고받아 죽음을 목전에 두고도 "삶과 죽음 중 무엇이 더 나은 처지인지는 신만이 안다"라고 말하는 초연함을 보여주었다. 우리보다 앞서 죽음을 경험했던 선각자들의 말처럼 정말로 죽음이 삶보다 더 나을 수도 있을까?

죽으니까 생명이다

　그리스 신화에 등장하는 티토노스Tithonus는 트로이의 왕자이다. 그는 멋진 외모를 가진 훈남으로 아주 유명했다. 새벽의 여신 에오스Eos는 신이 아닌 필멸의 인간 남성과만 사랑할 수 있었다. 미의 여신 아프로디테Aphrodite의 연인과 몰래 사랑을 나눴다는 이유로 영원히 저주를 받은 것이다. 그런 에오스가 인간 티토노스와 사랑에 빠졌다. 에오스는 티토노스에게 한눈에 반해 그를 납치했고, 그와 언제까지고 함께하고픈 욕심에 제우스Zeus를 찾아가 그에게 영원한 생명을 달라고 애원했다. 제우스는 에오스의 간절한 청을 수락한다.

　그러나 아뿔싸! 티토노스는 세월이 지날수록 늙어갔다. 에오스는

「**아우로라**」(안 루이 지로데 드 루시 트리오종, 1815).
여신 아프로디테에게 저주를 받은 에오스는 필멸의 인간과만 사랑을 나눌 수 있었다. 그러나 새벽의 여신 에오스는 영원히 늙어가는 티토노스와 끝까지 함께할 수는 없었다. 영원히 늙어가지만 죽지 못하는 티토노스의 비극은 노화와 죽음에 대해 무언가 중요한 것을 말해준다. 그리스 신화에 등장하는 에오스는 로마 신화의 아우로라를 말한다. 프랑스 콩피에뉴 성 소장.

티토노스를 위해 영생과 더불어 영원한 젊음을 요청하기를 깜빡했던 것이다. 티토노스는 점점 노화되어 어느덧 끔찍하고 추한 몰골에 움직이지조차 못하는 신세가 되었다. 아침을 여는 여신은 죽지 못해 살아가는 황혼녘의 노인과 더 이상 함께할 수 없었다. 에오스는 티토노스를 차마 볼 수 없어 구석방에 영원히 가두었다. 티토노스의 처지를 안타깝게 여긴 제우스는 그를 매미로 바꾸어놓았다. 매미는 그때부터 자신의 처지를 비관하여 울기만 하면서 평생을 보내게 되었다.

영원히 죽지 못하는 티토노스의 비극적인 이야기는 역설적으로 우리에게 무언가 중요한 것에 대해 귀띔해준다. 모든 생명은 죽는다. 그러나 죽음은 어찌 보면 생명만이 가진 권한이며, 특혜인지도 모른다. 오래 살 수 있다 하더라도 건강과 활력을 잃어버린 채 흉측한 모습으로 남게 된다면 장수가 다 무슨 소용이겠는가.

아이작 아시모프의 단편 중에 「이백 살을 맞은 사나이 The Bicentennial Man」가 있다. 최고의 SF 작품에 수여되는 네뷸러 Nebula 상과 휴고 Hugo 상을 휩쓴 소설이다. 가사 도우미 역할을 하도록 만들어진 인공지능 로봇 앤드류는 그를 제작한 회사의 의도와 달리 이유를 알 수 없는 오류가 발생해 인간과 같은 창의성을 갖게 되었다. 앤드류는 조각품을 만들기도 하고 재능을 발휘해 돈을 벌기도 한다. 그는 인공장기를 개발하여 인류에게도 크게 공헌한다.

앤드류는 주인의 손녀와 사랑에 빠졌고, 그녀와 결혼하기 위해 인간으로 인정받기를 원했다. 하지만 의회에서는 그를 인간으로 인정하기를 거부한다. 인간은 모두 죽지만 그는 영원히 죽지 않기 때문이었다. 앤드류는 자신의 두뇌에 있는 회로에 일부러 누전을 일으켜 영원한 삶을 버리고 스스로 자신에게 유한한 수명을 부여한다. 마침내 200세가 되던 날, 그는 죽음을 선택한다. 자신을 사랑하는 사람들에게 둘러싸여 죽어가던 그는 비로소 법적으로 인간임을 인정받는다. 이 작품은 후에 크리스 콜럼버스Christopher Joseph Columbus(1958~) 감독이 동명의 영화로 만들기도 했다.

이 이야기는 인간을 인간답게 하는 것이 과연 무엇인지 생각해보게 한다. 창의성도 있어야 하고, 사랑할 줄도 알아야 한다. 그러나 무엇보다 중요한 것은 유한한 생을 가져야 한다는 점이다. '아프니까 청춘이다'가 아니라, '죽으니까 인간이다'라고 할 만하다. 죽고 싶은 사람은 아무도 없다. 인간이라면 누구나 피하고 싶은 죽음과 노화가 인간을 인간으로 인정받을 수 있게 하는 가장 중요한 점이라니 이만한 아이러니도 없다. "삶은 연기된 죽음에 불과하다." 쇼펜하우어Arthur Schopenhauer(1788~1860)의 말을 굳이 떠올리지 않더라도, 죽음이 생명에게 없어서는 안 될 의미를 부여한다는 것은 틀림없어 보인다.

죽음은 언제부터 생겨났을까

우리는 보통 살아 있는 모든 생물이 죽을 운명이라고 생각한다. 하지만 이는 사실이 아니다. 박테리아와 같은 단세포single-celled 원핵생물prokaryote은 이론적으로 수명이 없다. 이들은 영원히 살 수 있다. 대칭적인 분열symmetric division을 통해 가운데가 나누어져 한 마리가 두 마리로 늘어난다. 둘 중에 누가 어미이고 누가 자식인지 구분할 수 없다. 나이가

영화 「바이센테니얼 맨」(1999)의 한 장면. 1976년 발표된 아이작 아시모프의 소설을 바탕으로 만들어졌다. 인공지능 로봇 앤드류는 자신의 불로불사를 포기해가면서까지 인간이 되고 싶어했다. 영화는 인간이라는 존재의 의미와 인간다움이란 무엇인지를 생각해보게 만든다.

많고 적음이라는 개념이 없는 것이다. 환경만 도와준다면 무한정 증식이 가능하다.

그러나 유성생식sexual reproduction을 하는 다세포생물multicellular organism은 시간이 지나면 결국 죽는다. 이들은 '섹스를 추구한 대가'로 죽음을 맞이하는 것으로 보인다. 그들은 죽지 않을 수도 있었다. 그러나 죽음을 '선택'했다. 죽어도(?) 단세포 시절로 돌아가고 싶지는 않았던 모양이다. 성욕을 한번 맛보면 죽음도 두려워하지 않게 되는 걸까? 그런 것 같지는 않다. 농경생활을 한번 시작한 인류가 그것이 아무리 고되고 후회스럽다 하더라도 수렵생활로 다시 돌아가지 않은 것에 비유할 수 있을까? 이들은 죽음을 새로 정의하기로 한 것 같다. 이들에게 죽음이란 종種 전체의 '동적 평형'을 유지하기 위해 개체를 희생한다는 의미에 불과하다. 개체의 죽음보다 생식으로부터 더 큰 가치를 발견했는지도 모르겠다. 바로 이 부분을 설명하기 위해 도킨스는 유전자 수준에서 생명의 개념을 도입한 것이다. 내가 죽는 것은 상관없다. 나와 똑같은 유전자가 더 많이 생존하고 퍼져 나갈 수만 있다면.

그러나 단세포생물이라 할지라도 핵nucleus을 가지고 있는 진핵생물eukaryote은 수명이 있다. 효모yeast와 같은 균류fungi라든가 아메바amoeba와 같은 원생동물protozoan이 여기에 해당된다. 유성생식을 할 수 있는 효모는 대략 30번 정도 분열하면 죽는다는 사실이 관찰되었다. 그러나 30번 분열할 동안 자손은 이미 2^{30}마리, 즉 10억 마리도 더 넘는 엄청난 수로 불어나 있기 때문에 어미세포의 죽음을 신경 쓰는 자손은 없다.

이분법을 통해 증식하는 단세포 원핵생물도 사실 엄밀히 말하자면 죽음을 경험한다. 한 마리가 두 마리로 증식할 때 이전에 있던 그 한 마리의 세포는 더 이상 존재하지 않는다. 자신을 둘로 찢어 다음 세대로 새 생명을 전달해주는 것이다. 이전 세포는 사실상 죽고 없는 셈이다. 이렇게 보면 생명과 죽음이란 '개체individual'로 설명해서는 도무지 이해되지 않는 개념이 된다.

생물학적으로 엄격하게 보자면 1년 전의 나는 이미 죽고 없다고 할 수 있다. 당시 나를 구성하던 모든 원자들은 새것으로 완전히 교체되었기 때문이다. 사실 우리의 지문도 망막도 매일 조금씩은 미세하게 바뀌고 있다. "우리는 같은 강물에 발을 두 번 담글 수 없다"라고 한 헤라클레이토스의 격언은 부정할 수 없는 진리이다. 강물이 쉬지 않고 흘러가기 때문만은 아니다. 두 번째 발을 담글 때의 우리 역시 첫 번째로 담갔을 때의 우리가 더 이상 아니기 때문이다.

생물학적으로 노화senescence란 '시간이 지남에 따라 생물의 사망률이 점점 높아지는 현상'으로 정의 내릴 수 있다. 예를 들어 60세 된 남성의 사망률은 40세 남성보다 훨씬 높다. 따라서 사람은 시간이 지남에 따라 노화가 일어난다고 보는 것이다. 박테리아는 그렇지 않다. 박테리아는 하루 지난 것과 일주일 지난 것의 사망률이 다르지 않다. 환경이 변하지 않는 한 이들의 수명은 일정하다. 즉 박테리아는 노화가 일어나지 않는 것이다.

일단 성적으로 성숙기에 들어선 동물은 시간이 지남에 따라 사망률이 기하급수적으로 증가한다. 환경에 따라 사망률 자체는 달라질 수 있지만, 일정한 환경에서 사망률이 2배가 되는 데 걸리는 시간은 거의 일정하다. 이를 '사망률 배가 시간mortality rate doubling time'이라고 하는데, 사람의 경우 이 값은 약 8년이다. 이렇게 사망률이 2배 증가하는 데 걸리는 시간을 보통 노화 속도의 기준으로 삼는다. 영국의 보험통계사 벤자민 곰퍼츠Benjamin Gompertz(1779~1865)가 자신의 회사를 위해 고객의 사망률을 계산하다가 이를 발견했다고 한다. 이 공식은 수학자 윌리엄 메이컴William Matthew Makeham(1826~91)의 이론과 묶여 '곰퍼츠-메이컴의 법칙Gompertz-Makeham law of mortality'이라 불린다.

극소수이긴 하지만 생물학적으로 노화가 일어나지 않는 몇몇 동물 종이 존재한다는 것이 알려져 있다. 바닷가재lobster는 시간이 지나도 사망률이 증가하지 않는다. 다만 시간이 지날수록 몸무게만 변하기 때문에 바닷가재의 나이는 무게로 추정할 수밖에 없다. '영생불사의 해파리immortal jellyfish'라고 불리는 작은보호탑해파리Turritopsis nutricula도 있다.

'영생불사의 해파리'라고 불리는 작은보호탑해파리.

작은보호탑해파리는 외부 환경이 열악하고 영양이 부족해지면 우산 모양의 몸이 뒤집히고 촉수와 바깥쪽 세포들이 몸 안으로 흡수되면서 미성숙 단계의 세포 덩어리로 돌아간다.

겉모습만 보면 일반 해파리와 비슷하지만, 노화가 아무리 진행되어도 결코 죽지 않는다는 사실을 관찰했다. 이들은 시간이 지나 늙으면 우산 모양의 몸이 뒤집히고 바깥쪽 세포들이 안으로 흡수되어 유생幼生 형태의 폴립polyp으로 돌아간다. 물리적인 손상만 없다면 늙었다 젊었다를 영원히 반복하며 영생할 수 있다.

죽음은 누구에게나 예정되어 있다

당신이 전생에 혹 해파리로 살면서 장수를 누렸을지는 모르겠으나, 확실히 이번 생은 틀렸다. 미안하지만 이번 생에서 당신은 예정된 죽음을 피할 수 없다. 영화 「파이널 데스티네이션Final Destination」에서처럼 언제 어디서 어떻게 죽을지 정확히 예고할 정도까지는 아니더라도, 당신에게 일어나고 있는 세포분열 횟수를 세어본다면 당신의 수명을 어느 정도 예상할 수 있다.

1961년 해부학자 레너드 헤이플릭 Leonard Hayflick(1928~)은 사람의 세포가 대략 60~70회 정도 분열하고 나면 더 이상 분열하지 못하고 죽는다는 것을 처음으로 발견했다. 영양 상태나 환경을 최적의 조건으로 완벽히 제공해주어도 이 숫자는 변하지 않았다. 이를 '헤이플릭 한계 Hayflick limit'라고 부른다. 우리가 불멸의 존재가 아니라 죽을 운명이라는 것이 숫자로 명백히 증명된 셈이다.

거의 10여 년이 지나서야 한계의 이유가 알려지기 시작했다. 그것은 진핵생물이라면 누구나 가지고 있는 선형 linear 염색체의 말단이 시간이 지남에 따라 마모되어 점점 짧아진다는 문제와 관련이 있었다. 러시아의 생물학자 알렉세이 올로브니코프 Alexei Matveyevich Olovnikov(1936~)와 제임스 왓슨은 세포가 증식하기 위해 DNA를 복제할 때 염색체의 말단 부분은 매번 성공적으로 복제를 할 수 없다는 문제 — 이를 '말단 복제 문제 end replication problem'라고 부른다 — 를 거의 동시에 독자적으로 제기했다. 실제로 세포는 DNA 복제를 수행할 때마다 매번 조금씩 염색체가 짧아지는 것이 관찰되었다. DNA가 점점 짧아지면 결국 어떻게 될 것인가? 말단 근처에 놓여 있는 중요한 유전자들을 만약 잃어버리게 된다면?

1977년 원생동물인 테트라하이메나 Tetrahymena의 염색체를 연구하고 있던 엘리자베스 블랙번 Elizabeth Blackburn(1948~)과 그녀의 첫 번째 대학원생이었던 캐럴 그라이더 Carol Greider(1961~)는 염색체 말단에 '텔로미어telomere'라는 무의미한 반복서열이 길게 자리 잡고 있음을 발견했다. 곧 인간을 포함한 모든 진핵생물의 염색체 말단에는 각각 고유한 서열과 길이를 가진 텔로미어가 존재한다는 사실이 알려졌다. 테트라하이메나의 텔로미어에는 TTGGGG가, 사람의 텔로미어에는 TTAGGG가 수천 회 길게 반복되어 있다. 세월이 흐름에 따라 짧아지는 것은 다행히도 중요한 유전자가 놓인 부분이 아니었고, 바로 텔로미어였다. 텔로미어에 위치한 반복서열은 충돌 시 차량의 내부와 운전자를 보호해줄 수 있는 자동차의 범퍼나 마찬가지이다.

인간의 텔로미어는 약 1만 5,000개의 뉴클레오타이드nucleotide로 이루어졌으며, 세포가 한 번 분열할 때마다 약 150~200개의 뉴클레오타이드만큼 그 길이가 짧아지는 것을 발견했다. 이 추세라면 60~70번 정도 복제하고 나면 텔로미어가 더는 남지 않게 된다. 60 내지 70번이라. 이것은 헤이플릭이 관찰했던 바로 그 세포분열의 한계 숫자와 거의 일치한다. 텔로미어의 현재 길이는 당신에게 남아 있는 수명을 알려주는 세포 속 시계나 다름없다. 이 발견으로 블랙번과 그라이더는 2009년 노벨생리의학상을 수상했다.

블랙번은 사람마다 태어날 때부터 갖고 있는 텔로미어의 길이도 다르고, 마모 속도도 다르다고 말한다. 놀라운 사실은 텔로미어가 얼마나 빨리 닳아 없어질지에 우리 개인의 선택이 어느 정도 개입할 수 있다는 점이다. 블랙번이 쓴 『늙지 않는 비밀 *The Telomere Effect*』에 따르면 햇볕에 과도하게 노출되거나 만성 염증에 시달리는 사람은 텔로미어가 빨리 손상된다. 면역력이 약하고, 스트레스를 많이 받거나 부정적인 생각으로 가득한 사람도 텔로미어의 길이가 정상보다 현저하게 짧았다고 한다.

텔로미어와 텔로머레이스를 발견한 엘리자베스 블랙번.
블랙번은 작은 섬모충 테트라하이메나의 DNA를 연구하던 중 세포의 노화 메커니즘을 규명했다. 2009년 캐럴 그라이더, 잭 쇼스택과 함께 노벨생리의학상을 공동 수상했다.

동맥artery의 혈관 벽 세포는 정맥vein보다 텔로미어의 길이가 훨씬 더 짧다. 이는 심장으로부터 높은 압력의 혈액을 매 순간 받아내야 하는 동맥의 고된 삶을 고스란히 반영한다. 정맥은 동맥에 비해 스트레스와 긴장이 확실히 덜 하다. 사람뿐 아니라 앵무새 역시 혼자 가두어 키우면 사교적인 대화를 즐길 수 있었던 앵무새보다 텔로미어가 더 빨리 마모된다는 연구 결과도 나와 있다. 오래 살고 싶다면 이제 어떻게 해야 할지 느낌이 조금 오는가?

불로초는 바로 우리 몸 안에 있다

특이하게도 우리 신체의 모든 부위를 구성하는 일반 체세포somatic cell와 달리, 줄기세포stem cell와 생식세포germ cell는 세포분열이 계속되어도 텔로미어가 전혀 짧아지지 않는다. 이는 한 번 짧아진 텔로미어를 다시 길게 합성해주는 '텔로머레이스telomerase' 효소 때문이다. 줄기세포와 생식세포에는 텔로머레이스가 언제나 활성상태로 존재한다. 이들은 영원히 늙지 않는다. 진시황秦始皇(BC 259~210)이 그토록 찾아 헤매던 불로초는 멀리 있지 않았다. 이미 우리 몸속에 존재한다. 진시황은 어리석게도 헛걸음을 한 셈이다.

놀랄 만한 일은 아니지만, 우리 몸의 모든 체세포 속에도 텔로머레이스 유전자가 들어 있다. (우리 몸을 구성하는 모든 세포는 이론적으로 똑같은 유전자 세트를 가지고 있으므로.) 불로초를 제작할 수 있는 설계도를 모두 가지고 있는 셈이다. 하지만 체세포에서는 텔로머레이스가 전혀 활성을 갖지 않는다. 만들 수 있지만 만들지 않는다. 이것은 어째서인지 그렇게 프로그램되어 있다는 뜻이다. 진화의 어느 단계에서 생식 능력과 영원한 생명을 맞바꾸기로 메피스토펠레스와 '악마의 거래'를 한 것인지, 혹은 누군가가 의도적으로 인간의 수명을 제한하려 한 것인지는 모르겠다. 틀림없는 사실은 우리 몸이 시간이 지나면 늙어 죽게끔 만들어졌다는 것이다.

바닷가재에게 노화가 거의 일어나지 않는 이유는 바로 텔로머레이스가 항상 활성화되어 있기 때문이라는 사실이 밝혀졌다. 바닷가재의 텔로미어는 시간이 지나도 짧아지지 않는다. 인간에게도 이런 기적이 가능할까? 만약 무엇이 인간의 텔로머레이스 발현을 막고 있는지 알아낸다면 우리도 불로장생할 수 있지 않을까?

미국의 생명공학기업 시에라사이언스Sierra Sciences의 최고경영자 빌 앤드루스William Henry Andrews(1951~)는 이를 실현하려는 야망을 가진 과학자 중 하나이다. 그는 노화를 거역할 수 없는 자연의 섭리로 보는 게 아니라, 치료할 수 있는 하나의 '질병'으로 인식한다. 그의 저서 『빌 앤드루스의 텔로미어의 과학 Curing Aging』의 첫 문장은 이렇게 시작한다. "나는 영원히 살 계획이다 I plan to live forever." 그는 텔로머레이스의 활성을 100퍼센트에 가깝게 높여 노화를 멈추게 할 강한 텔로머레이스 유도제를 개발하고자 연구에 몰두하고 있다. "24살 때로 돌아갈 준비나 하라"며 사람들에게 야심찬 으름장(?)을 놓으면서.

이후 텔로머레이스가 망가져 조로증progeria을 보이는 쥐에게 외부에서 텔로머레이스 유전자를 넣어준 실험이 진행되었다. 이 실험에서 실제로 텔로미어가 길어지고 늙어버린 쥐들이 젊음을 되찾는 결과가 나

「죽음과 삶」(구스타프 클림트, 1915).

클림트가 말년에 이르러 거의 8년에 걸쳐 완성한 작품이다. 당시 유행했던 아르누보와 상징주의의 영향으로 독특한 강렬함과 화려함이 담겨 있다. 살아 있을 때의 모습은 밝게, 죽음은 어둡게 처리하여 명암을 뚜렷이 대비시켰다. 죽음은 이만큼이나 삶 가까이에 와 있다.

와 『네이처Nature』에 발표되었다. 한약재로 쓰이는 황기Astragalus membranaceus에 포함된 한 성분이 텔로머레이스를 활성화시킨다는 연구 결과가 이어졌다. 이런 데이터를 바탕으로 텔로머레이스 활성제는 건강기능식품으로 만들어져 판매되기도 했다. 그런데 노화 치료제가 아니라 왜 건강기능식품이었을까?

치료제를 의약품이 아닌 기능성 식품으로 판매할 경우 미국 식품의약국FDA의 승인이 없어도 대중들이 쉽게 구매하고 복용할 수 있다는 장점이 있다. 그러나 동시에 FDA의 승인을 받기 어려운 어떤 이유가 있었는지도 모른다는 의구심도 생긴다. 지금까지 판매되고 있는 약품들은 텔로머레이스 활성을 기껏해야 16퍼센트 정도 높게 유도하는 데 그친다. 이는 당연히 노화의 시계를 되돌리는 데는 충분하지 않다. 활성을 더 높일 수 있는 다른 화합물도 있지만 이들은 세포에 독성과 부작용을 유발할 위험성이 있다는 지적을 받고 있다.

야누스의 얼굴을 한 텔로머레이스

실제로 텔로머레이스는 위험한 효소이다. '지킬 박사와 하이드'처럼 선악의 양면을 모두 가지고 있다. 하긴 애초부터 생사와 노화 여부를 인위적으로 결정한다는 것이 간단한 일일 거라고 누가 생각했을까. 암세포의 80~90퍼센트에서 텔로머레이스가 과다하게 활성화되어 있음이 밝혀졌다. 활성화된 텔로머레이스에 의해 텔로미어가 다시 길어지면 암세포가 될 위험이 있는 것이다. 앤드루스는 텔로머레이스 활성 증가가 꼭 암으로 이어지지는 않는다고 반박한다. 그러나 블랙번과 그라이더는 텔로머레이스 활성 증가는 통제 불능의 세포 증식을 유발할 위험이 있다고 경고한다.

암세포라고 해서 꼭 텔로머레이스가 과다하게 활성화되어 있는 것은 아니다. 어떤 암은 오히려 텔로머레이스가 너무 적어서 텔로미어가 지나치게 짧아졌을 때 발생하기도 한다. 백혈병과 같은 혈액암과 피부암, 췌장암의 경우가 그렇다. 텔로미어가 너무 짧아 면역 세포들이 먼저 노쇠해지면 병원성 침입자를 막아내지 못해 암이 발생하기도 한다.

이쯤 되면 아찔한 기분이 든다. 또한 우리 몸이 건강을 유지한다는 것이 결코 쉽지 않다는 사실에 놀라게 된다. 우리 몸의 구석구석이 균형을 유지하면서 이토록 잘 작동하고 있다니 실로 경이롭다. 종양학자 와인버그Robert Allan Weinberg(1942~)는 『세포의 반란One Renegade Cell』에서 "우리 몸에서 100경 번 일어나는 세포분열 중 치명적인 악성 세포가 생기는 경우가 단 한 번뿐이라면 제법 성공적인 것"이라고 말했을 정도니까.

텔로미어와 텔로머레이스의 아슬아슬한 줄타기는 언제, 그리고 왜 시작되었을까? 길어져도 문제, 짧아져도 문제가 된다. 활성이 높아도 위험, 낮아도 위험해진다. 텔로미어는 선형 염색체를 가진 진핵생물에만 존재한다. 염색체의 말단이 날것 그대로 노출된다면 세포는 이곳을 손상된 부위로 인식하여 비상사태를 선포하고, 세포의 생장과 증식은 일시 멈추게 된다. 말단 부분이 노출되지 않도록 두텁게 감싸주어야 하는 것이다. 반면에 박테리아와 같은 원핵생물은 원형circular 염색체를 가지기 때문에 텔로미어가 아예 필요하지 않다. 텔로미어가 없으므로 이론적으로 노화의 문제에서 벗어날 수 있다.

생각할수록 이상하다. 진화는 원핵생물에서 진핵생물 방향으로 일어나지 않았던가. 원형 염색체에서 선형 염색체로 바뀌도록 일어난 것이 아닌가. 어째서 생명은 진화 과정에서 애꿎은 수명을 창조해냈을까? 무엇 때문에 불멸의 영광을 포기하고 죽어 사라질 필멸의 존재가 되기로 작정했을까?

앞서도 언급했지만, 진화를 통해 성性을 발명하고 유성생식을 하게 된 이래 생명은 신세계를 맛보았을 가능성이 있다. (원시적인 생명에서 '발명'이라는 개념이 과연 가능했을지는 모르지만 말이다.) 성적 욕망이나 쾌락을 이야기하는 것이 아니다. 유성생식을 하게 됨에 따라 무한정에 가까운 조합의 다양한 유전체 결합과 재편성이 일어난 것이다. 이는 무성생식으로 어미와 똑같은 유전체를 물려받는 박테리아에서는 기대할 수 없는 기적이다. 박테리아는 생장에 불리한 환경을 만나면 집단 전체가 전멸할 가능성이 높다. 생명에게 동질성이란 사형선고나 마찬가지이다.

그러나 유성생식을 하면 부모의 염색체가 뒤섞이고 교차crossover 하여 유전체 재조합이 빈번하게 일어나 유전적 다양성이 쉽게 만들어진다. 환경이 불리해지더라도 그에 적응할 만한 적합한 유전형을 가진 개체가 존재해 살아남게 된다.

진화의 해답은 여기에 있다. 유성생식을 수행하기 위해 감수분열이 일어날 때, 만약 원형 염색체를 가지고 있다면 염색체 교차가 일어나는 상황에서 염색체가 잘못 분리될 가능성이 커진다. 적시에 제대로 분리되지 못한다면 세포가 분열할 때 두 개의 염색체가 한쪽으로 쏠리는 실수가 빈번히 일어날 수 있다. 이때 선형 염색체를 가지고 있다면 이런 오류로부터 상대적으로 안전해진다. 다만 내 자식이 건강하고 잘되기를 바라는 부모의 끝없는 자식 사랑이 죽게 될 것을 알면서도 겁 없이 필멸의 불구덩이로 뛰어들 용기를 내게 했을지도 모르겠다.

노화를 치료 가능한 질병으로 본다는 것

2018년 세계보건기구WHO는 『국제질병분류 International Classification of Diseases』 제11판을 발간하면서 '늙어서 쇠약해지는 현상'에 'MG2A'라는 새로운 질병코드를 부여했다. 노화는 더 이상 자연 현상이 아니라 '질병'이라고 공식화한 것이다. 이제부터 늙어 죽는 사람은 더 이상 '자연사'하는 것이 아니다. 이제 모든 국가는 노화로 죽는 사람에 관한 통계를 따로 내 세계보건기구에 보고해야 한다.

이는 2003년 조지 부시 행정부 때만 해도 예상할 수 없었던 일이다. 당시 미국 대통령 직속 생명윤리위원회 President's Council on Bioethics가 백악관에 제출했던 보고서 『치료법을 넘어서 Beyond Therapy』의 내용 중에는 노화를 개선하기 위한 연구가 '인간에게 주어진 운명에 반하는 행위'라는 부정적인 뉘앙스가 있었다. 실제로 암이나 알츠하이머병 Alzheimer's disease 치료에는 많은 연구비가 책정되어 있었지만, 상대적으로 노화 연구에는 그렇지 못했다. 그러나 이제 상황은 조금씩 바뀌고 있다.

하버드대의 유전학자 데이비드 싱클레어 David Andrew Sinclair(1969~)는 『노화의 종말 Lifespan』에서 이와 같은 관점의 변화를 적극 환영한다. 그는 노화를 젊었을 때의 후성유전학적 epigenetic 정보가 상실됨으로써 일어나는 현상으로 해석한다. 따라서 이러한 정보를 교정하는 데 관여하는 효소 '서투인Sirtuin'의 활성을 높이거나, 이를 도울 수 있도록 체내에 NAD nicotinamide adenine dinucleotide 증진제나 메트포르민metformin 등을 꾸준히 주입함으로써 노화를 치료할 수 있다고 낙관한다. 일본의 줄기세포 연구자 야마나카 신야 山中伸弥(1962~)가 2006년에 발견한 Oct4, Klf4, Sox2, c-Myc 네 가지 유전자의 조합으로 만든 유도만능줄기세포induced pluripotent stem cell를 활용하여 노화와 손상이 일어난 기관에 '생물학적 교정'이 이루어지도록 할 수도 있을 것이다. 현재 그 효능과 안전성에 관한 여러 임상 시험들이 진행되고 있다.

우리는 노화를 물리치기 위해 여러 가지 생활 습관을 고칠 수도 있다. 대부분의 노화 연구자들이 권하는 대로 간헐적 단식을 하면서 음식을 적게 먹고, 고기에 많이 들어 있는 메타이오닌methionine이나 류신leucine을 가급적 적게 섭취할 수 있다. 가능하면 몸을 차갑게 유지하고, 담배나 방사선을 피해 DNA 손상을 줄이면서 규칙적인 운동을 하면 틀림없이 도움이 될 것이다.

그러나 이런 노력들로 우리는 결국 노화를 '완치'할 수 있을까? 노화를 질병으로 인식한다는 것은 완치 가능성을 두고 하는 판단이다. 하지만 이 모든 노력들은 노화를 단지 '늦출' 수 있을 뿐이다. 현재로서는 그렇다. 그렇다면 그것을 치료라고 말할 수 있을까? 단지 늦추기만 할 뿐 완벽히 되돌릴 수 없다면 노화를 질병이라 부르든 운명이라 부르든 무슨 차이가 있을까?

만에 하나 우리가 노화를 완벽히 퇴치하는 데 성공해 영원히 살 수 있다고 한다면 과연 어떤 일이 벌어질까 미리 생각해보는 것은 매우 중요하다. 영원히 살 수 있다는 기쁨은 잠시일지 모른다. 우리가 한 번도 경험한 적 없는 무시무시한 세상이 열릴 수도 있다. 예상치 못한 부작용을 막을 법과 윤리의 기준은 언제나 기술 발전에 뒤쳐지기 마련이다. 당신은 마음의 준비가 되었는가?

우선 의학적으로 완벽한 영생을 얻을 수 있는 기회가 모두에게 동시에 허용되지는 못할 것이다. 영생을 얻을 수 있는 기술은 우선 소수의 권력자와 부자들에게만 허용될 것이다. 그 기술을 먼저 손에 쥔 자들이 과연 나머지 사람들과 너그럽게 공유하려고 할까?

내세를 약속하던 모든 종교들이 곧 사라질 것이다. 지금 힘겹게 살더라도 내세를 바라보며 견디기만 하던 사람들이 더 이상 참으려 하지 않을 것이다. 누가 사회의 피지배 계층으로 영원히 살고 싶을까? 사회 질서와 치안은 뿌리부터 흔들릴 위험이 있다.

또한 불의의 사고나 범죄로 목숨을 잃는 것에 대한 두려움이 지금보다 훨씬 더 커질 것이다. 사람들은 모험이나 위험한 행동을 삼가고 극도로 조심하게 될 것이다. 서로를 좀처럼 믿지 못하고 멀리하게 될 것이다. 낯선 이에게 선행을 베풀던 '선한 사마리아인good Samaritan'이라는 미덕은 기억에서조차 사라지게 될 것이다.

사람들은 100세가 되어도 200세가 넘어서도 쉬지 않고 자기계발을 해야 할 것이다. 일자리를 잃지 않으려고 젊은이들과 끊임없이 경쟁하며 자리를 비켜주지 않을 것이다. 결국 죽지 않고 기하급수적으로 증가하는 인구로 인해 맬서스가 예언했던 일들이 현실로 나타날 것이다. 어디에나 범람하는 인간으로 인해 식량은 부족해지고 생태계가 파괴될 것이다. 끊임없는 에너지 수요로 인해 지구 환경은 돌이킬 수 없이 바뀌게 되고, 인간은 영원히 살 수 있다 하더라도 곧 건강을 잃어버리게 될 것이다. 각박해진 삶으로 인해 지구상에 전쟁이 끊이지 않을 것이다. 푸틴 Vladimir Putin(1954~)과 김정은金正恩(1984~)은 그 자리에서 문자 그대로 '영원히' 내려오지 않을 것이다. 다른 시나리오가 있겠는가?

생명은 죽음을 통해서만 존재한다

양자 물리학자 막스 플랑크Max Planck(1858~1947)에게는 이런 상황을 내다볼 수 있는 통찰이 있었던 것 같다. 그는 "과학은 장례식이 치러질 때마다 한 번씩 진보한다Science advances one funeral at a time"라는 유명한 말을 남겼다. 새로운 발견에 따른 과학의 진보는 반대 의견을 가진 기존의 세력을 설득해 이루어지는 것이 아니라, 반대 세력이 결국 죽어 사라지고 새로운 진리를 친숙하게 여기는 젊은 세대가 사회를 구성하고 나서야 이루어진다는 뜻이다. 이것이 비단 과학에서만 일어나는 일이겠는가. 모든 사람들이 꾸역꾸역 뒤섞여 영원히 사는 세상에서는 어떠한 진보도 이루어지기 어려울 것이다.

고대 메소포타미아 문명이 시작되던 무렵, 우루크Uruk의 왕 길가메시Gilgamesh는 야만인 친구 엔키두Enkidu의 죽음에 상심한 나머지 영생의 비밀을 찾아 불사의 인간 우트나피슈팀Utnapishtim을 찾아 나선다. 죽을 고생 끝에 그를 찾아 영생의 비결을 가르쳐달라고 애원하는 길가메시에게 우트나피슈팀은 인간에게 죽음이란 '잠처럼 꼭 필요한 것'이라고 말했다. 그는 길가메시에게 6박 7일 동안 잠을 자지 않고 깨어 있을 수 있는지 해보라고 했다. 길가메시는 잠을 이기려 노력했지만 결국 하

「피들을 연주하는 죽음이 있는 자화상」(아르놀트 뵈클린, 1872).
스위스의 상징주의 화가 뵈클린의 그림이 보여주는 가장 큰 특징은 죽음에 대한 집착이다. 열두 명의 자녀 중 무려 여섯 명을 각종 전염병으로 잃은 슬픈 개인사도 틀림없이 영향을 미쳤을 것이다. 그의 자화상은 죽음과 함께 살아가고 있는 인간의 실존적 모순을 보여준다. 베를린 국립미술관 소장.

루도 못 지나 잠에 빠져들고 만다. 생각해보니 맞다. 한낱 쏟아지는 잠도 이기지 못하는 인간이 어찌 죽음을 이길 생각을 했을까? 살아가는 데 잠이 꼭 필요하듯 죽음도 생명에게 꼭 필요할지도 모른다.

생명의 여러 성공적인 진화와 번식 사례를 볼 때, 우리는 생명에게 일어나는 이러한 변화들이 집단 속 누군가가 생존과 번식에 실패할 때에만 효율적으로 일어난다는 사실을 기억해야 한다. 개별 생명체는 환경이 변할 때 이에 적응하는 능력이 한정되어 있고, 수명도 이를 이길 만큼 충분히 길지 못하다. 누군가는 죽어서 살아 있는 자들에게 길을 터주는 것, 바로 이 부분이 진화를 위한 자연선택이 일어나는 지점이다. 생명은 죽음을 통해서만 존재할 수 있다.

미국의 작가 잭 런던 Jack London(1876~1916)은 단편소설 「생명의 법칙 The Law of Life」에서 이러한 생명과 죽음의 원리를 잘 그려냈다.

그는 그 원칙이 모든 인생에서 실현되는 것을 보았다. 버드나무에 물이 오르고 파랗게 싹이 움텄다가 노란 이파리가 되어 떨어지는 것. 이 한 가지 사실에도 전체 역사가 담겨 있다. 하지만 자연은 개인에게 한 가지 과업을 맡긴다. 그것을 행하지 않으면 개인은 죽는다. 그것을 행해도 죽기는 마찬가지이다. 자연은 신경 쓰지 않는다. 순종하는 자들이 많고, 이 길에서 영원한 생명을 누리는 것은 순종하는 자들이 아니라 순종뿐이다. (…) 생명에게 자연은 한 가지 과제와 한 가지 법칙을 준다. 영속하는 것이 생명의 과제이고, 그것의 법칙은 죽음이다.

어쩌면 자연은 생명의 영속을 위해 번식이 끝난 개체에게 더 이상

관심을 주지 않는 것을 법칙으로 만들었는지도 모르겠다. 그 법칙은 진화 과정에서 자연스럽게 획득되었다. 인생의 어느 특정 시기에 치명적인 질환을 일으키는 유전자 돌연변이가 있다고 해보자. 만약 번식을 할 수 있는 연령에 이르기 전에 발현되는 것이었다면 진화 과정에서 거의 다 사라졌을 것이다. 그 질환을 가진 개체는 번식에 실패했을 것이기 때문이다.

그러나 반대로 이 치명적인 유전질환이 번식이 다 끝난 이후 느지막이 발현되는 질환이라고 해보자. (알츠하이머병이나 심혈관 질환 등이 여기여 해당할 것이다.) 이런 질환들은 자연선택을 통해 걸러지지 않는다. 번식이 모두 끝난 후에나 나타나기 때문이다. 따라서 우리에게 치명적으로 나타나는 유전질환들은 대부분 생식 능력이 사라진 이후 노년기에 나타난다. 이것이 바로 노화의 정체이다. 이처럼 노화는 번식이 끝난 생명에 대한 자연의 무관심으로 만들어진다.

죽을 운명이라면 단지 품위 있기를

하지만 우리 인간들은 다른 동물에 비하면 처지가 나은 셈이다. 연어는 산란하면서 죽어간다. 벌은 침을 쏘는 순간 목숨을 잃는다. 하루살이가 살아 있는 24시간 동안 할 수 있는 일이라고는 오로지 미친 듯이 교미를 해 번식하는 일뿐이다. 대부분의 생물은 생식 능력이 사라질 즈음 죽음을 맞는다. 죽기 전에 생식 능력이 일찌감치 사라지는 생물 종은 이 세상에 세 종류밖에 없다고 한다. 범고래 *Orcinus orca*, 들쇠고래 *Globicephala macrorhynchus*, 그리고 인간이다. 이들만이 자연선택에 의한 진화 법칙에서 벗어나 있다.

번식기가 끝나고도 한참 동안을 생존하며 삶을 꾸려나갈 여지가 있으니 인간은 그나마 다행이라고 여겨야 할까? 생육하고 번성하는 것이 모든 생명의 지상 목표라지만, 인간에게는 그 이후의 삶을 어떻게 보내느냐도 만만치 않게 중요해 보인다. 노년의 시간이 우리의 행복한 삶, 품위 있는 삶을 결정한다.

로마 최고의 정치가였던 키케로는 『노년에 관하여 Cato Maior de Senectute』에서 노년을 비관할 이유가 없다고 썼다. 그는 노화란 부담스럽기보다는 즐거운 것이라고 역설한다. 육체는 쇠약해지지만 정신은 더욱 기민해지므로 노련한 판단력과 사려 깊은 이해력으로 사회에 기여할 수 있다고 했다. 쾌락을 지나치게 추구해 무너질 수 있는 젊은 시절에 비해 노년은 일시적인 욕망과 탐닉에서 벗어나 평정을 누릴 수 있으니 행복하다고 말한다.

그러나 작가 필립 로스 Philip Milton Roth(1933~2018)는 노년의 초라함과 죽음의 허무함을 누구보다도 날카로운 필치로 묘사했다. 그는 『에브리맨 Everyman』에서 노년은 '전투 battle가 아니라 대학살 massacre'이라고 표현했다. 소설은 누군가의 장례식 장면으로 시작한다.

그것으로 끝이었다. 특별한 일은 없었다. 그들이 모두 하고 싶은 말을 했을까? 아니, 그렇지 않았다. 또 물론 그렇기도 했다. 그날 이 주의 북부와 남부에서 이런 장례식, 일상적이고 평범한 장례식이 오백 건은 있었을 것이다. 두 아들 때문에 뜻밖의 방향으로 흘러간 삼십 초, 그리고 죽음이 발명되기 이전에 순수하게 존재하던 세상, 아버지가 창조한 에덴, 구식의 보석상이라는 탈을 쓴 폭 5미터 깊이 12미터 밖에 안 되는 크기의 낙원에서 이루어지던 영원한 삶을 하위가 아주 공을 들여 정확하게 되살려낸 것 외에는 다른 여느 장례식보다 더 흥미로울 것도 덜 흥미로울 것도 없었다. 그러나 가장 가슴 아린 것, 모든 것을 압도하는 죽음이라는 현실을 한 번 더 각인시킨 것은 바로 그것이 그렇게 흔해 빠졌다는 점이었다.

그것은 바로 주인공 자신의 장례식이었다. 죽음을 피하려는 노력이 삶에서 중심적인 과제가 되고 육체의 쇠퇴와 씨름하는 초라한 무용담이 들려줄 이야기의 전부가 되는 것, 그것이 노년이다. 나와 한 몸이었던 수많은 소유와 권리가 손가락 사이로 덧없이 빠져나가는 것을 그저 고통스럽게 바라만 봐야 하는 것, 그것이 마지막이다. 『에브리맨』의 마지막 문장처럼 "있음에서 풀려나, 스스로 알지도 못하는 사이에 어디에도 없는 곳으로 들어가는" 것, 평범하고 흔해빠진 것, 그것이 바로 죽음이다. 이는 우리 모두의 이야기이다.

노화와 죽음은 역설적으로 '어떻게 살 것인가'의 문제와 직결된다. 사실 우리가 사는 삶이란 좀처럼 신뢰할 만하지도, 그다지 공평하지도 않다. 왜 살아야 하는지, 무엇을 추구해야 하는지 친절히 알려주는 이가 드물기에 생을 그저 하루하루 무의미하게 소진하기도 한다. 삶을 살 만한 가치가 있게 만드는 것은 각자가 살아가면서 얻는 지혜에 달려 있다. 타인의 기준에 비추어 나의 삶을 재단하며 단지 지금보다 더 나아지기를 바라는 것만으로는 만족스런 삶을 기대하기 어렵다.

『에브리맨』(2006)의 작가 필립 로스.
그의 말년작들은 노화와 죽음을 소재로 한 것이 많다. 삶의 아름다움을 한번 맛본 사람은 죽음을 자연스럽게 받아들이기 어렵다. 그러나 『에브리맨』에서 로스는 죽음이 얼마나 평범하고 흔해빠진 것인지 역설한다.

트로이 전쟁에서 승리한 오디세우스Odysseus는 요정 칼립소Calypso가 은밀히 제안한 영원한 젊음과 불사를 포기하고 그저 고향으로 돌아가려 한다. 그는 아내, 가족, 친구들과 함께 남은 인생을 조용히 보내고자 서둘러 돌아갈 뗏목을 만든다. 살아갈 이유를 아는 사람은 어떤 형태의 삶이든 받아들일 수 있다. 다가올 죽음도 의연히 맞이할 수 있다.

다른 것들보다 더 위중한 인간의 큰 죄가 두 가지 있으니, 하나는 '조급함'이고 다른 하나는 '게으름'이다. 인간은 조급했기 때문에 낙원에서 추방당했고, 게으르기 때문에 다시 낙원에 들어가지 못한다.

이는 카프카가 1917년 10월 20일 일기에 쓴 내용이다. 그는 인간의 중요한 두 가지 죄가 필멸이라는 인간의 운명을 결정했다고 말한다. 무슨 대가를 치러서든 오래 살고 싶어 아등바등 매달리려는 '조급함'과, 자격 없는 우리에게 너그럽게 주어졌던 젊음의 시간들을 그저 쉽게 낭비해 버렸던 '게으름'은 마지막 순간 흘러간 삶을 돌아보는 우리 자신의 모습을 더욱 애처롭게 만들 것이다.

14장

생명은 무엇이 되려 하는가?

레이 커즈와일과
마이클 샌델이 말하는 생명

오늘날 자나 깨나 걱정 많은 자들은 묻는다. "인간은 어떻게 살아남을 것인가?"

그러나 차라투스트라는 최초로 유일무이하게 묻는다. "인간은 어떻게 극복될 것인가?"

나의 관심사는 초인이다. 인간, 가장 가까운 이웃, 가장 가난한 자, 가장 고통받는 자, 가장 훌륭한 자가 아니라, 초인이야말로 나의 으뜸가는 유일무이한 존재다.

프리드리히 니체 Friedrich Wilhelm Nietzsche, 「차라투스트라는 이렇게 말했다 *Also sprach Zarathustra*」

플라톤의 초기 대화편 『프로타고라스Protagoras』에는 프로메테우스Prometheus와 그의 동생 에피메테우스Epimetheus의 이야기가 나온다. 두 형제는 엠페도클레스가 주장한 '4원소설'에 입각하여 세상을 구성하는 네 가지, 즉 물, 불, 공기, 흙을 재료로 모든 동물과 인간을 빚어 만들기 시작한다. 동생 에피메테우스는 필멸의 존재가 될 동물들을 불쌍히 여겨 신에게서 받아온 여러 능력들을 하나씩 나누어주었다. 어떤 것에는 강력한 힘을, 또 어떤 것에는 빨리 달리는 발을, 그리고 나머지 것들에는 따뜻한 털이나 날개, 발굽이나 딱딱한 가죽, 뛰어난 시력과 날카로운 이빨 등을 하나씩 골고루 분배했다.

'미리 생각하고 행동한다'는 뜻을 가진 형 프로메테우스와 달리 '일단 저지르고 나서 생각한다'는 의미를 가진 에피메테우스답게 동생은 인간을 만들기도 전에 신에게서 받아온 모든 능력을 동물에게 다 써버리

「**프로메테우스**」(귀스타브 모로, 1868).

신화 속 프로메테우스는 신에게만 허락된 불과 언어와 기술을 훔쳐다 인간에게 전해주었다. 그 대가로 바위산에 묶여 매일 독수리에게 간을 쪼아 먹히는 형벌을 받았다. 현대 생명과학 기술이 급속히 발전하여 현재 유전자까지 조작할 수 있게 된 인간은 이제 어디로 가게 될까? 파리 귀스타브 모로 미술관 소장.

고 말았다. 동생이 잘하고 있나 살피러 온 프로메테우스는 막 태어난 인간이 어처구니없이 벌거벗은 채 맨발로 떨고 있는 모습을 보았다. 연민에 휩싸인 그는 신들을 찾아가 불과 언어, 기술의 능력을 훔쳐다 인간에게 주었다. 인간은 그에게서 받은 언어를 사용해 서로 소통하고 협력했으며, 자신의 약한 신체적 능력을 불과 기술로 보완할 수 있었다. 신에게만 허락된 능력을 감히 인간에게 전한 대가로 프로메테우스는 제우스로부터 매일 독수리에게 간을 쪼아 먹히는 무시무시한 형벌을 받는다.

신화 속 이야기이긴 하지만 이는 인간의 능력을 증강시킨 최초의 사례라 할 수 있다. 연약한 육체를 타고난 인간은 그들이 얻게 된 기술을 활용해 동물들을 제압할 수 있었고, 결국 세계와 자연을 자신의 발 앞에 굴복시켰다. 그게 전부가 아니다. 현대에 이르러 인간은 급기야 생명의 설계도까지 손에 쥐고 유전자를 조작할 수 있는 기술까지 발명해냈다. 자연뿐 아니라 자기 자신의 모습까지도 원하는 대로 바꿀 수 있게 된 것이다. 이제 인간은 말 그대로 신의 경지에 이르는 기회를 엿보고 있다. 신이 되고자 하는 인간! 제우스의 심기가 다시금 불편해지고 있다. 이번에는 프로메테우스 대신 누가 벌을 받게 될까?

중세 유럽에 악몽을 가져온 흑사병Plague, 20세기 초의 스페인 독감Spanish flu, 그리고 최근의 코로나바이러스 감염증COVID-19 등 전 지구적 규모의 팬데믹pandemic은 역사에 걸쳐 수없이 발생하며 인류를 괴롭혀왔다. 그러나 우리는 이제 예전과 달리 속수무책 당하고만 있지 않다. 20세기 후반 생명현상의 원리를 이해하기 시작하면서 점차 발전해온 생명공학 기술은, 1979년 천연두smallpox를 공식 박멸한 때를 기점으로 각종 감염병에 훌륭하게 대응해왔다.

하지만 이러한 첨단의 생명공학 기술은 양날의 검과 같아서, 외부 위협에 훌륭하게 대응할 수 있게도 했지만 동시에 전례 없이 인간 자체를 위협적인 존재로 바꿔놓기도 했다. 이념의 차이나 정치, 종교적인 이유를 들며 인간이 서로를 향해 이 기술을 사용하는 일이 일어날 수도 있다. 질병을 막아낼 수 있다는 것은 또한 반대로 질병을 일으킬 수도 있음을 의미한다. 우리는 질병의 원인을 거의 모두 이해할 수 있게 되었다. 적은 늘 내부에 있다고 했던가? 인류가 다름 아닌 자기 자신에 의해 형벌을 받게 될 날이 올지도 모른다. 인간은 신이 되고자 하나 모든 인간이 신이 될 수 있는 것은 아니기 때문이다. 자신은 강해지고 싶으나 타인이 강해지는 것은 누구도 원치 않기 때문이다.

행복은 우리 뇌 속에 있다

인간이 신이 되고 싶어 하는 이유는 다른 게 아니다. 행복해지고 싶기 때문이다. 권력욕 때문이라 볼 수도 있겠지만 그 역시 추구하고픈 행복의 또 다른 이름일 뿐이다. 역사의 수많은 사상가·예언자·철학자 들은 인생 자체가 아니라 행복을 최고선最高善으로 보았다. 영원히 살 수 있다면야 더 바랄 게 없겠지만, 그럴 수 없다면 짧은 인생이나마 행복을 누리며 살고 싶어 하는 것이다.

그리스의 철학자 에피쿠로스는 사후세계를 인정하지 않았으므로 신을 숭배하는 것은 시간 낭비라 보았다. 그리고 인생의 유일한 목적은 바로 행복을 얻는 것이라고 설파했다. 에피쿠로스의 사상은 당시 크게 인기를 끌지 못했다. 그러나 오늘을 사는 현대인이라면 그의 주장에 동의하지 않을 사람은 거의 없을 것이다.

행복을 추구할 권리, 이것은 우리나라 헌법에도 보장된 기본권 중 하나이다. 우리는 나의 행복을 최대로 지원해줄 정당을 지지하는가 하면, 행복을 잃을 위험을 최소화하기 위해 보험에도 가입한다. 우리는 사회 정의를 실현하기 위해서가 아니라 내가 행복해지기를 바라는 마음에서 좋은 사회가 만들어지기 원한다. 그러나 이러한 노력에도 불구하고 타인과 사회로부터 행복을 보장받기란 쉬운 일이 아니다. 우리에게 허락된 것은 행복을 '추구할' 권리이지, '누릴' 권리는 아니기 때문이다.

생물학적인 기준으로 보자면 우리가 행복을 확실하게 '누릴' 수 있게끔 하는 것은 사회·경제적 조건이 아니다. 그것은 생화학적 조건이다. 각성과 흥분을 일으켜 행복감을 느끼게 하는 것은 우리가 어떤 경험을 하느냐가 아니라 우리의 뇌 속에 어떤 화학 물질이 얼마나 많이 분비되고 있느냐에 달려 있다. 이는 현대 뇌 과학이 발전하면서 우리가 알아낸 사실이다. 행복감을 느낄 수 있는 가장 확실한 방법은 뇌 속에서 일어나는 신경전달물질 neurotransmitter의 생화학적 기전을 조작하는 것이다.

우울증 환자에게 신경세포의 시냅스 synapse에서 작용할 세로토닌 serotonin의 농도를 높여주면 증세가 확실히 호전된다. 바로 우울증 치료제 프로작 Prozac이 우리 뇌 속에서 하는 일이다. 과거에는 우울증 질환을 가진 사람은 광인狂人이라 불리며 사회적으로 고립되기 일쑤였지만 이제는 다르다. 우울증은 두통마냥 알약 하나로 다스릴 수 있는 질병이 되었다. 그래서 이제 행복은 불교에서 말하는 '일체유심조一切唯心造'의 가르침, 즉 '마음먹기'에 달린 것이 아니라 '약 먹기'에 달려 있다.

최근에는 비인도적이라는 이유로 많이 사라졌지만 얼마 전까지만 해도 위급한 중증의 우울증 환자에게는 전기경련요법electroconvulsive therapy: ECT을 시행하기도 했다. 이는 어지간한 약물치료법보다 역사가 깊은데, 머리에 부착된 전극으로 전기를 흘려보내 인위적인 경련을 일으키는 방법이다. 우울증에 시달리던 뇌전증epilepsy 환자가 간질 발작을 일으킨 후에는 우울 증상이 현저히 사라지는 것을 관찰한 후 발견한 치료법이다. 치료 효과가 즉각 나타나기 때문에 특히 환자의 자살 위험이 클 때 유효하다고 알려져 있다.

그런데 전기경련요법에는 심각한 부작용이 하나 있다. 치료를 하고 나면 우울증은 즉시 호전되지만 기억의 일부가 사라지는 결과가 심심치 않게 일어난다. 『노인과 바다 The Old Man and the Sea』를 써서 노벨문학상과 퓰리처상을 모두 수상한 헤밍웨이Ernest Hemingway(1899~1961)도 말년에 우울증을 심하게 앓아 전기경련요법을 받았다. 치료를 받은 후 우울증은 사라졌지만, 기억이 크게 손상되었음을 깨닫고 괴로워하다 그는 끝내 권총으로 자살하는 비극을 선택했다.

전기충격을 통해 기억이 지워지는 현상을 소재로 한 영화도 있다. 찰리 코프먼Charlie Kaufman(1958~)이 각본을 쓴 「이터널 선샤인Eternal Sunshine of the Spotless Mind」이다. 주로 코미디물에만 출연하던 배우 짐 캐리Jim Carrey(1962~)가 진지하고도 극적인 인물의 내면을 연기해 호평을 받았던 영화이다. '티끌 하나 없는 마음의 영원한 햇살'이라는 긴 제목은 영국의 고전주의 시인 포프Alexander Pope(1688~1744)의 시 「엘로이즈가 아벨라르에게Eloisa to Abelard」에서 따온 것이다. 주인공 조엘은 연인과 사랑했다 이별하는 과정이 너무 고통스러운 나머지 모든 기억을 지우기 위해

미셸 공드리 감독의 영화 「이터널 선샤인」(2004)의 한 장면. 옛 여자친구 클레멘타인이 자신에 대한 기억을 모두 지우기 위해 뇌시술을 받았다는 사실을 알게 된 조엘은 자신도 같은 시술을 받기로 한다. 그러나 시술을 받는 도중 좋은 기억이 많았음을 깨달으면서 기억을 지우는 작업에 본능적으로 저항한다.

전기충격 시술을 받았다가 일련의 사건을 겪는다.

이 영화가 개봉된 지 몇 년 만에 뇌 과학자들은 실제로 원치 않는 기억만을 골라 지우고 다시 고쳐 쓸 수 있을 가능성에 대해 집중적으로 연구하기 시작했다. 전쟁터에서 트라우마trauma를 안고 돌아온 군인들의 뇌에서 참혹했던 기억을 선별해 지울 수 있다면 정말 놀라운 치료법이 될 것이다. 더 나아가 실제로 일어나지 않았던 행복한 기억을 만들어 뇌에 심을 수 있다면 어떨까? 행복해지고 싶은 사람이라면 누구나 이 시술을 원하지 않을까? 이런 기술의 개발은 실제로 멀지 않은 듯하다. 몇몇 과학자들은 최근 쥐의 해마hippocampus를 조작해 가짜 기억을 심는 데 성공하기도 했다.

그러나 이런 기술의 발전은 심각한 문제를 야기한다. 과거의 경험과 기억은 현재 나의 정체성을 형성하는 필수 불가결한 요소이다. 그런데 내 기억이 한순간에 조작될 수 있다면 과연 어떤 일이 벌어질까? 내일 아침 눈을 떠 발견한 나는 오늘 잠들기 전과는 전혀 다른 존재가 될 수도 있다. 어떤 기억을 갖고 있는 내가 진짜 나일까? 어제의 기억일까, 오늘의 기억일까? 약을 복용하기 전 우울했던 내가 진짜 나일까, 복용한 후에 행복해진 내가 진짜 나일까? 새롭게 가지게 된 기억과 감정을 과연 내 것이라 할 수 있을까?

정신질환 없는 정신질환자가 느는 이유

'소확행(소소하지만 확실한 행복)'은 아무것도 아니다. 이제 '가확행(가장 확실한 행복)'이 가까운 곳에 놓여 있다. 우리는 뇌의 생화학적 작용을 조작함으로써 행복감을 누릴 수 있다. 그러나 생화학적 행복 추구의 심각한 부작용 중 하나는 자칫하면 호적에 빨간줄이 그어질 수 있다는 점이다. 시름을 덜고 마음을 안정시키기 위해 술이나 담배를 하는 것은 과하지만 않다면 너그럽게 허용된다. 하지만 행복으로 가는 머나먼 여행길에 그것만으로는 충분하지 않아 점점 더 많은 사람들이 코카인cocaine이나 메스암페타민methamphetamine과 같은 마약과 향정신성의약품을 손에 넣으려 한다. 이 약물들은 뇌에서 도파민dopamine의 분비와 작용 효과를 최대화함으로써 집중력을 높이고 자신감과 도취감을 고양시킨다.

이런 효과는 주의력결핍 과잉행동장애attention deficit hyperactivity disorder: ADHD를 치료할 수 있는 중요한 원리로 작용하기 때문에 의료기관에서 치료 목적으로 사용되는 것만을 허가하고 있다. 다만 메스암페타민 대신 중독성이 훨씬 덜하고 비교적 안전한 암페타민amphetamine이나 메틸페니데이트methylphenidate 계열의 치료제를 대신 사용한다. 이들은 각각 애더럴Adderall과 리탈린Ritalin 등의 상표명으로 우리에게 잘 알려져 있다.

문제는 여기서 발생한다. 향정신성의약품을 사용하는 데 있어 어디까지가 '치료cure'의 목적이고, 어디서부터가 기능의 '강화enhancement'를 의도했는지 쉽게 구분할 수 없다는 점이다. 그 경계는 늘 불명확하다. 질병이 있느냐 없느냐를 객관적으로 규정짓는 것 자체도 쉬운 일이 아닌데, 정신장애라면 더더욱 말할 것도 없다.

얼마 전 미국에서는 리탈린을 복용하는 어린이가 급격히 늘어나는 현상이 공공연한 사회 문제로 떠올랐다. 미국 질병통제예방센터Centers for Disease Control and Prevention의 통계 자료에 따르면, 지난 20년간 어린이 ADHD 환자 수는 무려 10배 이상 가파르게 증가했다. (전 세계 리탈린 생산량 중 거의 90퍼센트가 미국에서 소비되고 있다고 한다!) 감염병도 아닌 정신질환이 이토록 빠르게 늘어나고 있다는 사실은 무엇을 의미할까? 아이들의 양육 환경이 점점 악화하고 있는 것일까? 아이들이 교우 관계에서 스트레스를 더 많이 받게 된 것일까? 그런 이유는 아닌 듯하다. 리탈린 처방은 중간고사나 기말고사 기간에 맞춰 급격히 증가했다. 건강에 아무런 문제가 없는 아이들이 집중력을 더 높여서 보다 나은 성적을 얻기 위해 약물을 복용하고 있는 것이다. 최근 우리나라에서도 비슷한 추세가 나타난다는 보고가 있어 우려를 자아낸다.

미국 제약회사 화이자Pfizer에서 개발한 비아그라Viagra에도 비슷한 일화가 있다. 원래 비아그라는 협심증 angina pectoris 치료제로 개발한 약이다. 하지만 기존 협심증 치료제보다 효과가 약해 고민하던 중 남성의 음경을 강하게 발기시키는 부작용(?)을 발견했다. 비아그라는 이후 발기부전 치료제로 바뀌어 식품의약국FDA의 승인을 받았다. 전 세계 수천만 발기부전 환자들이 구원을 받았다. 그런데 얼마 지나지 않아 성 기능이 완전히 정상인 남성들도 더 강해지고 싶은(?) 욕망에 거짓 환자 노릇을 하며 비아그라를 처방받고 복용하기 시작했다.

이처럼 획기적인 강화 기술이 한 번 생기고 나면 그것을 치료 목적으로만 한정하기란 실질적으로 불가능하다. 만약 지능을 향상시키는 약이 개발된다면 지적장애intellectual disability를 가진 안타까운 이들을 치료하는 데만 쓰이지는 않을 것이다. 만약 키를 더 크게 만들 수 있는 약이 개발된다면 그 역시 왜소증dwarfism을 앓고 있는 환자만을 위해 사용될 리가 없다.

휴머니즘의 과욕이 낳은 트랜스휴머니즘

문제는 과도한 인본주의humanism이다. 유발 하라리는 불멸과 행복, 그리고 신성divinity을 획득하려는 호모 사피엔스의 끈질긴 시도는 인본주의가 품어온 오랜 이상의 논리적 결론일 뿐이라고 말한다. 그는 『호모 데우스*Homo Deus*』에서 이렇게 예측했다.

생명공학은 인간이 유기체로서 지닌 잠재력을 아직 완전히 발휘하지 못했다는 통찰에서 출발한다. 40억 년 동안 자연선택이 유기체를 이리저리 조작한 결과, 우리는 아메바에서 파충류와 포유류를 거쳐 사피엔스가 되었다. 하지만 사피엔스가 종착역이라고 생각할 근거는 없다. 기껏해야 돌칼 정도를 만들 수 있었던 호모 에렉투스를 우주선과 컴퓨터를 만드는 호모 사피엔스로 탈바꿈시키는 데는 유전자, 호르몬, 뉴런의 비교적 작은 변화로 충분했다. 그렇다면 우리의 DNA, 호르몬 체계, 뇌 구조를 좀 더 바꾸면 무엇이 나올지 누가 아는가. 생명공학은 자연선택이 마법을 부릴 때까지 잠자코 기다리지 않을 것이다. 생명공학자들은 오래된 사피엔스의 몸을 가져다 유전암호를 고치고, 뇌 회로를 바꾸고, 생화학 물질의 균형을 바꾸는 것은 물론 새로운 팔다리까지 자라게 할 것이다. 그런 식으로 새로운 신을 창조할 것이고, 그렇게 탄생한 초인류는 우리가 호모 에렉투스와 다른 만큼이나 지금의 사피엔스와 다를 것이다.

생명공학 기업가인 후안 엔리케즈 *Juan Enríquez(1959~)* 는 TED 강연을 하며 호모 사피엔스에서 진화할 다음 단계의 인간종에게 '호모 에볼루티스 *Homo evolutis*'라는 이름을 제안한 바 있다. 자연스러운 변이와 자연선택에 따라 생겨나는 새로운 종이 아니라, 인위적인 조작으로 만들어지는 '초인류 *superhuman*'를 뜻하는 명칭이다. 다음 인류는 인위선택에 따른 진화 유도를 통해 탁월하게 만들어질 존재임을 강조한 것이다.

현재 전 세계적으로 저출산 고령화 추세와 함께 인공수정을 이용한 출산이 점차 늘어나고 있다. 우리나라에서도 2020년 이후 인공수정이나 시험관 아기 등 난임시술로 태어나는 비율이 전체 출산의 10퍼센

TED 강연 중인 생명공학 기업가 후안 엔리케즈(2012). 그는 호모 사피엔스 다음 단계로 진화할 인류를 '호모 에볼루티스'라 부를 것을 제안했다. 그 명칭은 인위적으로 조작하여 만들어내는 '초인류'를 뜻한다.

트를 훌쩍 뛰어넘었다. 불과 2년 전의 비율이 3퍼센트도 채 안 된 것을 보면 놀랄 만큼 가파른 증가세라 할 수 있다. 갈수록 결혼 시기가 늦어지고, 각종 환경오염과 스트레스 등으로 난임이 많아진 탓이다. 인공수정 시술이 늘어나다 보니 쌍둥이 출산 역시 부자연스러울 정도로 증가했다. 현재 전체 출생아 수에서 쌍둥이가 차지하는 비율은 무려 5퍼센트에 달한다.

이 모든 상황은 최근 유전자 편집gene editing 기술의 엄청난 발전과 맞물려 유전자 변형 아기, 즉 '맞춤아기designer baby'의 시대가 임박했음을 예고한다. 세계 각국은 태어날 아기의 유전자 편집을 현재 엄격히 금지하고 있지만, 이미 지난 2018년 중국에서는 쌍둥이 맞춤아기를 제작하고 탄생시켜 논란을 빚었다. 이 아기들의 정보와 행방은 철저히 비공

개로 되어 있다. 그러나 만약 유전자 변형 아기가 대중에게 공개적으로 노출된다면 이들은 아기 예수의 탄생에 버금갈 만한 비상한 관심을 끌 것이다. '성령'으로 잉태된 아기와 (유전자) '성형'으로 잉태된 아기, 이 둘은 역사를 새로 쓸 만큼의 파급력이 있다는 점에서 유사하다. 아이 하나를 키우려면 마을 전체가 필요하다는 말이 있던가? 맞춤아기 하나를 탄생시키는 데는 사회 전체의 합의가 필요하다. 아니, 전 지구적 차원의 합의가 이루어져야 한다.

유전자를 변형시켜 기능이 향상된 인간의 수가 엄청나게 많아지면 그들에게서 생겨날 후손 인류는 정말로 새로운 진화의 단계를 촉진할 수도 있다. 이것이 바로 기존 인간보다 더 뛰어난 인류가 나타나리라 기대하는 '초인간주의transhumanism'이다. 이는 나약함을 긍정하고 인간의 한계에 순응하도록 하는 기존 도덕과 계율을 뛰어넘는 인간 정신의 초월자를 떠올리게 한다. 니체Friedrich Nietzsche(1844~1900)가 그토록 기다리던 '초인Übermensch'과 같은 존재이다. 정신적 초월transcendence을 꿈꾸던 인간은 이제 생물학적 한계마저 초월하고자 한다.

올더스 헉슬리의 친형 줄리언 헉슬리는 1957년에 쓴 자신의 유명한 에세이에서 이미 '트랜스휴머니즘'이라는 용어를 선보였다. 이후 그는 스위스의 한 제약업체 재단에서 열린 강연에서 다음과 같이 천명했다.

우리는 우주 역사의 결정적 순간에 사는 특권을 누리고 있다. 거대한 진화 과정이 탐구하는 인간 개인에서 자기 자신을 의식하는 순간에 말이다. (…) 우생학적 조치를 통해 인간의 유전적 질을 향상시키는 일은 인류의 어깨에서 고통과 괴로움의 무거운 짐을 덜어내고, 삶의 기쁨과 능률을 향상시키는 데 기여할 것이다. (…) 인간이 우주에서 중심적인 위치와 지배권을 빼앗기고 수백만 개의 별 중에서 외딴 작은 행성에 사는 하찮은 거주자의 역할을 얻은 이후, 이제 다시 핵심적인 위치를 차지한 것은 내가 보기에 고무적인 사실이다. 인간은 우주적인 진화 과정에 드물게 있는 선구자, 길잡이, 진보의 주역이 되었다.

유네스코UNESCO 초대 사무총장을 지낸 그는 유엔의 교육, 과학, 문화 정책의 모든 철학이 진화론적 가치에 기초해야 한다고 주장했다. 트랜스휴머니즘은 분명히 휴머니즘에 대한 확신에서 출발한다. 그러나 트랜스휴머니즘의 목표는 질병을 물리치고 삶의 질을 향상시키는 데 그치지 않는다. 인간의 본성과 정체성 자체를 바꾸려 한다. 우리가 '인간적humane'이라고 칭했던 모든 것들을 초월하려 한다. 인류는 말 그대로 '완벽한' 존재가 되려 하는 것이다. 완벽한 인간이란 도대체 무엇을 말하는 걸까?

완벽한 인간이라는 완벽한 허상

트랜스휴머니즘은 신과 종교의 권위에서 탈피해 '과학의 힘으로 무엇이든 가능하다'는 과학주의scientism와 기술지상주의에 입각해 인간을 개량하려는 사상이다. 따라서 초인간주의를 신봉하는 사람들은 대부분 물질주의자이다. 그럼에도 불구하고 한 가지 특이한 점이 있다면, 이 사상이 다분히 이념적이며 주술적인 색채를 띠고 있다는 것이다. 트랜스휴머니즘을 지지하는 이들은 현재의 인간보다 더 진보된 인간으로 변모할 수 있다는 것을 무한한 영광으로 여긴다.

중세의 연금술사들이 우로보로스ouroboros와 같은 미신적 상징을 중요하게 여겼듯이, 초인간주의자들은 자신들을 위해 'h+'와 같은 기호를 사용한다. 이것은 '인간을(human) 초월한다(+)'는 의미이다. 신이 죽었음을 선포한 곳에서 과학은 다시 신비주의의 문을 두드린다. 과학이 종교의 흉내를 낼 수 있는 것은, 사람들이 과학의 가려진 이면을 보지 못하기 때문이다. '신이 되려 하는 인간'이라는 표현은 더 이상 은유가 아니다.

프랜시스 후쿠야마 Francis Fukuyama(1952~)는 『부자의 유전자, 가난한 자의 유전자 Our Posthuman Future』에서 기술을 이용해 인간이 스스로 본성을 바꾸려 하는 포스트휴먼 시대를 향해 경고의 메시지를 던졌다. 그는 많은 사람들이 자유와 진보라는 가치를 지키기 위해 기술의 지배력을 기꺼이 받아들일 것이라고 우려했다. 그들은 자식의 기질과 생물학적 특성을 선택할 부모의 자유를 추구한다. 제한 없이 자유롭게 연구할 권리와 더불어 진보된 기술을 원하는 곳에 바로 적용할 권리를 원한다. 기술을 활용해 이윤과 부를 무한정 추구할 자유로운 시장을 요구한다. 합성생물학의 대가 조지 처치는 초인간의 창조가 약간의 위험만 감수한다면 사회적으로 엄청나게 큰 이익을 창출해내리라 확신하는 이들 중 하나이다. 스티븐 핑커도 최근 인터뷰에서 인간 유전자를 변형하는 일에 반대하는 것은 비이성적인 태도라고 지적한 바 있다.

그러나 초인간으로 가는 길은 고원하다. 원하는 모습의 초인간이 될 수 없다는 말이 아니다. 지금보다 더욱 진보된 초인간이 된다 하더라도 누구도 거기에 만족할 사람은 없다. 아무리 개량하고 강해져도 아직 어딘가 부족하다고 느낄 것이 틀림없다. 나보다 더 완벽해 보이는 사람이 있는 한 말이다. 완벽한 인간상이란 무엇일까? 더 똑똑하고 더 강하며 더 오래 사는 사람일까? 더 부드러우면서도 더 냉철하고 더 친절한 사람일까? 더 좋은 성품과 존경받을 만한 인격이란 어떤 것일까? 우리는 그게 무엇인지 정확히 모른다.

초인간주의에는 어떤 초월적인 위험성도 내재해 있다. 지능이 높아질수록 정신질환을 겪을 확률이 높아진다면 어떨까? 더 강해질수록 더 폭력적으로 변하지는 않을까? 외부 감염에 더 잘 저항할 수 있도록 더 강한 면역력을 갖게 된다면 혹 불필요한 자가면역질환autoimmune disease에 시달릴 염려는 없을까? 어떤 어려운 상황이 닥쳐도 언제나 밝은 성격으로 이겨낼 수 있도록 개량된 초인이 있다면 그는 정말로 어떤 상황에서든 이를 드러내며 환하게 웃고만 있을 것이다. 이를 보고 있다면 소름 끼치지 않을까? 문제는 한 번 개량된 인간이 실패작으로 드러난다 하더라도 이를 되돌릴 실질적 방법이 전무하다는 데 있다. 이들이 자신의 동의 없이 자신을 개량한 것에 대해 부모의 선택을 원망하며 사회에 원한을 품는다면 어떻게 하겠는가? 인간의 본성을 건드리는 한 초인간주의는 디스토피아적 불안과 별개의 개념일 수 없다.

또 한 가지 아이러니는 초인간으로의 진화를 쌍수 들어 환영하는 사람이나 초인간이 직접 되고 싶다고 생각하는 사람 그 어느 누구도 본인 스스로는 그렇게 되기 어렵다는 사실이다. 생물학적 진화는 아무리 빨리 유도하더라도 그 결과물은 다음 세대에서나 확인할 수 있다. 당신은 정작 자신이 그렇게도 되고 싶어 하던 초인간으로부터 훗날 덜 떨어진 구식 인간이라며 냉대를 받을 수도 있다. 그래도 내가 아니라 미래의 자손들을 위해 넓은 아량으로 이타적 결단을 내리는 일이 옳은 선택일까? 미래에 초인간으로 진화해 우월해진 새로운 인류는 우리 시대의 인류를 부끄럽게 여길지도 모른다. 사피엔스가 과거 다른 인간종에게 그랬듯 자신과 달리 열등한 인종을 말살해 없애려 할지 누가 알겠는가.

앞으로 태어날 아기가 완벽해지게끔 유전자를 조작한다는 것은 내일의 날씨를 모르는 채 내일 입을 옷을 미리 입고 잠자리에 드는 것과도 비슷하다. 아주 온건한 비유로 표현하자면 그렇다는 말이다. 내일 날씨가 어떤 변덕을 부릴지 불확실한 상황에서 미리 옷을 정해둔다는 것은 성급한 일이다. 어떤 유전자가 우월한지는 변화하는 환경이 선택한다. 유전자를 지닌 당사자에게는 결정권이 없다.

다시 말해 완벽한 인간이라는 개념은 허상이다. 세계를 판단할 단 하나의 절대적 기준은 없다. 설사 그것이 최고의 과학일지라도, 또는 인간에게 최고의 존엄과 가치를 부여하는 가장 훌륭한 형태의 인본주의일지라도. 영화「가타카 Gattaca」의 포스터에는 "인간의 영혼을 만드는 유전자는 없다 There is no gene for the human spirit"라는 인상적인 문구가 적혀 있다. 여기에 하나를 더 보태고 싶다. '당신을 완벽하게 만들어줄 유전자 따위 역시 없다.' 우리는 어디로 가야 하거나, 무엇이 되어야 하는 존재가 아니다.

생명은 존재가 아니라 과정이다

그럼에도 불구하고 우리는 어딘가에 도착해 있거나, 이미 무엇이

영화 「가타카」(1997)의 포스터.
"인간의 영혼을 만드는 유전자는 없다"라는 문구가 인상적이다.

된 존재도 아니다. 우리는 완성된 '존재로서의 인간human being'이 아니라 여전히 변해가고 있는 '과정 중의 인간human becoming'이다. 코페르니쿠스의 지동설도 다윈의 진화론도 단지 우리가 세상의 중심이 아니라 변방에 놓여 있다는 것을 말해주는 데 그치지 않는다. 중요한 것은 우리가 가만히 서 있는 것이 아니라 계속해서 움직이고 있다는 사실이다. 우리는 아직 아무 데도 도착하지 않았다. 우리는 여전히 이동 중이다. 생명은 결과가 아니라 과정이다.

인간의 의식은 진화의 가장 큰 미스터리이다. 의식이 진화로부터 나왔다고 단정 짓기는 쉽지 않다. 진화에는 방향이 없지만, 우리의 의식은 이제 지향점을 가질 수 있게 되었기 때문이다. 우리는 하고 싶은 게 있고, 되고 싶은 게 있다. 이랬다, 저랬다 할 수 있는 자유의지를 지니고 있다. 의식이라는 초강력 핵무기를 탑재한 인간에게 이제 자연선택에 따른 진화는 아이들의 장난감 권총 놀이처럼 무의미하다.

미래학자 레이 커즈와일Raymond Kurzweil(1948~)이 진화와 관련해 가장 관심을 갖고 추진하는 일은 진화를 일으킬 수 있는 새로운 기술적인 플랫폼을 진화시키는 것이다. 간단히 말해 '진화를 진화시키는' 방법이다. 그의 낙관적 전망에 따르면 이제 진화는 기하급수적으로 일어날 수 있다. 진화를 통해 발전된 능력은 다음 단계에서 더 빨리 진화하는 데 사용된다. 진화의 '특이점singularity'이 시작되는 셈이다. 우주적 규모의 진화는 이제 의식이 가진 의도와 기술의 발전 속도에 달려 있다.

커즈와일이 이렇게 낙관할 수 있는 이유는 그가 살아 있는 생명체를 '정보'로 보기 때문이다. 그에게 생명의 본질은 정신도 아니고 물질도 아니다. 생물학은 단지 생명의 정보처리 과정을 연구하는 학문이다. 그의 세계관에 따르면 진화란 정보가 얼마나 더 복잡해지고 섬세해질 수 있느냐의 문제이다. 생명을 정보로 본다면 생명을 그것이 가진 물리적인 본성으로부터 분리할 수 있다. 그가 추구하는 진화 혁명의 기술적 주제이자 목표가 '의식의 불멸'이라는 것이 그다지 이상해 보이지 않는 이유이다. 그에게 육체란 생명현상이 일어나는 기반이 아니라 거추장스러운 허물에 불과하다.

하지만 의식이 진화가 만들어낸 최고의 발명품인지는 몰라도 그 의식이 스스로 육체를 벗어나 진화의 특이점을 앞당기는 데 사용되기를 원하는지는 미지수이다. 의식은 도구가 아니며, 정보 자체도 아니다. 의식은 인식의 주체이며 결정권의 소유자이다. 신이 되고자 하는 인간에게 '신성을 획득한다'는 것은 '불멸'과 '전능'만을 뜻하는 것이 아니다. 의식

미래학자 레이 커즈와일.
커즈와일은 2045년에 완전한 기술적 특이점이 찾아와 인간이 영생을 누릴 수 있으리라 예측했다. 그는 인공지능과 인간의 두뇌가 자연스럽게 하나가 되면서 인간이 신에 가까워질 수 있다고 본다. 그는 현재 구글 엔지니어링 이사직을 맡고 있으며 인공지능 개발에 힘쓰고 있다.

의 의미와 가치를 이해하는 것이다. 작가 카터 핍스Carter Phipps는 저서 『인간은 무엇이 되려 하는가Evolutionaries』에서 커즈와일과의 인터뷰 후 의식의 중요성에 대해 이렇게 썼다.

> 신의 흉내를 잘 내는 것은 인간의 문화, 가치, 궁극적으로는 의식을 더 깊이 있게 이해하는 것을 의미한다. 초인간주의 운동에 아킬레스건이 있다면, 그것은 정신이나 의식의 본성을 너무 단순화하고, 의식에 복잡한 정보를 주입해 무리하게 융합하려는 경향이다. 일단 교묘하고 존재론적인 속임수를 활용하게 되면, 평소에는 생각하지 못했던 가상 상황에서 상상된 결과들이 쏟아져 나온다. (…) 의식은 어떤 이론가에게도 어려운 대화 주제이다. 진화혁명가들에게도 예외가 아니다. 물질적, 기술적 진화의 외부적인 한계들을 탐험했으니 이제 관심을 돌릴 곳은 생명의 내면적 차원이다.

우리가 '완성된 존재'가 아니라 변해가고 있는 '과정 중의 존재'를 의미할 때, 그것은 물질이 아니라 의식이 되어야 한다. 인간의 진화를 말할 때는 의식의 진화를 이야기해야 한다. 이 세계 거의 모든 문제는 의식의 문제이기 때문이다. 그것은 내면적 실재reality이며, 공유해야 할 비물질적 가치이다.

진화적 휴머니즘이 지켜야 할 가치들

—

민들레는 사람들에게 보통 쓸모없는 잡초로 여겨진다. 알러지allergy나 천식으로 고생하는 환자들에게는 쓸모없는 정도가 아니라 재채기와 호흡곤란을 유발하는 천덕꾸러기이다. 번식력이 왕성해 웬만한 제초제로는 제거하기가 어렵기 때문에 정원사들에게는 애써 가꾼 조경을 망치는 악성 잡초이기도 하다. 그러나 누군가에게 민들레는 소화제나 해열제로 쓰이는 훌륭한 약재가 된다. 실제로 민들레는 간 기능과 시력을 개선하고 항암 효과를 내는 성분을 갖고 있다. 이처럼 같은 민들레라도 어떻게 보느냐에 따라 잡초가 되기도 하고, 명약이 되기도 한다. 여기에서 '민들레 원칙dandelion principle'이라 불리는 개념이 만들어졌다.

이 개념은 사람에게도 똑같이 적용될 수 있다. 2004년 설립된 덴마크의 소프트웨어 컨설팅 기업 스페셜리스테른Specialisterne은 직원의 75퍼센트가 자폐 스펙트럼 장애autism spectrum disorders를 가지고 있다고 한다. 이 회사를 창업한 토킬 손Thorkil Sonne(1960~)은 자폐인들을 적극 고용해 장시간 프로그램을 테스트하거나 대량의 데이터를 단순 입력하는 서비스를 제공하게 했다. 자폐인들은 반복적이며 지루해 보일 수 있는 일에도 놀라운 집중력을 유지하면서 몰두할 수 있다는 점에 착안한 것이다. 자폐인들은 같은 자리에서 비장애인보다 훨씬 더 즐겁게 일을 수행했다. 이는 사회적 편견으로 일자리를 얻기 어려운 장애인들의 성공적인 고용 사례였다. 자폐 성향을 잡초가 아닌 약초로 만들어낸 놀라운 관점의 전환이다.

만약 인간의 진화가 적자생존을 최우선 가치로 보는 신다윈주의

neo-Darwinism 진화 이론만을 따라야 한다면 장애와 결함을 가진 존재는 설 자리가 없을 것이다. 그러나 우리에게는 유기체들 사이의 협력과 공생의 진화를 설파하고 과학적으로 입증한 생물학자가 있다. 그녀의 이름은 린 마굴리스 Lynn Margulis(1938~2011)이다.

마굴리스는 새로운 종이 출현할 수 있었던 주된 방식은 신다윈주의자들의 주장과 다르게 점진적인 돌연변이가 아니라 두 생명체 간의 극적인 결합이라고 주장했다. 변이와 자연선택만으로는 결코 원핵생물에서 진핵생물이 만들어질 수 없으며, 단세포생물이 다세포 고등생물로 변모할 수 없기 때문이다. 마굴리스는 비약적인 진화를 이끈 주요 원동력은 바로 '공생 symbiosis'이라고 보았다. 그녀는 다윈 이후 그 어떤 과학자보다 진화 이론을 급진적으로 변화시킨 장본인이라 평가받는다.

물리학에는 '사건의 지평선 event horizon'이라는 개념이 있다. 어떤 물체가 블랙홀 black hole로 떨어진다고 가정했을 때, 우리는 이 물체가 사건의 지평선에 무한히 가까워지는 것을 볼 수 있을 뿐 그것이 블랙홀 안으로 들어가는 모습을 볼 수는 없다. 이 지평선을 넘어가는 순간 빛도 빠져나올 수 없기 때문이다. 따라서 우리는 내부에서 무슨 일이 벌어지는지 영원히 관찰할 수 없다.

생물학에서도 이와 비슷한 개념을 이야기할 수 있다. '생물학적 사건의 지평선'이라 불릴 만한 것이다. 그것은 우리가 '루카 last universal common ancestor: LUCA', 즉 '모든 생명의 궁극적 공통 조상'이 무엇이었는지 결코 알아낼 수 없다는 것을 말하고자 할 때 사용된다. 박테리아는 DNA를 자신의 직계 후손에게만 전달하는 게 아니라, 수평이동 horizontal transfer을 통해 옆에 있는 동료들에게도 전달해주는 특이한 버릇을 갖고 있기

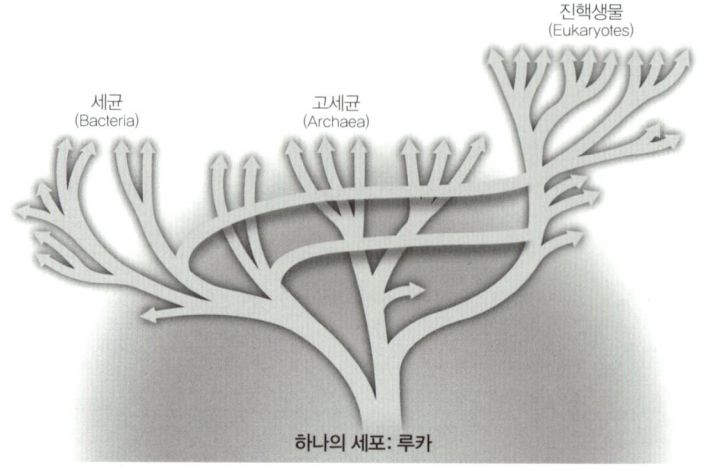
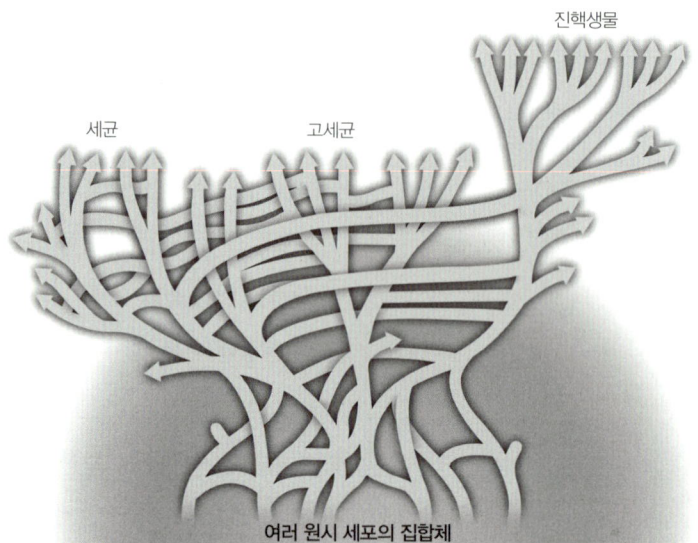

기존 생명의 나무(위)와 '수평적 유전자 이동'에 의해 새로 그려진 생명의 나무(아래).
기존 생명의 나무는 모든 생명의 공통조상인 '루카'에서 출발해 다양한 생명체가 진화해 나가는 모습이다. 최근 두리틀 박사는 생명의 나무 형상을 밑동이 마치 뒤엉킨 덤불처럼 보일 정도로 복잡하게 새로 그려 『사이언티픽 아메리칸』(2000)에 발표했다.

때문이다. 따라서 다윈이 그렸던 '생명의 나무 tree of life' 그림에서 공통 조상 근처까지 진화의 시간을 거슬러 올라가본다면 그곳은 잔가지들이 만나 점점 굵어지다가 커다란 나무 밑동을 형성하는 모습이 아니라, 마치 더 이상 뚫고 들어갈 수 없을 정도로 두텁게 뒤엉킨 덤불처럼 보이게 될 것이다. 초기 공통 조상으로부터 유래한 여러 박테리아가 서로 유전자를 주고받으며 생존을 위해 꾸준히 협력을 시도했을 것이기 때문이다.

우리를 포함한 모든 생명은 더 우월해지고 완벽해지고픈 이기적 유전자들 간의 무한 경쟁을 통해서만 여기까지 온 것이 아니다. 우리를 더 강하고 고등하게 만든 것은 결정적인 순간 동료와 함께 손잡은 배려와 협력 덕분이다. 인간의 의식이 진화의 방향을 의도적으로 설정할 수 있게 된 지금, 지구상에서 서로 연결되어 있는 강자와 약자, 적합한 자와 부적합한 자 모두를 포용하고 함께 갈 것인지, 아니면 약육강식의 냉혹한 원리를 그대로 유지할 것인지에 따라 우리의 성공과 생존 여부가 결정될 것이다.

여기서 SF 소설 『뉴로맨서 Neuromancer』로 잘 알려진 윌리엄 깁슨 William Gibson(1948~)의 말을 인용하는 것이 적절하지 않을까 싶다. "미래는 이미 와 있다. 다만 공평하게 배분되지 않았을 뿐이다."

바보야, 문제는 윤리야

공정과 평등의 문제를 다루는 일은 생각보다 쉽지 않다. 진화적 강화, 즉 유전적 강화의 문제는 공정성의 관점에서 해결하기에는 분명 한계가 있기 때문이다. 우리는 치료를 목적으로 하는 유전적 변형에는 찬성하지만 강화를 목적으로 한다면 대체로 불편함을 느낀다. 특히 그것이 스포츠 경기와 같이 동일한 조건에서 경쟁해야 하는 상황에서는 더욱 그러하다. 부상을 당했던 선수가 유전자 치료법을 이용해 근육을 원래대로 회복시켜 출전하는 것은 좋지만, 본래 건강했던 선수가 유전적 기술로 전보다 더 강화된 모습으로 나타난다면 공정하지 못하다고 생각하는 것이다.

그러나 모든 사람은 애초 태어날 때부터 모든 조건에서 공정하지 못하다. 어떤 이들은 유전적으로 남들보다 훨씬 뛰어난 재능을 타고난다. 나는 건강하긴 하지만 농구선수가 될 수 있을 정도로 키가 크지는 못해 내 꿈을 이룰 수가 없다. 이것은 나 자신에겐 평생의 한이 될 수 있는 불공평이다. 하지만 사람들은 그런 선천적인 불평등이 스포츠 정신을 훼손하거나 공정하지 못하다고 여기지 않는다. 공정의 문제는 기준을 어디에 두느냐에 따라 달라질 수 있다. 유전적 강화가 불편한 이유는 단지 형평성의 문제가 아니다.

이것은 인간의 존엄에 관한 문제이다. 주어진 재능과 조건 하에서 예상되는 한계를 극복하고자 하는 인간적 노력에 대한 존중의 문제이다. 우리는 유전적 강화를 통해 키가 2.5미터가 된 농구선수가 매 경기 덩크슛으로만 200점을 꽂아 넣고 팀을 우승으로 이끄는 것을 보고 싶지 않다. 강력한 스테로이드와 유전학적 기술로 돼지 몸통만큼 커진 이두박근으로 매 시즌 홈런을 300개씩 날려대는 영웅을 보고 싶지 않은 것이다. 우리가 보고 싶은 것은 평발을 가지고 태어난 아이가 통증을 딛고 피나는 노력으로 매일 공을 차는 훈련을 하면서 맨체스터 유나이티드에 입단하고 유럽 챔피언스 리그에서 우승을 하는 모습이다. 성취에 대한 열망이 아무리 크더라도 그것이 인간의 '인간다움humanity'에 대한 존경심보다 클 수는 없다.

이는 또한 윤리의 문제이기도 하다. 정치철학자 마이클 샌델은 유전적 강화가 자녀를 낳고 키우는 문제에서도 양육의 본질을 퇴색시킬 위험이 있다고 말한다. 자녀의 유전적 조건을 설계하려는 것은 자녀의 자유롭고 독립적이어야 할 인생을 통제하려는 오만함에서 나오는 행위이다. 자녀를 하나의 인간으로 존중하지 않고 자신의 소유물로 여기는 부도덕이다.

샌델은 『완벽에 대한 반론 The Case against Perfection』에서 '선택하지 않은 존재를 향한 열린 마음an openness to the unbidden'의 중요성을 언급했다. 이는 윤리철학자 윌리엄 메이William F. May(1927~)가 부모와 자식 간의 관계를 염두에 두고 했던 말을 인용한 것이다. 그는 우연한 미래를 기꺼이 받아들이려는 열린 태도야말로 진정한 '부모다움'을 의미한다고 보았다. 그리고 이는 가족을 대하는 자세 그 이상이라고 덧붙인다.

> 정복과 통제를 높이 평가하는 사회적 세계에서 부모가 된다는 것은 겸손을 배울 수 있는 학교를 만나는 것과 같다. 우리가 자녀에게 깊은 관심을 가지고 있지만 원하는 대로 자녀를 고를 수 없다는 사실은 예상치 못한 것을 열린 마음으로 받아들여야 한다는 점을 부모에게 가르쳐준다. 이러한 열린 태도는 단지 가족 내에서뿐만 아니라 더 넓은 사회에서도 지지하고 긍정할 만한 가치다. 그런 태도는 예상치 못한 것을 감내하고, 불협화음을 수용하고, 통제하려는 충동을 자제하게 만든다.

샌델은 원하는 아이를 얻기 위해 부모가 아기의 유전자를 조작하려 한다거나, 젊고 건강한데도 더 나은 능력을 얻고 완벽해지기 위해 약물을 복용하는 등의 행위를 '프로메테우스적 열망a Promethean aspiration'이라고 불렀다. 이것은 우생학적 열망과 다르지 않다.

삶을 주어진 선물로 인정하는 것은 우리의 재능과 능력이 전적으로 우리 행동의 결과는 아니며 완전히 우리의 소유도 아니라는 점을 인정하는 것이다. 물론 그 능력을 개발하거나 발휘하기 위해 노력을 기울이기는 해도 말이다. 또한 세상의 모든 것을 우리가 원하는 용도로 사용할 수 있는 것은 아님을 인정하는 것이다. 삶을 주어진 선물로 인정하면 프로메테우스적 열망을 제한하고 어느 정도 겸손함을 가질 수 있다. 이런 관점은 부분적으로 종교적 감수성에 해당하지만, 그것의 울림은 종교라는 영역을 뛰어넘는다.

우리는 맞춤아기처럼 디자인되어 태어나지 않았어도 모두 특별하고 소중하다. 영화 「가타카」에서처럼 우수한 유전적 특질을 선택해 아이를 태어나게 하는 첨단 과학의 사회는 결코 진보한 사회라 볼 수 없다. 오히려 그것은 '인간다움'의 퇴보이며, 윤리적 연대 의식의 종말을 초래한다. 우리가 흔히 믿는 바와 달리 과학의 발전은 '진보progress'라 불리기에 적합하지 않다. 그것은 진보가 아니다. 단지 '변화change'일 뿐이다. 철학자 버트런드 러셀은 「인기 없는 에세이Unpopular Essays」에서 다음과 같이 말했다.

정치철학자 마이클 샌델.
샌델은 원하는 아이를 얻기 위해 부모가 아기의 유전자를 조작하려 하는 것이나, 젊고 건강함에도 더 나은 능력을 얻고 완벽해지기 위해 약물을 복용하는 등의 행위를 '프로메테우스적 열망'이라고 불렀다. 그는 삶을 '주어진 선물'로 받아들이는 자세가 필요하다고 강조한다.

변화와 진보는 완전히 다른 개념이다. 변화는 과학적 개념이지만, 진보는 윤리적인 개념이다. 변화는 의심의 여지가 없지만, 진보는 논란의 여지가 있는 문제이다.

과학과 기술의 발전은 인간의 삶에 편리하고 풍요로운 변화를 가져다준다. 그러나 그것이 인간에게 행복과 존엄을 보장해주지는 않는다. 진보, 즉 우리가 전보다 더 나아지고 있다는 믿음은 인간의 마음에 달린 문제이다. 우리 모두가 마음으로 공감함이 마땅한 윤리의 문제이다.

15장

생명을 위해 무엇을 할 것인가?

───── 호프 자런과
한스 요나스가 말하는 생명

"옳은 말씀이에요, 랑베르. 절대로 옳은 말씀이에요. 그러니 무슨 일이 있더라도 지금 하시려는 일에서 마음을 돌려놓고 싶지는 않습니다. 그 일이 내 생각에도 정당하고 좋은 일이라 여겨지니까요. 그러나 역시 이것만은 말해 두어야겠습니다. 즉, 이 모든 일은 영웅주의와는 관계가 없습니다. 그것은 단지 성실성의 문제입니다. 아마 비웃음을 자아낼 만한 생각일지도 모르나, 페스트와 싸우는 유일한 방법은 성실성입니다."

"성실성이 대체 뭐지요?" 하고 랑베르는 돌연 심각한 표정으로 물었다.

"일반적인 면에서는 모르겠지만, 내 경우로 말하면, 그것은 자기가 맡은 직분을 완수하는 것이라고 알고 있습니다."

알베르 카뮈 Albert Camus, 『페스트 La Peste』

생명이란 무엇일까? 우리가 생명이 무엇인지를 생각하려 할 때 흔히 머릿속에 떠오르는 이미지는 하나의 개체로서의 생명, 즉 생명'체體'이다. 만약 당신이 생명을 설명하기 위해 그것의 생김새나 물리·화학적인 요소를 맨 먼저 말한다면, 생명을 '개체individual'로 보고 있다는 뜻이다. 생명을 개체로 볼 때에야 생명의 증식이나 노화, 죽음의 개념이 받아들이기 쉬워진다. 이것은 우리가 생명을 이해할 때 주로 그리는 상이다. 하지만 그게 전부는 아니다.

생명은 또한 '그물망network'의 모습을 하고 있기도 하다. 숲은 풀과 나무, 새와 다람쥐라는 개체들의 단순한 집합이 아니다. 숲은 이 모든 것들이 관계의 끈으로 묶여 상호작용하는 운명공동체이다. 데이비드 조지 해스컬David George Haskell(1969~)은 『나무의 노래 The Songs of Trees』에서 다음과 같이 생명에 대해 멋지게 통찰하고 있다.

생명을 개체라고 부를 수도 있을 것이다. 하지만 이 개체의 성격을 결정하는 것은 특정한 분자 형태나 유전 부호가 안정적으로 존재하느냐 여부가 아니라 관계의 집합이다. 관계의 구체적 성격은 시간이 지남에 따라 바뀌지만 그물망은 지속되며, 이것이야말로 생명 형태의 본질이다. 그러므로 생명에는 모순적이고 창조적인 이중성이 있다. 생명은 원자이거나 그물망이다. 둘 다이거나 둘 다 아니다. 이것은 비유적 표현이 아니라 생명의 근본적 성격이다. 생명은 존재의 두 상태에 양다리를 걸치고 있으며, 그리하여 죽어 있던 우주에 생명을 불어넣는다.

생명은 개체이면서 동시에 그물망이기도 하기에, 인간과 완전히 동떨어진 자연이나 환경이라는 개념은 생각할 수 없다. 수많은 철학에서 인간과 타자를 나누는 이분법은 생물학적인 관점에서는 허상에 가깝다. 우리가 생태계를 이야기할 때 거기에는 우리 자신도 반드시 들어가야 한다. 그렇기 때문에 만일 생태계가 균형을 잃고 파괴되는 일이 일어난다면 당연히 우리 인간의 책임이 없다고 말할 수 없다. 생명의 본질은 '관계'이며, 따라서 그것의 윤리는 '연대 solidarity'의 윤리여야 한다.

블랙리스트보다 더 무서운 레드리스트

린네가 이명법을 이용해 생물종에 이름을 붙이기 시작한 이래 지금까지 약 190만 종의 생물이 지구상에 생존하고 있다고 알려졌다. 아마도 인간이 아직 발견하지 못한 것까지 모두 합치면 1,000만 종이 족히 넘을 것이다. (환경부 환경통계 포털에 따르면 우리나라에는 현재 약 10만 종의 생물이 서식하리라 추정된다.) 이렇게 다양한 생물종은 생태계의 중요한 구성원일 뿐 아니라 인간에게도 식재료나 의약품의 원료가 되는 소중한 생물자원이기 때문에 그 가치가 매우 높다. '생물다양성biodiversity'이라는 개념이 중요하게 다뤄져야 하는 이유이다.

그런데 국제자연보전연맹International Union for Conservation of Nature: IUCN의 보고에 따르면 전 세계적으로 지난 10년간 멸종된 생물은 총 467종으로 알려졌다. 전체 생물종 수에 비하면 극히 적어 보일지도 모른다. 그러나 문제는 이것이 지구 역사에서 나타난 자연발생적인 멸종 확률보다 수백 배나 높은 숫자라는 데 있다. 이론 생태학자 스튜어트 핌Stuart Pimm(1949~)은 현재 생물종이 인간이 출현하기 전에 비해 거의 1,000배 가깝게 더 빨리 사라지고 있다고 분석했다. 최근의 환경오염과 생태계 변화가 역사상 유례없는 멸종의 원인이 되고 있다.

IUCN에서는 전 세계 멸종 위기 생물종을 9가지 범주로 분류하여 보전 상태를 평가·관리하는 '적색 목록Red List'을 작성하고 있다. 박테리아를 제외한 모든 생물종 가운데 약 7만 종 이상을 대상으로 그들의 개체 수 증감 상황을 정리했다. 야생에서 사라질 가능성이 매우 높은 '취약vulnerable' 상태부터 개체가 단 한 마리도 남아 있지 않은 '절멸extinct' 상태까지, 우리에게 잘 알려진 수많은 생명들이 이미 사라졌거나 말 그대로 절박한 위기에 놓여 있음을 확인할 수 있다.

날지 못하는 새 도도dodo와 오록스aurochs, 그리고 동해 연안에 서식하던 강치Zalophus japonicus는 더 이상 우리 곁에 존재하지 않는다. 실러캔스coelacanth와 아메리카 들소American bison, 치타cheetah도 오늘내일하는 형국이다. 포유류와 어류는 전체의 20퍼센트 이상이, 양서류와 파충류는 무려 40퍼센트 가까이가 멸종이 우려되는 상황이다.

더 충격적인 일은 이솝 우화나 우리나라 전래동화에 단골손님으로 등장하는 곰과 여우마저도 이제 곧 용이나 유니콘처럼 상상 속에서나 그려봐야 할지 모른다는 사실이다. 모피를 얻으려고 불법 포획을 일삼고 산림을 무분별하게 개발해 생태계를 파괴하여 야생 여우와 반달가슴곰은 이제 거의 남아 있지 않다고 한다. 호랑이도 이제 휴전선 이남에서는 멸종된 것으로 보인다. 1921년 경주 대덕산에서 마지막 한 마리가 포획된 이후 자취를 감춘 지 벌써 100년이 지났다.

멸종 위기는 전 세계적인 현상이지만 이를 국지적으로 한정해놓고 보면 더욱 심각해진다. 우리나라에서만 현재 매년 약 500종 이상이 멸종하는 것으로 추정된다. 지구상 어딘가에는 그 생물종이 존재하겠지만 우리나라에는 더 이상 찾아볼 수 없는 것이다.

오늘날 이 모든 위기는 어디서 비롯된 것일까? 다름 아닌 인간 때문이다. 무분별한 사냥과 밀렵, 열대우림의 파괴, 급속한 도시화와 산업화 등으로 생명의 서식지를 비가역적으로 훼손했기 때문이다. 문명의 이기를 상징하는 플라스틱과 방사성 물질이 지구를 구석구석 오염시켰기 때문이다. 또한 인간이 범지구적으로 활동하면서 비행기나 선박에 딸려 이동한 동식물과 미생물이 생태계를 헤집어놓았다. 천적 없는 외래종이 대량 번식함으로써 토종이 순식간에 몰살되기도 한다.

러브록James Lovelock(1919~)은 일찍이 인류가 자신의 존재 조건마저 교란하는 지경에 이르렀음을 수차례 지적했다. 또한 '가이아Gaia', 즉 하나의 유기체나 마찬가지인 지구가 그로 인해 얻게 된 질병을 '파종성播

種性 영장류 질환disseminated primatemia'이라 칭한 바 있다. 인간 자체가 지구에 심각한 병적 존재가 되었음을 비꼰 표현이다.

한 외딴 지역에서 발생한 전염병이 인간의 이동으로 단 며칠 만에 전 세계로 퍼질 수 있음을 우리는 이미 여실히 경험했다. 인간은 자신도 모르게 생태계와 진화 과정에 돌이킬 수 없는 인위적 변형을 일으키고 있다. 자연은 지금까지 이런 현상을 전혀 겪어보지 못했기 때문에, 앞으로 어떤 일이 일어날지 누구도 예상할 수 없다. 이것이 가장 심각한 문제이다.

세상은 더 이상 예전과 같지 않다

지구화학자 호프 자런Hope Jahren(1969~)은 자전적 에세이 『랩 걸Lab Girl』에서 다음과 같이 썼다.

세상은 조용히 무너져 내리고 있다. 인류 문명은 4억만 년 동안 지속되어 온 생명체를 단 세 가지로, 즉 식량, 의약품, 목재 이렇게 세 가지로 분류해버렸다. 우리의 끊임없고 점점 더 거세지는 집착으로 인해, 이 세 가지를 더 많이, 더 강력하게, 더 다양한 형태로 손에 넣고자 하는 과정에서 우리는 식물 생태계를 황폐하게 만들고 말았다. 이 황폐의 규모는 수백만 년 동안의 자연재해가 끼친 피해와도 비교할 수 없을 만큼 심각하다. 도로는 광적인 곰팡이처럼 자라났고, 이 도로들 옆을 따라 만들어진 끝없는 배수로들은 발전의 이름으로 희생된 수백만의 식물 종들을

식물을 연구하는 지구화학자 호프 자런.
그녀는 『랩 걸』(2016)과 『나는 풍요로웠고, 지구는 달라졌다』(2019)에서 인간의 욕심으로 황폐해진 생태계와 생물 다양성의 급격한 감소에 대해 우려의 목소리를 들려준다. 여섯 번째 대멸종이 일어난다면 어떤 생물종이 살아남게 될까? 그것이 우리 포유류일 것이라고 누구도 보장할 수 없다.

서둘러 파묻는 무덤이 되고 있다.

화석연료를 본격적으로 사용하기 시작한 최근 50년 사이에 실로 거대한 변화가 일어났다. 이 기간 파생된 가장 중요한 문제는, 앞으로 지속 가능한 발전을 담보할 수 있느냐 또는 고갈된 천연자원을 대체할 물질이 있느냐가 아니다. 어떻게 더 시원한 에어컨을 개발하고 어떻게 더 안전한 유아용 물티슈를 만드느냐 하는 차원의 문제도 아니다. 관건은 생태계의 자정 능력을 넘어서 극단으로 치닫고 있는 훼손의 규모를 어떻게 줄일 수 있느냐이다.

2021년 '기후변화에 관한 정부 간 협의체Intergovernmental Panel on Climate Change: IPCC'에서 발표한 6차 보고서에 따르면 최근 5년간 지표면의 기온은 1850년 이래로 가장 높았고, 대기 중 이산화탄소의 농도는 200만 년 만에 최고 수준으로 높아졌다. 현재 기온은 산업화 이전보다 약 1도 이상 높아져 해수면 상승과 빙하의 유실 속도가 더욱 가속화하고 있다. 보고서는 이 모든 변화의 원인이 명백히 인간 때문이라고 꼬집고 있다.

자런은 이어 두 번째 책 『나는 풍요로웠고, 지구는 달라졌다The Story of More』에서 더 구체적인 숫자를 들어가며 암울한 논의를 이어간다. 그녀는 최근 가파르게 증가하는 멸종률로 비춰볼 때 2050년대에 이르면 전 세계 생물종의 25퍼센트가 멸종할 수 있다고 우려한다. 어쩌면 반세기도 채 지나지 않아 절반이 사라질지 모른다. 이는 인간이 출현하기 훨씬 이전인 약 6,500만 년 전에 있었던 다섯 번째 멸종을 떠올리게 한다. 중생대 백악기 말 거대한 운석이 떨어졌고, 당시 존재하던 생물종의

75퍼센트가 사라졌다. 우리는 현재 여섯 번째 대멸종 위기에 봉착해 있다. 지난 대멸종 때 어떤 공룡도 연약한 포유류가 자신들을 제치고 세계를 지배하리라 예상하지 못했듯이, 다가올 대멸종 이후에는 포유류의 운명이 무엇으로 교체될지 아무도 장담할 수 없다.

지구의 역사를 구성하는 여러 지질 시대 중 우리가 살고 있는 시대를 '인류세Anthropocene Epoch'라고 이름 붙여 따로 구분해야 한다고 생각하는 지질학자들이 점점 늘고 있다. 인류 역사 최초로 핵무기가 사용된 1945년을 그 시작으로 보는 인류세 개념은 노벨화학상을 받은 대기화학자 파울 크뤼천Paul Jozef Crutzen(1933~2021)에 의해 대중적으로 알려지기 시작했다. 이 개념은 현대에 이르러 인류가 주변 세계에 엄청난 영향을 미치게 되었고, 따라서 세상은 이전 시대와 완전히 달라졌음을 강조하고 있다. 자신도 모르게 인류세를 열어젖힌 주인공이 된 핵물리학자 오펜하이머Julius Robert Oppenheimer(1904~1967) 역시 트리니티Trinity 실험* 직후 "세상이 예전과 같지 않으리라는 것을 깨달았다"라고 고백했다.

그러나 끝이 어디일지 모를 엄청난 변화를 매일처럼 쏟아내는 인류세의 위험성은 비단 지질학만의 근심거리가 아니다. 진화도 마찬가지이다. 인간의 유전자 조작 활동은 인위선택을 통해 자연적으로 일어나는 그 어떤 진화보다도 빠르게 생태계 전체를 변화시키고 있다. 최근 급격하게 일어나고 있는 환경 변화를 대다수의 사람들이 그다지 심각하게 받아들이지 않듯이, 생명의 인위적인 진화가 종국에 어떤 결과를 빚어낼

---

* **트리니티 실험**: '삼위일체'를 뜻하는 트리니티는 1945년 7월 미국 뉴멕시코주 앨라모고도 인근에서 실시된 인류 최초의 핵실험 작전명이다. 이 실험을 진두지휘했던 오펜하이머는 원자폭탄의 위력을 목격하고 이것이 인류의 생존을 위협할 수도 있음을 깨달았다.

지 걱정하는 목소리도 거의 볼 수 없다.

　미국 건국의 아버지 조지 워싱턴George Washington(1732~1799)은 "우리 자신이 져야 할 부담을 비열하게 후손들에게 떠넘기지 말라"고 경고했다. 당시 세금과 국가 부채의 문제를 지적한 말이었지만, 오늘날 생태계의 변화와 인위적인 진화로 인해 발생할 예기치 못한 결과에도 그대로 적용된다.

없어도 되는 생명은 없다: 더불어 사는 세상의 중요성

　아프리카 연안의 모리셔스 섬에 서식했던 도도는 16세기 초 처음 발견되었다. '도도dodo'라는 이름은 포르투갈어로 '바보'라는 뜻이다. 날지도 못하면서 사람을 전혀 무서워하지 않았기 때문이다. 도도는 포르투갈인들이 섬에 최초로 발을 들여놓은 이래로 개체 수가 눈에 띄게 줄어들다 1681년 마지막 개체가 죽음으로써 발견된 지 100년 만에 멸종되고 말았다. 천적이 없어 날 필요가 없다 보니 날개마저 퇴화했던 뚱보 새 도도. 그들은 자신들을 괴롭히는 인간의 등쌀에 견디다 못해 절멸한 것이다.

　그런데 그게 끝이 아니었다. 세월이 한참 흘러 이번에는 이 섬에서만 자라는 칼바리아calvaria 나무가 멸종 위기에 놓인 것이다. 칼바리아는 도도가 멸종한 이후 300년 동안 한 번도 발아하지 못한 것으로 드러났다. 이 나무가 발아하려면 그 열매를 도도가 먹고 위장을 거쳐 배설되어야만 하는데, 멸종된 이후로 씨앗을 퍼뜨릴 매개체가 없어진 것이다. 이 사실을 알게 된 후 사람들은 도도와 유사한 칠면조를 데려다 칼바리아의 열매를 먹게 했고, 어렵사리 다시 싹을 틔우는 데 성공했다.

어떤 특별한 두 생물종이 이렇게 서로 긴밀하게 연결되어 있다는 사실은 믿기 어렵다. 하지만 자연에는 이런 커플들이 생각 외로 아주 많다. 식물과 곤충이 대표적인 예이다. 상호작용하는 커플들은 상대의 진화에 맞추어 그 자신도 진화한다. 부부는 서로 닮아간다는 속설은 인간에게만 해당되는 것이 아니다. 이 경우 닮아간다기보다는 함께 변화해 간다는 표현이 더 적합하겠지만. 칼 짐머Carl Zimmer(1966~)는 『진화Evolution』에서 생태계가 유지되는 데 공진화coevolution가 얼마나 중요한지 거듭 설명한다.

현재까지 자연에 존재하는 곤충은 약 80만 종에 달해 전체 동물종의 약 75퍼센트를 차지할 정도로 많다. 꽃을 피우는 현화식물phanerogam은 총 30만 종으로 전체 식물의 90퍼센트를 차지하고 있다. 30만 종의 현화식물 중 바람이나 물을 이용해 자연스럽게 꽃가루를 전파하는 식물은 고작 2만 종에 불과하다. 나머지 28만 종은 대부분 곤충에 의존해 꽃가루를 퍼뜨린다. 만약 그 파트너가 사라진다면 어떤 일이 벌어질지 뻔하다. 짐머는 공진화를 하다가 한쪽이 멸종할 경우 그 상대는 '홀로 남은 과부' 신세가 된다고 표현했을 정도이다.

공진화는 생명을 새로 만드는 가장 강력한 힘 중 하나이다. 파트너들 사이의 공진화가 상호작용함으로써 수백만 가지의 새로운 종을 창조해왔다는 사실이 드러나고 있다. 그런데 인간이 공진화에 끼어들기 시작하면서 자연의 공진화는 살육이나 다를 바 없는 진창에 빠지고 말았다. 수렵 생활을 벗어난 인간이 약 1만 년 전부터 경작하면서 같은 식물

멸종한 새 도도. 인도양 모리셔스 섬에 17세기까지 서식했으나 인간의 횡포로 멸종되었고, 그 이후 칼바리아 나무의 멸종 위기로 이어졌다. 생태계는 이와 같이 공생 관계에 놓인 생물학적 커플이 의외로 굉장히 많다.

을 두고 곤충과 경쟁하기 시작한 것이 발단이었다. 인간은 수천 년 동안 곤충을 퇴치하기 위해 작물에 황이나 역청을 뿌렸고, 심지어 청산가리나 비소 같은 독극물을 쓰기도 했다. 현대에 이르러 만병통치약과 다름없는 강력한 살충제 DDT를 개발하며 인간은 최후의 승자가 된 듯했다. 그러나 샴페인을 너무 일찍 터뜨렸음을 깨닫는 데는 그리 오래 걸리지 않았다. 우리는 이 유명한 이야기를 레이첼 카슨 Rachel Carson(1907~64)에게 들어 잘 알고 있다. 그녀는 『침묵의 봄 *Silent Spring*』에서 살충제의 위험성을 고발했으며, 환경 문제에 대한 대중적 인식을 이끌어내 현대적인

미국의 해양생물학자이자 작가 레이첼 카슨.

그녀는 세계적인 베스트셀러가 된 『침묵의 봄』(1962)을 썼다. 환경오염 문제를 고발한 이 책은 서구에서 환경운동을 일으킨 계기가 되었다. 미 환경부는 1972년 DDT의 사용을 완전히 금지했다.

환경운동을 활성화하는 데 결정적으로 공헌했다.

DDT를 포함한 강력한 살충제와 제초제의 문제점은 환경을 오염시킨다는 데에만 있지 않다. 이에 내성을 가진 곤충이 속속 등장하며 새로 개발한 살충제를 지속적으로 무력화하고 있다. 이런 실패의 원인은 공진화를 염두에 두지 않고 해충을 박멸하는 데만 집중하는 인간의 물량공세 전략에 있다. 우리는 인간보다 훨씬 이전인 5,000만 년 전부터 곰팡이를 재배해온 개미라는 농부에게 그 방법을 배울 수 있을 것이다.

개미들은 굴 속 한구석에 곰팡이fungus를 잡아두고 키운다. 개미가 스스로 소화할 수 없는 잎을 잘게 씹어 곰팡이에게 주면, 이들은 효소를 이용해 질긴 조직을 분해하여 다시 개미들이 이용할 수 있는 영양분을 제공한다. 마치 인간이 미생물을 키워서 발효식품을 만들어 섭취하는 것과도 유사한 지혜를 개미들은 일찍이 터득했다. 개미 농부들도 곰팡이 농사를 지으면서 인간과 똑같이 병충해와 싸워야 했다. 다른 기생 곰팡이가 섞이면 한 해 농사를 망칠 수 있기 때문이다.

개미들은 천연 살균제를 만들어낼 수 있는 토양 세균과 공생하는 방식으로 이 문제를 해결해왔다. 개미의 몸에는 방선균 Actinobacteria의 일종인 스트렙토마이세스 Streptomyces가 뒤덮여 있는데, 이들이 기생 곰팡이를 죽일 수 있는 화학물질을 스스로 만들어내는 것이다. 놀랍게도 개미가 농사를 지어온 5,000만 년 동안 기생 곰팡이들은 이 살균제에 대해 전혀 저항력을 기르지 못했다. 그 오랜 시간 어떻게 그 일이 가능했을까? 인간이 만든 살균제는 만드는 족족 몇 년도 채 못 되어 내성을 가지는 병균이 새로 생겨나지 않는가!

비밀은 공진화에 있다. 기생 곰팡이가 기존의 화학물질에 저항하며 진화하는 동안, 스트렙토마이세스도 그에 맞춰 기생 곰팡이를 효과적으로 제어할 수 있는 새 물질을 만들어내도록 스스로 진화해왔던 것이다. 개미 농부들은 그들이 서로 경쟁하며 공진화하는 모습을 그저 흐뭇하게 바라만 보았을 것이다. 인간이 만든 대부분의 살충제는 살충효과가 있는 성분만을 추출한 것이었다면, 개미가 얻은 살충제는 살균 능력을 진화시킬 수 있는 '살아 있는' 유기체였다. 우리가 공진화의 대상을 더불어 살아야 할 이웃이 아니라 적으로 인식하는 한 이러한 지혜를 결코 배울 수 없다.

동물을 어떻게 대우해야 할까

최근 우리나라의 지방 곳곳에서는 계절에 따라 즐길 수 있는 다양한 동물축제가 경쟁적으로 열리고 있다. 주로 지방자치단체가 주최하는 행사로, 지역 경제를 활성화할 수 있는 좋은 방안이기 때문에 적극 권장되고 있다. 실제로 겨울마다 강원도 화천에서 열리는 산천어축제에는 한해 200만 명 가까운 인파가 몰리며, 무려 1,000억 원대에 이르는 경제 효과를 창출한다고 알려졌다. 이러니 재정 자립도가 높지 않은 지역에서는 축제에 사활을 걸지 않을 수 없다. 코로나바이러스 감염증 문제가 터지기 직전까지 전국에서 열리는 축제는 매년 1,000건이 넘을 정도였다. 다양한 이벤트로 사람들에게 즐길거리를 주는 동시에 동물들도 사랑받고 보호받을 수 있다면 더 없이 좋을 것이다. 하지만 실상은 그렇지 못하다.

김성호 교수는 『생명을 보는 마음』에서 해마다 열리는 동물축제의 불편한 진실을 고발했다. 세계적인 규모의 함평나비대축제의 하이라이트는 수십만 마리의 나비를 한꺼번에 방류하는 이벤트이다. 이때 방류되는 나비들은 당연히 자연에서 채집된 것이 아니다. 축제를 위해 인공적으로 부화시킨 나비들이다. 축제가 열리는 시기는 나비를 방사하기에는 추운 날씨라 나비들은 대부분 축제가 끝나면 죽는다. 살아도 생태계에 커다란 변화를 일으킬 수 있다.

화천산천어축제도 이해할 수 없는 부분이 많다. 생태축제인데도 화천에는 산천어가 살지 않기 때문에 축제를 위해 전국의 양식업체로부터 산천어를 납품받아야 한다. 산천어들은 좁은 공간에서 장거리를 이동하느라 스트레스를 많이 받는다. 축제기간 동안 미끼를 잘 물 수 있게끔 그 전까지는 한참을 굶기기도 한다. 맨손으로 산천어를 잡는 경쟁 이벤트는 산천어들이 제대로 학대받는 시간이다. 몸이 짓눌리고 아가미가 찢어지며, 비닐봉지에 담겨 몇 시간씩 방치되기도 한다. 식용 동물의 경우 동물보호법이 적용되지 않는다는 규정 때문에 잔인한 축제를 제재하기도 어렵다. COVID-19로 인해 축제가 열리지 못한 최근 몇 년 사이에도 혹시나 하는 마음에 양식 산천어를 대량으로 준비해놓고 있었다고 한다. 무려 30만 마리, 95톤에 달한다. 산천어들은 반가워하는 인간들의 얼굴을 채 보지 못하고 곧바로 통조림 통으로 들어가거나 어묵이 되었다.

의학적 목적에서 수행되는 동물실험 문제도 논란이 적지 않다. 여기에도 동물의 무고한 희생과 고통이 따르지만 문제 없이 허용되어왔다. 축제의 단순한 볼거리와 달리 인간의 생명과 건강을 위해서는 꼭 필요하다는 인식 때문이다. 실제로 의료실험 연구윤리의 가이드라인을 제시한 '뉘른베르크 강령 Nuremberg Code'이나 '헬싱키 선언 Declaration of Helsinki'에서도 동물실험을 원칙적으로 옹호하고 있다. 그러나 동물을 귀중한 하나의 생명으로 보는 한 이를 마냥 지지할 수도 없다.

동물실험을 찬성하는 사람들은 인간이 얻는 건강상의 이익이 동물의 고통보다 더 가치 있다고 믿는다. 그들은 마땅한 대안이 없다고 말한다. 인간을 대상으로 실험을 할 수 없는 마당에 인간과 생물학적으로 가장 유사한 동물을 쓸 수밖에 없다고 주장한다. 그러나 이것이 윤리적으로 정당한 주장일까? 인간과 가장 유사하기 때문에 유용하다는 판단은 인간과 가장 유사하기 때문에 그만큼 존중할 필요가 있다는 가치에 반한다. 종차별주의적인 윤리관은 모든 생명을 평등하게 바라보려 했던 다원의 생각과도 어긋난다.

동물실험의 결과가 늘 인간에게 똑같이 적용되는 것도 아니다. 1950년대 후반 임산부들의 입덧 방지용으로 판매된 약 탈리도마이드thalidomide가 '포코멜리아phocomelia'라 불리는 사지가 매우 짧은 기형아를 대거 낳게 한 비극적인 사건이 있었다. 탈리도마이드는 당시 토끼, 쥐 등 각종 동물실험에서 부작용이 거의 나타나지 않았기 때문에 임산부에게 적극 권장되었지만, 바로 그것이 무서운 실책이었음이 드러났다. 탈리도마이드를 포함한 수많은 약물이 인간과 동물에서 동일한 효과를 내지 않는다는 것이 점점 더 많이 알려지고 있다.

새로 개발한 백신이나 약품을 인간에게 곧바로 투여할 수는 없다. 그렇다고 동물실험을 무작정 권장할 수도 없다. 어떻게 해야 할까? 인간에게 치명적인 질병의 치료에 한해 동물실험을 최소로 허용하고, 빠른 시일 내에 대체 실험법을 개발해야 할 것이다. 줄기세포나 조직배양, 컴퓨터 시뮬레이션 실험 등 다양한 방법을 활용하되 정확도를 높여야 한다. 인체 내 특정 장기와 유사한 구조를 갖도록 배양해 만든 오가노이드organoid가 최근에 활용되고 있다. 실제로 지카 바이러스Zika virus가 소두증microcephaly을 일으키는 원인이라는 연관성을 입증하는 데 사용되었다. 이는 인체 유래 세포의 집합체이기 때문에 동물실험 모델보다 더 효과적으로 인간에게 적용할 수 있으리라 기대된다. 그러나 오가노이드는 특정 장기를 모방한 데 불과하다. 사람의 몸은 장기를 단순히 모아놓은 것 이상의 복잡하고 조직적인 유기체이므로 한계가 있을 수밖에 없다. 생명을 대하는 일은 어떤 경우라도 참 쉽지 않음을 절감한다.

탈리도마이드 부작용으로 팔다리가 짧게 태어난 기형아 출산의 비극.
탈리도마이드는 동물실험만으로 인간에게 투여되는 약물의 안전성을 신뢰할 수 없음을 보여주는 대표적인 사례가 되었다.

국경을 뛰어넘는 바이오필리아의 정신

"한 나라의 위대함과 도덕적 진보는 그 나라에서 동물이 어떻게 대우받느냐를 보면 가늠할 수 있다." 인도의 정신적 지도자 간디Mahatma Gandhi(1869~1948)가 한 말이다. 훌륭한 말씀이기는 하지만 그의 국적도 어느 정도 감안할 필요는 있다. 종교적인 이유로 소를 신성시하느라 그 배설물까지도 귀하게 취급하는 국가에서 바라보는 동물의 권위를 다른 문화권에서의 관점과 단순히 비교할 수는 없기 때문이다. 실제로 어떤 민족적 배경을 가지고 있느냐에 따라 생명은 흔히 달리 취급된다.

서양 사람들은 고래를 영물로 생각하는 전통이 있다. 고래는 높은 지능과 사회성을 가진 고등동물로 여겨진다. 멜빌Herman Melville(1819~91)

의 『모비 딕*Moby-Dick*』을 읽어보면 이를 조금 엿볼 수 있다. 소설은 표면적으로 포경업에 나서는 뱃사람들의 모험과 애환을 그렸지만, 결국 인간의 힘으로 범접할 수 없는 향유고래의 영묘함과 신령스러움을 상징적이며 낭만주의적으로 표현했다.

> 그가 바야흐로 물속으로 깊이 들어가려고 할 때 그 꼬리는 적어도 30피트의 몸통 부분과 함께 공중으로 똑바로 추켜세워져서 일순간 그 자세로 서서 진동하고 있는가 하면 곧 바다 깊이 모습을 감추어 버리고 만다. 장엄한 도약을 제외하면 이 고래 꼬리의 곤두서기는 온갖 동물에서 볼 수 있는 것 중 가장 웅대한 것이다. 거대한 꼬리는 바다를 알 수 없는 심연에서 쳐들어져 전율하면서도 푸른 하늘을 잡고 매달리려는 것 같다. (…) 단테적인 심경이라면 악마가 나타날 것이고, 이사야적이라면 대천사가 보일 것이다. 하늘과 바다를 새빨갛게 물들이는 해돋이 무렵 돛대 꼭대기에 서서 나는 고래의 엄청난 무리들을 보았다. 모두 태양 쪽을 향하여 한동안 하늘에 치솟은 꼬리를 일제히 흔들었다. 그토록 장려한 몸짓으로 신들을 찬양하는 자는 배화교의 본고장인 페르시아에서도 일찍이 볼 수 없었던 일일 것이라고 그때 나는 생각했다. 톨레미 필로파타가 아프리카 코끼리에 대해 증언했듯이, 나는 고래에 관해서 그것이 모든 생물 중 가장 경건한 것이라고 증언하리라.

한편 일본은 현재도 포경이 성행하는 나라이다. 그들은 지난 2019년 국제포경위원회 International Whaling Commission: IWC 를 탈퇴했으며, 앞으로 연구목적뿐 아니라 어업 차원에서도 규제 없이 고래를 잡겠다고 선언했다. 고래 고기를 즐겨 먹는 일본인들은 개체 수가 풍부한 고래 종의 경우 자유로이 잡지 못할 이유가 없다고 항변한다. 이들은 고래가 지능이 높고 영적인 동물이라고 생각하는 것은 전혀 과학적이지 못하다고 본다.

이처럼 지역적·문화적 배경에 따라 자연의 대상을 바라보는 시각이 다르듯이 과학자들도 자신들의 순수한 연구업적이 국익과 연결될 때 국적nationality 차이를 강조하며 분쟁의 소지를 남긴다. 루이 파스퇴르는 이런 유명한 말을 남겼다. "과학에는 국경이 없지만 과학자에게는 조국이 있다." 그는 '과학에 국경이 없다'는 점을 강조하려 했겠지만, 프리츠 하버Fritz Jakob Haber(1868~1934)는 이 말을 실제로 조국을 위해 헌신하는 과학자상을 실천하는 데 직접 적용했다. 암모니아ammonia의 합성법을 개발해 많은 사람들을 기아에서 구해낸 공로로 노벨화학상을 수상했던 그는, 제1차 세계대전 때 조국 독일을 위해 적군을 몰살시킬 목적으로 독가스를 제조해 직접 살포했다. 역시 화학자였던 그의 아내 클라라Clara Helene Immerwahr(1870~1915)는 남편의 반인륜적인 행위를 말리다 뜻을 이루지 못하자 절망한 나머지 권총 자살로 삶을 마감했다. 지난 2005년 줄기세포 논문을 조작해 큰 물의를 일으킨 황우석 교수도 그런 인식을 가지고 있었다. 과거 한 인터뷰에서 파스퇴르의 이 말을 인용해 국민들의 애국심을 고취하고 국가적인 기대를 한 몸에 받았던 바 있다.

제1차 세계대전이 한창이던 1916년 아인슈타인은 일반상대성이론을 발표했다. 이론 자체도 이해하기 어려웠지만, 특히 영국인에게는 자신들의 영웅인 뉴턴의 이론을 뿌리째 흔들 수 있는 도발적인 내용을 담고 있었기 때문에 곧이 받아들이기가 쉽지 않았다. 게다가 증명할 수 없다면 아인슈타인의 이론은 말 그대로 묻힐 수도 있는 상황이었다. 그러나 영국의 실험 물리학자 에딩턴Arthur Stanley Eddington(1882~1944)은 당시 독일의 과학자가 주장한 이론을 증명하기 위해 중앙아프리카 서해안의 작은 섬 프린시페Príncipe로 날아갔다. 그것도 영국 천문학회로부터 어마어마한 탐험 예산을 지원받으면서. 1919년 5월, 개기일식이 일어나는 동안 태양 주위 별들을 사진 촬영했고, 태양의 중력장에 의해 실제로 빛이 휜다는 사실을 증명했다.

에딩턴의 힘겨운 관측과 분석이 아인슈타인을 새로운 영웅으로 만들었다. 영국인들은 아인슈타인의 이론이 틀리기를 바랐을까? 그렇지 않았다. 영국 최대의 언론『타임스*The Times*』는 당시 이 소식을 "과학의 혁명이자 새로운 우주론, 뉴턴주의는 무너졌다"라는 제목으로 대서특필했다. 과학이라는 이름 앞에 그들은 엄정하고 대범했다.

에드워드 윌슨은 1984년에『바이오필리아*Biophilia*』라는 책을 썼다. 바이오필리아란 '생명에 대한 사랑'을 뜻하며 윌슨이 직접 만든 말이다. 인간의 마음속에 자연에 존재하는 모든 생명을 향한 애착심이 내재해 있음을 강조하고자 했다. 그는 인류가 단지 생존을 위해서가 아니라 인지적·지적·심미적 욕구에 따라 생명을 아끼고 보존하려는 본능을 타고났다고 주장한다. 윤리적인 판단과 도덕적인 행동 모두 진화의 산물이라고 보긴 했지만.

우리는 국가 간 이해관계를 뛰어넘어 바이오필리아의 정신을 공유할 수 있을까? 과연 순수하게 한마음 한뜻으로 실천할 수 있을까? 현실은 쉽지 않아 보인다. 스톡홀름 협약Stockholm Convention on Persistent Organic Pollutants과 WHO의 규제 아래 심각한 환경오염의 원인인 살충제

DDT 사용을 전 세계적으로 금지하고 있지만, 말라리아로 여전히 고통받고 있는 일부 아프리카 저개발 국가들과 개발도상국은 그 정책이 극히 부당하다고 비판한다.

국제 환경보호단체 그린피스Greenpeace와 마크롱Emmanuel Macron(1977~) 프랑스 대통령은 지구 온난화를 억제하기 위해 파리협정Paris Agreement을 조직하고 그것을 무기 삼아 아마존 열대우림의 벌목과 농축산업 개간 확대를 강력히 비판했다. 이에 보우소나루Jair Messias Bolsonaro(1955~) 브라질 대통령은 선진국이 자신들의 숲은 이미 모두 파괴해 소비해놓고 남의 나라의 선택에 간섭해 감 놔라 배 놔라하는 위선과 횡포를 보고 '환경식민주의environmental colonialism'라 칭하며 강한 분노를 표출한다. 극단적 환경주의는 앞서 환경을 파괴한 대가로 경제성장을 이룬 선진국들이 이제 와 개발도상국들의 자원 개발을 가로막는다는 점에서 불평등하다고 비판을 받는다. 극단적 환경주의가 특정 세력을 유지하려는 이해관계에 은밀히 이용되고 있다는 것은 공공연한 사실이기도 하다.

살아 있는 모든 생명의 근원적 가치

이처럼 과학적으로 얻어진 순수한 가치만으로는 이 세상을 설명하고 설득하는 데 충분하지 않다. 과학은 정치·사회적 이해관계에 끊임없이 영향을 받을 수밖에 없으며, 그로 인해 중립을 지키기 어렵다. 과학이 보여주는 데이터는 하나일지 몰라도, 그것을 해석하고 결론짓는 방법은 상황과 맥락에 따라 여러 가지로 달라질 수밖에 없다. 과학 그 자체는 스스로에게 어떤 가치도 부여할 수 없기 때문이다.

또한 과학은 어떤 현상이 반드시 '자연적인 원인에 따라' 일어나야 한다고 주장할 수 없다. 그렇게 주장해서는 안 된다. 그것은 과학이 할 일이 아니다. 우리 주위에서 일어나는 여러 현상 가운데 오직 '자연적인 원인만이' 과학적으로 이해될 수 있을 뿐이다. 다시 말해, 과학은 그 합리성과 논리적 방법에도 불구하고 세계를 온전히 설명할 수 없다는 말이다. 세상에는 자연적인 사건 외에도 초자연적인 현상, 비상식적인 상황, 불합리한 사건이 언제나 일어나고 있기 때문이다. 과학적 사고와 이성은 세상의 복잡하고 다양한 문제를 풀 수 있는 유일한 해결책이 되지 못한다.

양자역학의 선구자 하이젠베르크는 『물리와 철학*Physics and Philosophy*』에서 "우리가 관찰하는 대상이 자연 그 자체가 아니라 과학의 방법론에 노출된 자연의 일부라는 사실을 항상 기억해야 한다"라고 말했다. 전자가 파동wave이면서 동시에 입자particle라는 모순적인 현상은 이해할 수 없는 자연의 신비나 변덕으로 생각할 일이 아니다. 우리가 사용하는 방법론으로 납득할 수 있는 것은 자연의 전체가 아니라 기껏해야 작은 부분에 불과하다는 뜻이다. 자연의 원리와 참모습을 설명하기에는 우리의 언어와 사고가 완전하지 못하다.

생명이라는 현상도 마찬가지다. 우리는 그것을 단지 살아 있는 기계라고 해야 할지, 아니면 알 수 없는 생기나 활력에 의해 고유의 '살아갈 힘'을 얻는 유기물로 봐야 할지 알 수 없다. 그 이유는 생명이 괴상하기 때문이 아니라, 어쩌면 우리에게 그것을 지칭하는 말이 아직 없기 때문인지도 모른다. 어느 시인이 노래했듯이, 생명은 아직 이름을 얻지 못해 그 존재를 의심받는 기묘한 하나의 '몸짓'인지도 모른다. 하이젠베르크는 이렇게 말했다. "생물학의 현상을 완전하게 이해하기 위해서는 물리학과 화학의 법칙에 새로운 내용이 덧붙여져야 할 것이다."

"자연은 비약하지 않는다 Natura non facit saltum." 이 오래된 격언은 린네가 한 말이라고 알려져 있으며, 다윈이 『종의 기원』에서 인용하기도 했다. 그러나 엄밀히 말해 이 격언은 틀렸다. 자연에는 적어도 두 번의 중요한 비약이 있었다. 한 번은 물질을 구성하기 위한 입자의 '양자도약 quantum jump'이며, 또 한 번은 그 물질이 존재의 의미를 갖도록 하기 위한 '생명의 도약 élan vital'이다. 여기서 생명의 도약이란 화학적 진화, 즉 생명이 없는 물질에서 생명으로의 도약을 의미한다고 봐도 좋을 것이다.

현대 물리학을 새로이 정립한 양자역학의 코펜하겐 해석에 따르면, '관찰자 observer'가 없이는 우주와 세상도 존재하지 않는다. (존 아치볼드 휠러는 "관찰이 이뤄지기 전까지는 아무것도 존재하지 않는다"라고 말했다.) 생명이 바로 그 관찰자 역할을 수행하기 위한 존재는 아닐까. 생명은 우연히 생겨난 것이 아닐지도 모른다. 생명이란 우주와 세계를 존재하는 '실재 reality'로 만들기 위해 필연적으로 탄생했어야만 하는 인식의 주체인 것이다. 따라서 생명이 없다면 세상도 존재의 의미가 없다. 인간이 없었다면 우주와 세계는 자신의 이름도 나이도 알 길이 없었을 것이다. 생명의 탄생은 위대한 비약이었다. 무생물과 생물 사이에는 우연으로는 차마 건널 수 없는 거대한 불연속 discontinuity의 심연이 존재하기 때문이다. (물론 양자역학에서 말하는 '관찰자' 개념이 반드시 대상을 시각적으로 인지해 인식하는 '의식적 conscious' 존재를 의미하는 것은 아니다. 그러나 의식하는 존재 없이 단지

독일의 생태철학자 한스 요나스.
요나스는 과학기술이 급속도로 발전한 현대 사회에서 발생한 환경 문제를 책임 윤리와 연관시켜 철학적 관점에서 해결책을 제시하고자 했다.

물질로만 이루어진 세계가 의미를 가질 수 없다는 사실을 누가 부정할 수 있을까?)

철학자 한스 요나스Hans Jonas(1903~93)는 『생명의 원리*Das Prinzip Leben*』에서 생명을 자신의 생존을 보존하려는 목적에서 죽음과 대결하고 있는 적극적 존재로 정의했다. 생명현상이란 생명체가 죽지 않고 살기 위해 부단히 애쓰고 있음을 보여주는 것이다. 요나스는 '자기목적Selbstzweck', 즉 살려는 목적을 가진 생명은 그런 목적이 없는 물질보다 훨씬 우월하다고 주장한다. 생명에게는 사는 것이 최고의 가치이다. 삶은 죽음보다 선하며 우월하다. 세상의 모든 다른 가치들은 생명이라는 최고의 가치로부터 파생되는 부차적인 것에 불과하다.

이것이 모든 생명에 내재된 근원적 가치이다. 무엇을 하지 않아도, 특별한 임무를 수행하지 않더라도 생명은 그 존재만으로 가치 있다! 아무리 미미하고 하등한 생명이라 할지라도 자연과 자유롭고 불규칙한 상호작용을 하게 마련이다. 역학법칙에 따라 규칙적인 운동만 하는 자연세계에 예측 불가능한 운동을 일으키는 존재, 어디로 튈지 모르며 어떤 뜻밖의 결과를 유발할지 모르는 불안한 존재, 그것이 바로 생명이다. 세계를 생존의 장으로 여기며 거기 발 딛고 서서 엔트로피의 법칙을 이겨내는 긍정의 존재, 세상에 비로소 의미를 부여하는 존재, 바로 그것이 생명을 생명답게 하는 가치이다.

생명을 있는 그대로 바라보기

우리는 먼 길을 돌고 돌아 맨 처음 이 책의 서론에서 던졌던 질문으로 다시 돌아왔다. 생명이란 무엇일까? 생명은 어떻게 살아 있을 수 있을까? 생명은 최초에 어떻게 생겨났을까? 생명은 왜…?

지금 이 책을 읽고 있는 당신은 자신의 숨소리를 느낄 것이다. 글자를 분주히 따라가는 눈동자의 움직임도 느낄 수 있을 것이다. 이 모든 활력과 움직임은 자연스럽다. 생명은 이렇게나 당연하게 느껴진다. 그러나 자세히 뜯어보면 이야기는 달라진다. 나는 의식도 하지 않았는데 어째서 나의 폐는 규칙적으로 들숨과 날숨을 쉬는 것일까? 우리의 눈은 진화 과정에서 처음 만들어졌을 때부터 사물을 보기 위해서는 두 개가 있어야 한다는 사실을 알았을까? 처음엔 하나만 있었다가 필요에 의해 하나가 더 만들어진 것일까?

생명은 좀처럼 이해되지 않는 미스터리와 같다. 생명은 결국 물질이므로 조직, 세포, 분자의 단위로 점점 더 깊이 분해해 들어가면 모든 것이 이해되리라 믿었던 현대 과학의 환원주의적 방법론은 그 한계가 더욱 명확해지고 있다. 호프 자런은 생물학을 공부하는 것이 히에로니무스 보스Hieronymus Bosch(1450~1516)의 그림을 보는 것과 비슷해서 가까이 다가가 자세히 볼수록 더 혼란스럽게 느껴진다고 말했다.

생명의 의미는 무엇인지, 또한 그 가치가 얼마나 큰지도 우리는 정확히 알 수 없다. 과학은 의미와 가치에 대해 아무것도 말해주지 못한다. 우리가 만약 의미와 가치를 언급한다면, 그것은 다분히 인간 중심적이며 목적 지향적인 시도가 될 것이다. 다윈이 밝힌 이론에 따르면 모든 생명은 우연한 과정에 따라 다양한 모습으로 생겨났으며, 그래서 우열을 가릴 수 없이 모두 평등하다. 그러나 은연중에 우리는 아리스토텔레스가 그랬듯 모든 생명을 '자연의 사다리scala naturae'에 배열한 후 최상단에

「쾌락의 정원」(히에로니무스 보스, 1510) 가운데 패널.
육욕과 환락에 빠진 인간 군상의 다양한 모습이 어지럽게 담겨 있다. 보이지 않는 왼쪽 패널에는 에덴 동산이, 오른쪽 패널에는 지옥의 충격적인 모습이 묘사되어 있다. 마드리드 프라도 미술관 소장.

인간을 올려놓는다. 인간을 위해서라면 언제든 다른 생명을 이용하거나 희생시킬 준비가 되어 있다. 데카르트와 베이컨 이래로 모든 자연과 생명을 정복의 대상으로 보는 시각이 굳어졌다. 그리고 왜곡된 시각은 전 지구적인 파괴를 초래하고 지속 가능성을 위협하는 직접적인 원인이 되었다.

정치철학자 존 그레이John Nicholas Gray(1948~)는 인간을 생명의 중심에 놓지 않는다. 그는 『하찮은 인간, 호모 라피엔스*Straw Dogs: Thoughts on Humans and Other Animals*』에서 인간 중심의 가치관, 즉 인본주의humanism를 진보라는 유토피아적 환상에 대한 헛된 믿음으로 본다. 지구상에서 인본주의를 실현하는 가장 확실한 방법은 인간이 세계를 지배하는 것이다. 다른 생명을 약탈·파괴하는 일이 수반되지 않을 수 없다. 다윈은 과학의 힘으로 인간도 하나의 동물 개체로 보는 객관적 관점을 가르쳐주었지만, 인간의 본능 속에는 인간 중심의 세계를 구축하고자 하는 욕망이 있다. 과학을 이용해 환경을 바꾸고 통제하면 과거보다 더 진보할 수 있다는 믿음이다. 똑같은 과학이지만 다윈의 해석과 우리의 해석은 이렇게나 다르다. 과학이 객관적이고 중립적일 수만은 없다는 근거가 여기서도 드러난다. 과학도 인간이 하는 일이기 때문이다. 당신은 어느 편인가?

지구의 자연과 생명이 현재 어떤 상태에 놓여 있다고 보는가? 우리는 자연이 겪는 고통을 우리 삶이 얼마나 불쾌하고 불편해지고 있는지에 준하여 해석하고 있는 것은 아닐까? 우리가 먹을 물이 부족해지고 마실 공기가 탁해지는 것에만 우려를 표하지 않는가? 우리는 우리와 함께 살고 있는 모든 생명, 모든 피조물들의 말 없는 경고의 외침을 듣고 있는가?

당신은 이 세상에 인간이 반드시 존재해야 한다고 믿는가? 그렇다면 다른 모든 생명 역시 그렇다. 요나스는 『책임의 원칙*Das Prinzip Verantwortung*』에서 인간의 방종한 권력을 고발한다. 그는 사유의 혁명이 없이는 현재의 위기를 극복할 수 없다고 단언한다. 인류의 진보를 위해서 환경 파괴와 동식물의 희생을 어쩔 수 없이 치러야 할 대가로 생각한다면 그것은 미궁 속에서 아리아드네의 실*Ariadne's thread*을 스스로 끊어버리는 행위가 될 것이다.

　과학이 알려주는 진리는 그 자체로 삶의 지침을 삼을 만한 것들이 아니다. 거기에는 해석이 필요하고, 가치가 부여되어야 한다. '우리는 어디로 가는가?' 고갱의 작품 속 마지막 질문은 어떤 장소나 운명에 대해 묻는 것이 아니다. 그 질문은 결국 '우리는 어떻게 살아야 하는가'의 고민으로 이어져야 한다. 세계를 판단할 단 하나의 절대적인 관점은 없다. 설령 과학이라는 렌즈를 통한 것일지라도. 생명을 바라보는 시각 역시 다르지 않다. 생명을 있는 그대로 존중하고 살필 줄 아는 것만큼 멋진 일도 없을 것이다.

나가는 글

슈뢰딩거는 미지의 적국을 향해 학문이라는 군대를 내보낼 때 늘 선두에 서는 것은 바로 '형이상학'이라고 말한 바 있다. 세상에 존재하는 어떤 분야의 지식도 형이상학의 기여를 무시할 수는 없다. 아마 모든 학문에는 '영혼'이 필요하다고 바꿔 말할 수도 있을 것이다. 생물학도 예외는 아니다. 현대 생물학은 기계적 유물론과 환원주의를 바탕으로 여태껏 수많은 성과를 내며 승승장구해왔지만, 그런 관점만으로 생명을 모두 이해했다고는 결코 말할 수 없을 것이다.

이 책은 생명 현상을 다루는 데 있어 학술서가 요구하는 학문적 엄밀함의 측면에서나, 또는 대중서가 자랑하는 재미와 친절함의 측면으로 보자면 부족한 점이 많을 것이다. 그러나 학술서와 대중서 어느 한쪽으로 치우치지 않고 중간 어디쯤에서 적절히 균형을 잡으려 줄곧 노력했다. 과학에 익숙하지 않은 일반 대중을 염두에 두고 썼으면서도 그리 쉽게 쓸 수만은 없었다. 대중과학서는 무조건 '쉽고 재미있게' 써야만 인기가 있고 잘 팔린다고 한다. 강연을 하더라도 어디서든 늘 '쉽고 재미있게' 해달라는 요청을 받는다. 하지만 과학을 그렇게만 소개하는 것은 정직하지 않은 태도라고 생각한다. 과학을 좋아하던 그 많은 '과학영재' 어린이들이 어째서 중고등학생이 되면 마음을 닫아버리는 걸까? 어째서 성인이 되고 나면 과학과 완전히 담을 쌓아버리는 걸까? 쉽고 재미있는 것은 과학의 매우 기초적인 한 단면에 불과하다. 과학은 대체로 어렵고 복잡하다. 과학은 지난한 논쟁이고 설득이다. 한순간 나를 잡아끄는 매력, 그 놀라움과 아름다움이 없다면 포기하기 쉬운 학문이다. 플라톤이 말했듯이, 모든 학문은 '타우마제인θαυμάζειν', 즉 '경이'를 느끼는 데서 출발한다. 가장 심오한 통찰은 늘 그렇듯이 쉽고 재미있는 말로 표현될 수 없다.

얼마나 많은 독자가 이 책을 만나고 영향을 받게 될지는 모르지만, 이 책을 통해 가장 많이 배운 이는 아마도 나 자신일 것이다. 이 책에서 다룬 열다섯 가지의 커다란 물음은 내가 생물학을 공부하기 시작한 이래로 스스로에게 가장 많이 던졌던 질문이기도 하다. 지금까지 수십 편의 논문을 써냈지만, 아직도 만족할 만한 답을 얻었다고 확신하기 어렵다. 논문을 몇 편 더 쓴다고 해서 달라지지 않을 것이다. 독자 여러분도 각 질문에 대해 자신만의 답을 하나씩 마음속에 품어보기를 바란다. 앞서도 이야기했지만, 계속해서 묻고 궁금해하는 사람만이 근사한 답을 얻을 가능성이 높다. 이 책을 가지고 몇몇 지인들과 함께 토론의 시간을 가져보는 것도 좋겠다. 서로의 세계관과 인생관을 잘 이해할 수 있는 기회가 되리라 본다.

　　생물학에 관해 그간 하고 싶었던 말의 커다란 형태를 잡고 책의 내용을 구상하던 차 시기적절하게 인연이 닿아 집필을 독려하고, 쓰는 내내 힘차게 응원해주신 이른비 출판사의 박희진 대표님과 안신영 편집장님께 깊이 감사드린다. 바쁜 가운데 책을 처음부터 끝까지 흔쾌히 읽고, 힘이 되는 좋은 말씀으로 추천해주신 노정혜, 홍성욱, 문애리 교수님, 그리고 이정모 관장님께 진심으로 감사드린다.

참고문헌

들어가는 글

김동광, 2017, 『생명의 사회사』, 궁리.

Gould, Stephen Jay, 1981, *The Mismeasure of Man*(『인간에 대한 오해』, 김동광 옮김, 사회평론, 2013)

Kuhn, Thomas Samuel, 1962, *The Structure of Scientific Revolutions*(『과학 혁명의 구조』, 김명자, 홍성욱 옮김, 까치, 2013).

Shaw, George Bernard, 1944, *Everybody's Political What's What?*(『쇼에게 세상을 묻다』, 김일기, 김지연 옮김, 뗀데데로, 2012)

제1장 생명은 우연인가

김동광, 2017, 『생명의 사회사』, 궁리.

조대호, 2019, 『아리스토텔레스』, 아르테.

최종덕, 2014, 『생물철학』, 생각의힘.

Angier, Natalie, 2007, *The Canon: A Whirligig Tour of the Beautiful Basics of Science*(『원더풀 사이언스』, 김소정 옮김, 지호, 2010).

Aristotle, 2005, *On the Generation of Animals*, Oxford University Press.

──, 1961, *De Anima*, Oxford: Clarendon(『영혼에 관하여』, 오지은 옮김, 아카넷, 2018).

──, 1957, *Metaphysica*, Oxford University Press(『형이상학』, 김재범 옮김, 책세상, 2009).

Bergson, Henri-Louis, 1907, *L'Évolution créatrice*(『창조적 진화』, 황수영 옮김, 아카넷, 2005).

Bohr, Niels, 1933, "Light and life", *Nature* 131: 421~423, 457~459. (Address at the opening meeting of the International Congress on Light Therapy in Copenhagen, 15 August 1932.)

Descartes, René, 1637, *Discours de la Méthode*(『방법서설』, 소두영 옮김, 동서문화사, 2016).

──, 1641, *Meditationes de Prima Philosophia*(『제일철학에 관한 성찰』, 양진호 옮김, 책세상, 2011).

Holt, Jim, 2012, *Why Does the World Exist?*(『세상은 왜 존재하는가』, 우진하 옮김, 21세기북스, 2013).

Kant, Immanuel, 1781, *Kritik der reinen Vernunft*(『순수이성비판』, 백종현 옮김, 아카넷, 2006).

La Mettrie, Julien Offray de, 『라 메트리 철학 선집』, 여인석 옮김, 섬앤섬, 2020.

Mayr, Ernst, 1997, *This Is Biology: The Science of the Living World*(『이것이 생물학이다』, 고인석, 김은수, 박은진, 이영돈, 최재천, 황수영, 황희숙 옮김, 바다출판사, 2016).

Monod, Jacques L., 1970, *Le Hasard et la Nécessité*(『우연과 필연』, 조현수 옮김, 궁리, 2010).

Phipps, Carter, 2012, *Evolutionaries*(『인간은 무엇이 되려 하는가』, 이진영 옮김, 김영사, 2016).

Tolstoy, Lev N., 1936, *On Life*(『인생에 대하여』, 이강은 옮김, 바다출판사, 2020).

제2장 생명은 입자인가?

福岡伸一(후쿠오카 신이치), 2007, 生物と無生物のあいだ(『생물과 무생물 사이』, 김소연 옮김, 은행나무, 2008).

Dawkins, Richard, 1976, *The Selfish Gene*(『이기적 유전자』, 홍영남 옮김, 을유문화사, 1993).

Lucretius, Titus Carus, *De Rerum Natura*(『사물의 본성에 관하여』, 강대진 옮김, 아카넷, 2012).

Rifkin, Jeremy; Howard, Ted, 1980, Entropy: *A New World View*(『엔트로피』, 이창희 옮김, 세종연구원, 2015).

Sagan, Carl Edward, 1980, *Cosmos*(『코스모스』, 홍승수 옮김, 사이언스북스, 2006).

――, 1994, *Pale blue dot*(『창백한 푸른 점』, 현정준 옮김, 사이언스북스, 2001).

――, 2006, *Conversations with Carl Sagan*(『칼 세이건의 말』, 김명남 옮김, 마음산책, 2016).

Schrödinger, Erwin, 1944, *What is Life?*(『생명이란 무엇인가』, 서인석 옮김, 한울, 2017).

제3장 생명은 물질인가?

Aristotle, 1961, *De Anima*, Oxford: Clarendon(『영혼에 관하여』, 오지은 옮김, 아카넷, 2018).

Cobb, Matthew, 2020, *The Idea of the Brain*(『뇌 과학의 모든 역사』, 이한나 옮김, 심심, 2021).

Crick, Francis H. C., 1966, *Of Molecules and Men*(『인간과 분자』, 이성호 옮김, 궁리, 2010).

Dawkins, Richard, 1976, *The Selfish Gene*(『이기적 유전자』, 홍영남 옮김, 을유문화사, 1993).

――, 2006, *The God Delusion*(『만들어진 신』, 이한음 옮김, 김영사, 2007).

Eagleman, David, 2015, *The Brain: The Story of You*(『더 브레인』, 전대호 옮김, 해나무, 2017).

Fischer, Ernst Peter, 2009, *Schrödingers Katze auf dem Mandelbrotbaum: Durch die Hintertur zur Wissenschaft*(『슈뢰딩거의 고양이』, 박규호 옮김, 들녘, 2009)

Foucault, Michel, 1961, *Histoire de la folie à l'âge classique*(『광기의 역사』, 이규현 옮김, 나남출판, 2003).

Gabriel, Markus, 2015, *Ich ist nicht Gehirn*(『나는 뇌가 아니다』, 전대호 옮김, 열린책들, 2018).

Gray, John, 2011, *The Immortalization Commission: The Strange Quest to Cheat Death*(『불멸화 위원회』, 김승진 옮김, 이후, 2012).

Harari, Yuval N., 2015, *Homo Deus: A Brief History of Tomorrow*(『호모 데우스』, 김명주 옮김, 김영사, 2017).

Harris, Samuel Benjamin, 2012, *Free Will*(『자유의지는 없다』, 배현 옮김, 시공사, 2013).

Huxley, Aldous, 1954, *The Doors of Perception and Heaven and Hell*(『지각의 문, 천국과 지옥』, 권정기 옮김, 김영사, 2017).

Jaynes, Julian, 1976, *The Origin of Consciousness in the Breakdown of the Bicameral Mind*(『의식의 기원』, 김득룡, 박주용 옮김, 연암서가, 2017).

Kuhn, Thomas Samuel, 1962, *The Structure of Scientific Revolutions*(『과학 혁명의 구조』, 김명자, 홍성욱 옮김, 까치, 2013).

Kurzweil, Raymond, 2005, *The Singularity is Near*(『특이점이 온다』, 장시형, 김명남 옮김, 김영사, 2007)

Mann, Thomas, 1924, *Der Zauberberg*(『마의 산』, 곽복록 옮김, 동서문화사, 2017).

Sheldrake, Rupert, 2012, *The Science Delusion*(『과학의 망상』, 2016, 하창수 옮김, 김영사, 2016).

Shelley, Percy Bysshe, ed. David Lee Clark, 1988, *Shelley's Prose: The Trumpet of a Prophecy*(『셸리 산문집』, 김석희 옮김, 이른비, 2020).

Swaab, Dick Ferdinand, 2015, *Wij zijn ons brein*(『우리는 우리 뇌다』, 2015, 신순림 옮김, 열린책들, 2015).

제4장 생명은 어디에서 왔는가?

Aristotle, 1965, *History of Animals*, Loeb Classical Library, translated by A. L. Peck, Harvard University Press.

Crick, Francis H. C., 1995, *The Astonishing Hypothesis: The Scientific Search for the Soul*(『놀라운 가설』, 김동광 옮김, 궁리, 2015).

Dawkins, Richard, 1995, *River Out of Eden*(『에덴의 강』, 이용철 옮김, 사이언스북스, 2005).

Einstein, Albert, 1956, *The World as I See It*(『나는 세상을 어떻게 보는가』, 강승희 옮김, 호메로스, 2017).

Fischer, Ernst Peter, 2003, *Die andere Bildung: Was man von den Naturwissenschaften wissen sollte*(『과학한다는 것』, 김재영, 신동신, 나정민, 정계화 옮김, 반니, 2015)

Goethe, Johann Wolfgang von, 1790, *Faust*(『파우스트』, 이인웅 옮김, 문학동네, 2006)

Gould, Stephen Jay, 2002, *Rocks of Ages: Science and Religion in the Fullness of Life* Ballantine Books.

Knoll, Andrew H., 2021, *A Brief History of Earth: Four Billion Years in Eight Chapters*(『지구의 짧은 역사』, 이한음 옮김, 다산사이언스, 2021).

Lane, Nick, 2010, *Life Ascending: The Ten Great Inventions of Evolution*(『생명의 도약』, 김정은 옮김, 글항아리, 2011).

───, 2015, *The Vital Question: Why Is Life the Way It Is?*(『바이털 퀘스천』, 김정은 옮김, 까치, 2016).

Mann, Thomas, 1924, *Der Zauberberg*(『마의 산』, 곽복록 옮김, 동서문화사, 2017).

Plato, 1902, *Timaeus,* in *Platonis Opera*, Oxford Classical Texts(『티마이오스』, 김유석 옮김, 아카넷, 2019).

Venter, Craig, 2013, *Life at the Speed of Light: From the Double Helix to the Dawn of Digital Life*(『인공생명의 탄생』, 김명주 옮김, 바다출판사, 2018).

제5장 생명은 어떻게 진화하는가?

Carroll, Lewis, 1871, *Through the Looking-Glass: And What Alice Found There*(『거울 나라의 앨리스』, 손인혜 옮김, 더스토리, 2017).

Dixon, Thomas, 2008, *Science and Religion: A Very Short Introduction Oxford University Press*(『과학과 종교』, 김명주 옮김, 교유서가, 2017).

Darwin, Charles, 1859, *On the Origin of Species by Means of Natural Selection*(『종의 기원』, 송철용 옮김, 동서문화사, 2009).

Goethe, Johann Wolfgang von, 1810, *Naturwissenschaftliche Schrift*(『색채론』, 권오상, 장희창 옮김, 민음사, 2003).

Gribbin, John; Gribbin, Mary, 2020, *On the Origin of Evolution*(『진화의 오리진』, 권루시안 옮김, 진선북스, 2021).

Gould, Stephen Jay, 1989, *Wonderful Life: The Burgess Shale and the History of Nature*(『원더풀 라이프』, 김동광 옮김, 궁리, 2018).

Hitler, Adolf, 1927, *Mein Kampf*(『나의 투쟁』, 황성모 옮김, 동서문화사, 2014).

Hook, Robert, 1765, *Micrographia: Tabled & Illustrated*, E-Kitap Projesi & Cheapest Books.

Malthus, Thomas Robert, 1798, *An Essay on the Principle of Population*(『인구론』, 이서행 옮김, 동서문화사, 2016).

Quammen, David, 2019, *The Tangled Tree: A Radical New History of Life William Collins*(『진화를 묻다』, 이미경, 김태완 옮김, 프리렉, 2020).

Ridley, Matt, 1994, *The Red Queen*(『붉은 여왕』, 김윤택 옮김, 김영사, 2006).

Russell, Bertrand, 1935, *Religion and Science*(『과학이란 무엇인가』, 장석봉 옮김, 사회평론, 2021).

Zimmer, Carl, 2001, *Evolution: The Triumph of an Idea*(『진화』, 이창희 옮김, 웅진지식하우스, 2018).

https://www.bbc.com/korean/international-47436851 ("다윈보다 1000년이나 앞서 진화론을 생각했던 이슬람 사상가", 『BBC 코리아』 2019년 3월 9일 기사).

제6장 생명에 우열이 있는가?

염운옥, 2009, 『생명에도 계급이 있는가: 유전자 정치와 영국의 우생학』, 책세상.
홍성욱, 2019, 『크로스 사이언스』, 21세기북스.
Gould, Stephen Jay, 1981, *The Mismeasure of Man*(『인간에 대한 오해』, 김동광 옮김, 사회평론, 2013).
Heine, Steven J., 2017, *DNA Is Not Destiny*(『유전자는 우리를 어디까지 결정할 수 있나』, 이가영 옮김, 시그마북스, 2018).
Hitler, Adolf, 1927, *Mein Kampf*(『나의 투쟁』, 황성모 옮김, 동서문화사, 2014).
Huxley, Aldous L., 1932, *Brave New World*(『멋진 신세계』, 이덕형 옮김, 문예출판사, 1998).
Montgomery, Scott L.; Chirot, Daniel, 2015, *The Shape of New*(『현대의 탄생』, 박중서 옮김, 책세상, 2018).
Plato, 2003, *Politeia(platonis republica)*, Oxford Classical Texts(『국가』, 천병희 옮김, 도서출판 숲, 2013).
Sandel, Michael, 2007, *The Case against Perfection: Ethics in the Age of Genetic Engineering*(『완벽에 대한 반론』, 김선욱, 이수경 옮김, 와이즈베리, 2016).
Wade, Nicholas, 2014, *A Troublesome Inheritance: Genes, Race, and Human History*, Penguin Books.
https://www.hani.co.kr/arti/animalpeople/ecology_evolution/1016255.html("내전의 비극 속 '애달픈' 진화…코끼리는 '상아' 없이 태어났다", 『한겨레』 2021년 10월 22일 기사).

제7장 생명에 법칙이 있는가?

Al-Khalili, Jim; McFadden, Johnjoe, 2015, *Life on the Edge: The Coming of Age of Quantum Biology*(『생명, 경계에 서다』, 김정은 옮김, 글항아리사이언스, 2017).
Camus, Albert, 1942, *Le Mythe de Sisyphe*(『시지프 신화』, 김화영 옮김, 민음사, 2016).
Cangulihem, Georges, 1996, *Le Normal et le Pathologique*(『정상적인 것과 병리적

인 것』, 여인석 옮김, 그린비, 2018).

Dick, Philip K., 1987, *We Can Remember It for You Wholesale*(『도매가로 기억을 팝니다』, 조호근 옮김, 폴라북스, 2012).

Dostoevsky, Fyodor M., 1864, *Notes from the Underground*(『지하로부터의 수기』, 김연경 옮김, 민음사, 2010).

Gribbin, John; Gribbin, Mary, 2020, *On the Origin of Evolution*(『진화의 오리진』, 권루시안 옮김, 진선북스, 2021).

Heine, Steven J., 2017, *DNA Is Not Destiny*(『유전자는 우리를 어디까지 결정할 수 있나』, 이가영 옮김, 시그마북스, 2018).

Keller, Evelyn Fox, 1983, *A Feeling for the Organism*(『생명의 느낌』, 김재희 옮김, 양문, 2001).

Lane, Nick, 2010, *Life Ascending: The Ten Great Inventions of Evolution*(『생명의 도약』, 김정은 옮김, 글항아리, 2011).

Maturana, Humberto; Varela, Francisco J., 1987, *Der Baum der Erkenntnis*(『앎의 나무』, 최호영 옮김, 갈무리, 2007).

Nagel, Thomas, 1974, "What is it like to be a bat?", *Philosophical Review* 83: 435-450.

Pichot, André, 1999, *Histoire de la notion de gène*(『유전자 개념의 역사』, 이정희 옮김, 나남, 2010).

Sandel, Michael, 2007, *The Case against Perfection: Ethics in the Age of Genetic Engineering*(『완벽에 대한 반론』, 김선욱, 이수경 옮김, 와이즈베리, 2016).

Sartre, Jean-Paul, 1964, *Les Mots*(『말』, 정명환 옮김, 민음사, 2008).

Smoller, Jordan, 2012, *The Other Side of Normal*(『정상과 비정상의 과학』, 오공훈 옮김, 시공사, 2015).

https://www.hani.co.kr/arti/animalpeople/ecology_evolution/901425.html ("'10일 만에 뚝딱', 물고기 성전환의 비밀", 『한겨레』 2019년 7월 11일 기사).

https://www.hani.co.kr/arti/sports/sports_general/903963.html ("세메냐 호르몬 수치 낮춰야 출전 가능", 『한겨레』 2019년 7월 31일 기사).

제8장 생명을 결정하는 것은 본성인가?

염운옥, 2009, 『생명에도 계급이 있는가: 유전자 정치와 영국의 우생학』, 책세상.

Colapinto, John, 2006, *As Nature Made Him: The Boy Who Was Raised as a Girl*(『이상한 나라의 브렌다』, 이은선 올김, 알마, 2014).

Diamond, Jared M., 1993, *The Third Chimpanzee: The Evolution and Future of the Human Animal*(『제3의 침팬지』, 김정흠 옮김, 문학사상사, 2015).

Gould, Stephen Jay, 1981, *The Mismeasure of Man*(『인간에 대한 오해』, 김동광 옮김, 사회평론, 2013).

Grandin, Temple, 2006, *Animals in Translation*(『동물과의 대화』, 권도승 옮김, 언제나북스, 2021).

Heine, Steven J., 2017, *DNA Is Not Destiny*(『유전자는 우리를 어디까지 결정할 수 있나』, 이가영 옮김, 시그마북스, 2018).

Keller, Evelyn F., 2010, *The Mirage of a Space between Nature and Nurture*(『본성과 양육이라는 신기루』, 정세권 옮김, 이음, 2013).

Orwell, George, 1949, *Nineteen Eighty-Four*(『1984』, 정회성 옮김, 민음사, 2003).

Pinker, Steven, 2004, *The Blank Slate*(『빈 서판』, 김한영 옮김, 사이언스북스, 2004).

Plato, 2003, *Politeia(platonis respublica)*, Oxford Classical Texts(『국가』, 천병희 옮김, 도서출판 숲, 2013).

Popper, Karl R., 1945, *The Open Society and Its Enemies*(『열린사회와 그 적들』, 이한구 옮김, 민음사, 2006).

Ridley, Matt, 1999, *Genome: The Autobiography of a Species in 23 Chapters*(『생명 설계도, 게놈』, 전성수, 이동희, 하영미 옮김, 반니, 2016).

———, 2003, *Nature Via Nurture: Genes, Experience, and What Makes Us Human*(『본성과 양육』, 김한영 옮김, 김영사, 2004).

Tolstoy, Lev N., 1877, *Anna Karenina*(『안나 카레니나』, 연진희 옮김, 민음사, 2012).

Venter, J. Craig, 2008, *A Life Decoded: My Genome: My Life*(『크레이그 벤터 게놈의 기적』, 노승영 옮김, 추수밭, 2009).

https://news.kbs.co.kr/news/view.do?ncd=2957037 ("흉악범죄 유전자 발견…범죄 10%는 영향받아", 『KBS News』 2014년 10월 29일 기사).

제9장 생명은 이기적인가?

김동광 외, 2011, 『사회생물학 대논쟁』, 이음.
김동광, 2017, 『생명의 사회사』, 궁리.
전중환, 2010, 『오래된 연장통』, 사이언스북스.
Buss, David, 1994, *The Evolution of Desire: Strategies of Human Mating* (『욕망의 진화』, 전중환 옮김, 사이언스북스, 2007).
Collen, Alanna, 2015, *10% Human: How Your Body's Microbes Hold the Key to Health and Happiness* (『10퍼센트 인간』, 조은영 옮김, 시공사, 2016).
Dawkins, Richard, 1976, *The Selfish Gene* (『이기적 유전자』, 홍영남 옮김, 을유문화사, 1993).
Foucault, Michel, 1966, *Les Mots et les Choses* (『말과 사물』, 이규현 옮김, 민음사, 2012).
Kant, Immanuel, 1790, *Kritik der Urteilskraft* (『판단력 비판』, 백종현 옮김, 아카넷, 2009).
Kropotkin, Pyotr A., 1902, *Mutual Aid: A Factor of Evolution* (『만물은 서로 돕는다』, 김훈 옮김, 여름언덕, 2015).
Lane, Nick, 2015, *The Vital Question: Why Is Life the Way It Is?* (『바이털 퀘스천』, 김정은 옮김, 까치, 2016).
Okasha, Samir, 2016, *Philosophy of Science: A Very Short Introduction* (『과학철학』, 김미선 옮김, 교유서가, 2017).
Pinker, Steven, 2004, *The Blank Slate* (『빈 서판』, 김한영 옮김, 사이언스북스, 2004).
Ridley, Matt, 1998, *The Origins of Virtue* (『이타적 유전자』, 신좌섭 옮김, 사이언스북스, 2001).
Smith, Adam, 1776, *An Inquiry Into the Nature and Causes of the Wealth of Nations* (『국부론』, 유인호 옮김, 동서문화사, 2016).

Wilson, Edward O., 1978, *On Human Nature*(『인간 본성에 대하여』, 이한음 옮김, 사이언스북스, 2011).
──, 2012, *The Social Conquest of Earth*(『지구의 정복자』, 이한음 옮김, 사이언스북스, 2013).
Wright, Robert, 1994, *The Moral Animal*(『도덕적 동물』, 박영준 옮김, 사이언스북스, 2003).
https://www.hani.co.kr/arti/economy/economy_general/277160.html("사이언스 "돈으로 행복을 살 수 있다" 논문실어 '증명'",『한겨레』2008년 3월 21일 기사).

제10장 생명은 아름다운가?

최원형, 2016,『세상은 보이지 않는 끈으로 연결되어 있다』, 샘터사.
시애틀 추장 외,『나는 왜 너가 아니고 나인가』, 류시화 엮음, 더숲, 2017.
Angier, Natalie, 1995, *The Beauty of the Beastly*(『살아 있는 것들의 아름다움』, 햇살과나무꾼 옮김, 해나무, 2003)
Aristotle, 1992, *On the Parts of Animals*, Oxford University Press.
──, 1995, *Poetics*, Loeb Classical Library(Harvard University Press)(『시학』, 박문재 옮김, 현대지성, 2021).
Darwin, Charles, 1871, *The Descent of Man, and Selection in Relation to Sex*(『인간의 기원』, 추한호 옮김, 동서문화사, 2018).
Dick, Philip K., 1968, *Do Androids Dream of Electric Sheep?*(『안드로이드는 전기양의 꿈을 꾸는가?』, 박중서 옮김, 폴라북스, 2013).
Fischer, Ernst Peter, 2003, *Die andere Bildung: Was man von den Naturwissenschaften wissen sollte*(『과학한다는 것』, 김재영, 신동신, 나정민, 정계화 옮김, 반니, 2015).
Gombrich, Ernst H., 1950, *The Story of Art*(『서양미술사』, 백승길, 이종승 옮김, 예경, 2003).
Harari, Yuval N., 2015, *Sapiens: A Brief History of Humankind*(『사피엔스』, 조현욱 옮김, 김영사, 2015).

Hare, Brian; Woods, Vanessa, 2021, *Survival of the Friendliest*(『다정한 것이 살아남는다』, 이민아 옮김, 디플롯, 2021).

Kafka, Franz, 1916, *Die Verwandlung*(『변신』, 이재황 옮김, 문학동네, 2005).

Kant, Immanuel, 1790, *Kritik der Urteilskraft*(『판단력 비판』, 백종현 옮김, 아카넷, 2009).

Plato, *Symposium*(『향연』, 이종훈 옮김, 지만지, 2012).

Smoller, Jordan, 2012, *The Other Side of Normal*(『정상과 비정상의 과학』, 오공훈 옮김, 시공사, 2015).

Stewart, Ian, 2007, *Why Beauty Is Truth: The History of Symmetry*(『아름다움은 왜 진리인가』, 안재권, 안지민 옮김, 승산, 2010).

Thoreau, Henry David, 1854, *Walden*(『월든』, 강승영 옮김, 은행나무, 2011).

Wilde, Oscar, 1890, *The Picture of Dorian Gray*(『도리언 그레이의 초상』, 윤희기 옮김, 열린책들, 2010).

https://www.dongascience.com/news.php?idx=46237("[인간 행동의 진화] 미의 기준은 각자 다르지만 동시에 같다", 『동아사이언스』 2021년 5월 2일 기사).

https://www.hani.co.kr/arti/PRINT/867614.html("AI가 그린 초상화, 5억 원에 팔렸다", 『한겨레』 2018년 10월 26일 기사).

제11장 생물학은 무엇을 탐구하는가?

野家啓一(노에 게이치), 2015, 科學哲學への招待(『과학 인문학으로의 초대』, 이인호 옮김, 오아시스, 2017).

이광수, 1918, 『무정無情』, 정영훈 옮김, 민음사, 2010.

전용훈, 2018, 「뉴턴, 호킹 그리고 최한기—동서양의 '중력' 이야기」, 과학잡지 『에피』(4호), 이음.

최종덕, 2014, 『생물철학』, 생각의힘.

Bacon, Francis, 1620, *Novum Organum Scientiarum*(『신기관』, 진석용 옮김, 한길사, 2016).

Bergson, Henri-Louis, 1907, *L'Évolution créatrice*(『창조적 진화』, 황수영 옮김, 아카넷, 2005).

Dawkins, Richard, 1986, *The Blind Watchmaker*(『눈먼 시계공』, 이용철 옮김, 사이언스북스, 2004).

──, et al., *Life*(『궁극의 생명』, 존 브록만 엮음, 이한음 옮김, 와이즈베리, 2017).

Dennett, Daniel C., 1996, *Darwin's Dangerous Idea: Evolution and the Meanings of Life*, Simon & Schuster.

Freud, Sigmund, 1917, 「A difficulty in the path of psycho analysis」(www.freud-sigmund.com).

Kaku, Michio, 2005, *Parallel Worlds: a journey through creation, higher dimensions, and the future of the cosmos*(『평행우주』, 박병철 옮김, 김영사, 2006).

Kant, Immanuel, 1790, *Kritik der Urteilskraft*(『판단력 비판』, 백종현 옮김, 아카넷, 2009).

Maturana, Humberto; Varela, Francisco J., 1987, *Der Baum der Erkenntnis*(『앎의 나무』, 최호영 옮김, 갈무리, 2007).

Midgley, Mary B., 2002, *Evolution as a Religion*, Routledge.

Monod, Jacques L., 1970, *Le Hasard et la Nécessité*(『우연과 필연』, 조현수 옮김, 궁리, 2010).

Nurse, Paul, 2021, *What is Life?: Five Great Ideas in Biology*(『생명이란 무엇인가』, 이한음 옮김, 까치, 2021).

Schrödinger, Erwin, 1944, *What is Life?*(『생명이란 무엇인가』, 서인석 옮김, 한울, 2017).

Smith, David, 2019, *How Biology Shapes Philosophy: New Foundations for Naturalism*(『생물학이 철학을 어떻게 말하는가』, 뇌신경철학연구회 옮김, 철학과현실사, 2020).

Snow, C. P., 1959, *The Two Cultures*(『두 문화』, 오영환 옮김, 사이언스북스, 2001).

Voltaire, 1759, *Candide ou l'Optimisme*(『캉디드 혹은 낙관주의』, 이봉지 옮김, 열린책들, 2009).

Wittgenstein, Ludwig J. J., 1921, *Tractatus Logico-Philosophicus*(『논리철학 논고』, 김양순 옮김, 동서문화사, 2008).

제12장 생명은 만들 수 있는가?

Aristotle, 1957, *Politica*, Oxford Classical Texts(『정치학』, 천병희 옮김, 도서출판 숲, 2009).

Čapek, Karel, 1920, *Rossum's Universal Robots*(『로봇: 로숨의 유니버설 로봇』, 김희숙 옮김, 모비딕, 2015).

Cobb, Matthew, 2020, *The Idea of the Brain*(『뇌 과학의 모든 역사』, 이한나 옮김, 심심, 2021).

Dostoevsky, Fyodor M., 1846, *The Double*(『분신』, 석영중 옮김, 열린책들, 2010).

Doudna, Jennifer; Sternberg, Samuel H., 2017, *A Crack in Creation: Gene Editing and the Unthinkable Power to Control Evolution*(『크리스퍼가 온다』, 김보은 옮김, 프시케의숲, 2018).

Goethe, Johann Wolfgang von, 1790, *Faust*(『파우스트』, 이인웅 옮김, 문학동네, 2006).

Habermas, Jürgen, 2001, *The Future of Human Nature*(『인간이라는 자연의 미래』, 장은주 옮김, 나남출판, 2003).

Harkup, Kathryn, 2018, *Making the Monster*(『괴물의 탄생』, 김아림 옮김, 생각의힘, 2019).

Kerner, Charlotte, 1999, *Blueprint*(『블루 프린트』, 이수영 옮김, 다른우리, 2002).

Knoepfler, Paul, 2016, *GMO Sapiens: The Life-changing Science of Designer Babies* World Scientific Publishing Co.(『GMO 사피엔스의 시대』, 김보은 옮김, 반니, 2016).

Mayor, Adrienne, 2018, *Gods and Robots: Myths, Machines, and Ancient Dreams of Technology*(『신과 로봇』, 안인희 옮김, 을유문화사, 2020).

Ovidius, *Metamorphoses*(『변신 이야기』, 천병희 옮김, 도서출판 숲, 2017).

Service, Robert F., 2016, "Synthetic microbe has fewest genes, but many mysteries", *Science* 351: 1380-1381.

Shelley, Mary Wollstonecraft, 1818, *Frankenstein*(『프랑켄슈타인』, 김선형 옮김, 문학동네, 2012).

Venter, Craig, 2013, *Life at the Speed of Light: From the Double Helix to the Dawn of Digital Life*(『인공생명의 탄생』, 김명주 옮김, 바다출판사, 2018).

https://www.yna.co.kr/view/AKR20130121145000009 ("대리모만 있으면 네안데르탈인 복제 가능", 『연합뉴스』 2013년 1월 21일 기사).

https://www.yna.co.kr/view/AKR20181126074451097 ("中과학자 '세계 최초 유전자 편집' 아기 출산 성공", 『연합뉴스』 2018년 11월 26일 기사).

https://www.asiae.co.kr/article/2018121315155432230 ("[과학을 읽다]바나나, 정말 멸종할까?", 『아시아경제』 2018년 12월 14일 기사).

https://www.hani.co.kr/arti/economy/it/977981.html (AI 챗봇 '이루다' 성희롱 논란…개발사 "예상했던 일, 개선할 것", 『한겨레』 2021년 1월 8일 기사).

https://www.dongascience.com/news.php?idx=45191 ("자손 낳는 인공생명체 세계 첫 탄생", 『동아사이언스』 2021년 3월 30일 기사).

제13장 생명은 결국 죽는가?

김산해, 2020, 『최초의 신화 길가메쉬 서사시』, 휴머니스트.

송기원, 2014, 『생명』, 로도스.

Andrews, William H., 2014, *Bill Andrews on Telomere Basics: Curing Aging*(『빌 앤드루스의 텔로미어의 과학』, 김수지 옮김, 동아시아, 2015).

Asimov, Isaac, 2000, *The Bicentennial Man*, Orion Publishing Co.

Bernardes de Jesus, B. et al., 2012, "Telomerase gene therapy in adult and old mice delays aging and increases longetivy without increasing cancer", *EMBO Molecular Medicine* 4: 691-704.

Blackburn, Elizabeth H., 1991, "Structure and function of telomeres", *Nature*, 350: 569-573.

Blackburn, Elizabeth H.; Epel, Elissa, 2017, *The Telomere Effect: A Revolutionary Approach to Living Younger, Healthier, Longer*(『늙지 않는 비밀』, 이한음 옮김, 알에이치코리아, 2018).

Blasco, M. A. et al., 1997, "Telomere shortening and tumor formation by mouse cells lacking telomerase RNA", *Cell* 91: 25-34.

Cicero, Marcus Tullius, BC 44, *De Senectute*(『노년에 관하여』, 오흥식 옮김, 궁리, 2002).

Crews, Douglas E., 2004, *Human Senescence: Evolutionary and Biocultural Perspectives*, Cambridge University Press.

Harari, Yuval N., 2015, *Homo Deus: A Brief History of Tomorrow*(『호모 데우스』, 김명주 옮김, 김영사, 2017).

Lane, Nick, 2010, *Life Ascending: The Ten Great Inventions of Evolution*(『생명의 도약』, 김정은 옮김, 글항아리, 2011).

London, Jack, 2015, 『잭 런던: 들길을 가는 사내에게 건배 외』(현대문학 세계문학 단편선 16), 고정아 옮김, 현대문학.

Martel, Yann, 2004, *Life of Pi*(『파이 이야기』, 공경희 옮김, 작가정신, 2004).

Roth, Philip M., 2006, *Everyman*(『에브리맨』, 정영목 옮김, 문학동네, 2009).

Sinclair, David, 2019, *Lifespan: Why We Age-and Why We Don't Have to*,(『노화의 종말』, 이한음 옮김, 부키, 2020).

Weinberg, Robert A., 1998, *One Renegade Cell: How Cancer Begins*(『세포의 반란』, 조혜성 옮김, 사이언스북스, 2005).

제14장 생명은 무엇이 되려 하는가?

Doolittle, W. Ford, 2000, "Uprooting the tree of life", *Scientific American* 282: 90–95.

Fukuyama, Francis Y., 2003, *Our Posthuman Future: Consequences of the Biotechnology Revolution*(『부자의 유전자, 가난한 자의 유전자』, 송정화 옮김, 한국경제신문, 2003).

Harari, Yuval N., 2015, *Homo Deus: A Brief History of Tomorrow*(『호모 데우스』, 김명주 옮김, 김영사, 2017).

Kurzweil, Raymond, 1999, *The Age of Spiritual Machines: When Computers Exceed Human Intelligence*(『21세기 호모 사피엔스』, 채윤기 옮김, 나노미디어, 1999).

──, 2005, *The Singularity is Near*(『특이점이 온다』, 장시형, 김명남 옮김, 김영

사, 2007).

Margulis, Lynn; Sagan, Dorion, 1995, *What Is Life?*(『생명이란 무엇인가』, 김영 옮김, 리수, 2016).

Mayor, Adrienne, 2018, *Gods and Robots: Myths, Machines, and Ancient Dreams of Technology*(『신과 로봇』, 안인희 옮김, 을유문화사, 2020).

Nietzsche, Friedrich Wilhelm, 1885, *Also sprach Zarathustra*(『차라투스트라는 이렇게 말했다』, 김인순 옮김, 열린책들, 2015).

Phipps, Carter, 2012, *Evolutionaries*(『인간은 무엇이 되려 하는가』, 이진영 옮김, 김영사, 2016).

Plato, 1903, *Protagoras*, in *Platonis Opera*, Oxford Classical Texts(『프로타고라스』, 강성훈 옮김, 이제이북스, 2012).

Quammen, David, 2019, *The Tangled Tree: A Radical New History of Life*(『진화를 묻다』, 이미경, 김태완 옮김, 프리렉, 2020).

Russell, Bertrand A. W., 2009, *Unpopular Essays*』Routledge(『인기 없는 에세이』, 장성주 옮김, 함께읽는책, 2013)

Sandel, Michael, 2007, *The Case against Perfection: Ethics in the Age of Genetic Engineering*(『완벽에 대한 반론』, 김선욱, 이수경 옮김, 와이즈베리, 2016).

Smoller, Jordan, 2012, *The Other Side of Normal*(『정상과 비정상의 과학』, 오공훈 옮김, 시공사, 2015).

https://bizn.donga.com/3/all/20170613/84841397/2 ("[헬스동아]자폐인 높은 기억력-집중력 살려 소프트웨어 컨설틴트로 육성", 『동아닷컴』 2017년 6월 14일 기사).

https://www.bostonglobe.com/opinion/2015/07/31/the-moral-imperative-for-bioethics/JmEkoyzlTAu9oQV76JrK9N/story.html ("The moral imperative for bioethics" by Steven Pinker, 『보스턴글로브』 2015년 8월 1일 칼럼).

제15장 생명을 위해 무엇을 할 것인가?

김성호, 2020, 『생명을 보는 마음』, 도서출판 풀빛.
양혜림, 2017, 『한스 요나스의 생태학적 사유 읽기』, 충남대학교출판문화원.

정진호, 2017, 『위대하고 위험한 약 이야기』, 푸른숲.

최훈, 2019, 『동물 윤리 대논쟁』, 사월의 책.

Bergson, Henri-Louis, 1907, *L'Évolution créatrice*(『창조적 진화』, 황수영 옮김, 아카넷, 2005).

Camus, Albert, 1947, *La Peste*(『페스트』, 김화영 옮김, 민음사, 2011).

Carson, Rachel, 1962, *Silent Spring*(『침묵의 봄』, 김은령 옮김, 에코리브르, 2011).

Gray, John, 2007, *Straw Dogs: Thoughts on Humans and Other Animals*(『하찮은 인간, 호모 라피엔스』, 김승진 옮김, 이후, 2010).

Haskell, David George, 2017, *The Songs of Trees*(『나무의 노래』, 노승영 옮김, 에이도스, 2018).

Heisenberg, Werner, K., 1958, *Physics and Philosophy: The Revolution in Modern Science*(『물리와 철학』, 조호근 옮김, 서커스, 2018).

Jahren, Hope, 2016, *Lab Girl*(『랩 걸』, 김희정 옮김, 알마, 2017).

ㅡㅡ, 2019, *The Story of More: How We Got to Climate Change and Where to Go from Here*(『나는 풍요로웠고, 지구는 달라졌다』, 김은령 옮김, 김영사, 2020).

Jonas, Hans, 1979, *Das Prinzip Leben*(『생명의 원리』, 한정선 옮김, 아카넷, 2001).

Jungk, Robert, 1970, *Brighter Than a Thousand Suns: A Personal History of the Atomic Scientists*(『천 개의 태양보다 밝은』, 이충호 옮김, 다산북스, 2018).

Knoll, Andrew H., 2021, *A Brief History of Earth: Four Billion Years in Eight Chapters*(『지구의 짧은 역사』, 이한음 옮김, 다산사이언스, 2021).

Lovelock, James, 1991, *Gaia: The practical science of planetary medicine*(『가이아: 지구의 체온과 맥박을 체크하라』, 김기협 옮김, 김영사, 1995).

Melville, Herman, 1851, *Moby-Dick*(『모비 딕』, 황유원 옮김, 문학동네, 2019).

Shellenberger, Michael, 2020, *Apocalypse Never: Why Environmental Alarmism Hurts Us All* (『지구를 위한다는 착각』, 노정태 옮김, 부키, 2021).

Wilson, Edward O., 1984, *Biophilia*(『바이오필리아』, 안소연 옮김, 사이언스북스, 2010).

Zimmer, Carl, 2001, *Evolution: The Triumph of an Idea*(『진화』, 이창희 옮김, 웅진

지식하우스, 2018).

https://www.hani.co.kr/arti/area/gangwon/1022191.html ("'화천산천어축제' 결국 취소…지역과 군부대 확진 급증 이유", 『한겨레』 2021년 12월 6일 기사).

https://m.science.ytn.co.kr/view.php?s_mcd=0082&key=201706291117245767 ("미니 장기 '오가노이드'로 동물 실험 대체한다", 『YTN사이언스』 2017년 6월 29일 기사).

https://www.ipcc.ch/assessment-report/ar6/ (IPCC 제6차 보고서)

https://www.iucn.org/ (국제자연보전연맹 International Union for Conservation of Nature (IUCN))

http://stat.me.go.kr/portal/main/indexPage.do (환경부 환경통계포털)

나가는 글

Schrödinger, Erwin, 1983, *My View of the World*(『물리학자의 철학적 세계관』, 김태희 옮김, 필로소픽, 2013)

생명을 묻다
과학이 놓치고 있는 생명에 대한 15가지 질문

1판 1쇄 발행일 2022년 7월 29일
1판 4쇄 발행일 2024년 1월 25일

지은이 정우현
펴낸이 박희진

펴낸곳 이른비
등록 제2020-000136호
주소 경기도 고양시 덕양구 행신로 143번길 26, 1층
전화 031-979-2996
이메일 ireunbibooks@naver.com
페이스북 facebook.com/ireunbibooks
인스타그램 @ireunbibooks

편집 안신영 **디자인** 디자인 〈비읍〉

ⓒ 정우현, 2022
ISBN 979-11-970148-7-1 03470

책값은 뒤표지에 있습니다.
파본은 구입하신 서점에서 바꾸어드립니다.
무단 전재와 복제를 금합니다.

이른비 씨 뿌리는 시기에 내리는 비를 말하며, 마른 땅을 적시는 비처럼
인간의 정신과 마음을 풍요롭게 하는 책을 만듭니다.